化工操作工

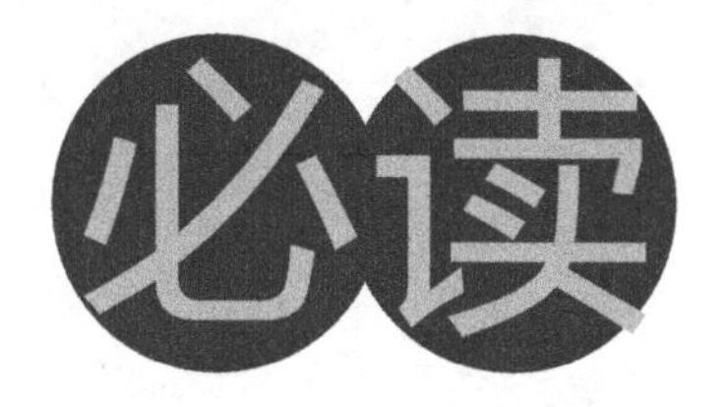

（第二版）

向丹波 编

HUAGONG CAOZUOGONG BIDU

化学工业出版社

·北京·

本书以化工总控工国家职业标准为依据，以培养一线化工操作技能人才为目标编写。

本书首先介绍了现代化工操作工的职业技能要求，以此要求为纲，系统介绍了化工操作工应知应会的化工装置基础知识、管道仪表流程图基本单元模式、化工生产基本操作技术及化工安全生产知识。

本书突出生产实际技能，与化工企业工作实践紧密结合，知识深浅适中，采取少而精的原则，通俗易懂，深入浅出，实用性强，可作为化工、石化企业员工培训用书，也可作为职业院校化工技术类专业的学习教材。

图书在版编目（CIP）数据

化工操作工必读/向丹波编.—2版.—北京：化学工业出版社，2018.1（2024.9重印）

ISBN 978-7-122-30991-4

Ⅰ.①化… Ⅱ.①向… Ⅲ.①化工单元操作-基本知识 Ⅳ.①TQ02

中国版本图书馆CIP数据核字（2017）第278712号

责任编辑：傅聪智　　装帧设计：王晓宇

责任校对：王　静

出版发行：化学工业出版社（北京市东城区青年湖南街13号　邮政编码100011）

印　　装：北京七彩京通数码快印有限公司

710mm×1000mm　1/16　印张12　字数251千字　2024年9月北京第2版第7次印刷

购书咨询：010-64518888　　售后服务：010-64518899

网　　址：http://www.cip.com.cn

凡购买本书，如有缺损质量问题，本社销售中心负责调换。

定　　价：28.00元

前言

FOREWORD

《化工操作工必读》第一版于2011年出版，其前身是1997年出版的《化工工人必读——操作工》，2011年修订时更名为《化工操作工必读》。20年间，本书在化工企业和职业院校中得到广泛使用，受到读者的好评。

《化工操作工必读》出版6年来，由于我国化工企业技术升级、设备自动化程度的提高、安全健康环保标准的更新、职业教育对技能培养的增强、企业员工专业素质的提升等变化，为了更好地满足读者的需求，编者对本书进行了再版修订。

此次修订，对内容进行了吐故纳新。主要精简了化学基础知识部分，增加了化工流程基本单元模式。识读化工管道仪表流程图（PID）是操作工的核心能力，既是学习的重点也是难点。通过典型流程单元模式、控制方案学习，达到由单元到综合、由简单到复杂的学习目的，提高读者识图能力，能系统地理解化工流程设计和控制原理。同时，为便于理解和直观感受，在相应章节内容中添加了图表，对部分新技术、新工艺和新法规进行了更新。

《化工操作工必读》（第二版）共五章，第一章现代化工企业对操作工人的要求，介绍现代化工生产现状，分析了化工企业对操作工人的技能要求，让员工清楚了解自己应具备的岗位职业技能；第二章化工装置基础知识，详细介绍了化工操作工应具备的化工通用技能，如化工识图、化工管路、化工仪表及自动化、公用工程系统的知识，并分别列举了与工艺相关系统故障的现象、原因及处理原则；第三章管道仪表流程图基本单元模式，列举了典型管道仪表流程图基本单元模式，介绍了各基本单元的管道阀门、仪表控制设计和要求；第四章化工生产基本操作技术，列举了化工生产主要单元操作，如流体输送、传热、精馏、吸收单元的基本原理，开停车操作与运行维护，事故分析及处理，试车操作等；第五章化工安全生产技术，介绍了化工安全生产的基本原则及措施，防尘防毒、防火防爆、人身安全防护的基本知识和措施，化工安全操作技术等。

本书由四川化工职业技术学院向丹波编写，编者对四川天华股份有限公司、泸天化股份有限公司等单位的相关工程技术专家提供的帮助，对四川农业大学向心怡对全书图表的绘制，对书中的参考文献作者，表示衷心的感谢。由于化工操作工职业技能涉及多专业、多工种的知识，受作者知识面所限，书中不妥之处在所难免，恳请读者批评指正，并深表谢意。

编者

2017年8月

第一版前言

FIRST EDITION FOREWORD

随着我国化学工业生产方式向大型化、自动化发展，由此对操作工人技能的要求也在发生着本质上的深刻变化。例如，一个大型化工装置的总控操作工，不仅要掌握全装置工艺过程的原理、操作及事故分析与处理，还要对相关的机械设备、电气仪表、公用工程、DCS控制、联锁保护、安全环保等各方面知识有相当程度的了解。

本书面向化工操作工岗前培训、在岗学习及化工类职业院校技能培训等，以化工总控工国家职业标准为依据，以一线化工操作工岗位技能要求为目标编写，融合了作者和企业生产技术人员的长期工作经验。本书的特点是：突出实际生产操作技能，内容与岗位操作紧密结合，采取少而精的原则，力图通俗易懂，深入浅出。

本书共分五章，第一章介绍现代化工生产现状，分析了化工企业对操作工人的技能要求，让员工清楚了解自己应具备的岗位职业技能；第二章介绍化工生产常用的一些化学基础知识；第三章详细介绍了化工操作工应具备的化工通用基础知识，如化工识图、化工管路、化工仪表及自动化、公用工程系统的知识，并分别列举了与工艺相关的系统故障原因、现象及处理原则；第四章列举了化工生产主要单元操作（如流体输送、传热、精馏、吸收单元）的基本原理，开停车操作与运行维护，事故分析及处理，试车操作等；第五章介绍了化工安全生产的基本原则及措施，防尘防毒、防火防爆、人身安全防护的基本知识和措施，化工安全操作技术等。

本书是在陈性永老师1997年编写的《化工工人必读——操作工》一书基础上修订而成的，过去十多年间，该书被众多的企业和机构选作操作工的培训教材，受到读者的欢迎。受化学工业出版社的委托，四川化工职业技术学院向丹波根据现代化工操作工的职业技能要求对原书进行了较大幅度的增删，并更名为《化工操作工必读》。

本书编写过程中得到有关化工企业技术人员的帮助，提出了宝贵意见，对此，表示衷心的感谢。由于化工操作工职业技能涉及多专业、多工种的知识，受书稿篇幅及作者知识面所限，难以在这里作全面详细阐述，不妥之处在所难免，恳请读者批评指正，并深表谢意。

编者

2011年8月

目录

CONTENTS

第一章　现代化工企业对操作工人的要求

第二章　化工装置基础知识

第三章　管道仪表流程图基本单元模式

第四章　化工生产基本操作技术

第五章　化工安全生产技术

参考文献

第一章　现代化工企业对操作工人的要求

第一节　化工生产概述

一、化工生产基本概念

化学工业是国民经济的支柱产业之一，与国民经济各领域及人民生活息息相关，对推动农业、轻工、冶金、建筑、建材、能源、医药、航天、国防等其他工业部门的发展起着十分重要的作用，对吸纳就业、增加收入、繁荣市场、满足民众多样性需求具有十分重要的意义。

1. 化工过程

化工生产过程简称化工过程。化工过程是指从原料开始到制成目的产物，要经过一系列物理和化学的加工处理步骤，这一系列加工处理步骤，总称为化工过程。例如，合成氨生产，以煤、石油或天然气等为原料，经过一系列的物理和化学加工处理后制成氨，不仅使物质形态发生了变化，而且物质结构也发生了变化，生成了新的物质。

化工生产过程一般可概括为以下三个主要步骤：

（1）原料预处理　为了使原料符合进行化学反应所需要的状态和规格，根据不同的原料需要经过净化、提浓、混合、乳化或粉碎等多种不同的预处理。

（2）化学反应　这是化工生产的关键步骤。经过预处理的原料，在一定的温度、压力、停留时间及催化剂等条件下进行反应，以达到所要求的反应转化率和收率。反应类型是多样的，可以是氧化、还原、复分解、聚合、裂解等。通过化学反应，获得目的产物或其混合物。

（3）产品精制　将化学反应得到的混合物进行分离，制成符合质量要求的产品，同时将未反应的原料、副产物或杂质回收处理。

这三个步骤，又分别由若干个单元操作和单元反应构成。原料预处理和产品精制主要由单元操作构成，有时也有一些化学反应；化学反应步骤主要是由单元反应构成的，有时伴有物理过程，如有的反应器附有搅拌。

这三个基本步骤是化工生产过程的主要物料流程。学习一套化工生产装置，首先应掌握这三个基本步骤的原理和要求，弄清主流程的来龙去脉，再进一步学习各步骤中的单元操作和单元反应，这样才能将复杂生产过程进行分解学习。

2. 单元操作和单元反应

化工生产的门类众多，如酸、碱、化肥、橡胶、染料、制药等行业。不仅原料来源广泛，产品种类繁多，且加工生产过程也各不相同。但在复杂多样的加工过程中，除化学反应外，其余步骤可归纳为一些基本加工过程，如流体的输送与压缩、沉降、过滤、传热、蒸发、结晶、干燥、蒸馏、吸收、萃取、冷冻、粉碎等。以物理为主的基本加工过程称为化工单元操作。若干单元操作串联起来就构成了一个化工产品的生产过程。

不同生产过程中的同一种化工单元操作，它们所遵循的原理相同，使用的设备相似。例如，石油工业中石油气中烃类的分离与氯碱工业中聚氯乙烯单体氯乙烯的提纯，都是通过精馏这一单元操作实现的，且都遵循相同的传质原理，使用相似的设备精馏塔。

化工生产过程中以化学反应为主的基本加工过程称为单元反应，如氧化过程、加氢过程等。

3. 化工装置

化工装置是由化工机械设备、管道、电气、仪表及公用工程组合起来的化工加工过程。例如，甲醇合成装置是由转化炉、废热锅炉、换热器、合成塔、精馏塔等设备，压缩机、离心泵等机械和电气，热电偶、孔板流量计、压力计、调节阀等仪表和自控器，循环水、锅炉水、仪表空气、水蒸气等公用系统适当组合起来的。

4. 化学工艺

化学工艺即化学生产技术，指将原料物主要经过化学反应转变为产品的方法和过程，包括实现这一转变的全部措施。

化学工艺通常是对一定的产品或原料提出的，如氯乙烯生产工艺、甲醇合成工艺等。因此，它具有产品生产的特殊性。但各种生产工艺，一般都包括原料和生产方法，流程组织，所用设备的作用、结构和操作，催化剂及其他物料的影响，操作条件，生产控制，产品规格及副产品的分离和利用，以及安全环保和技术经济等问题。

5. 化工工艺流程

化工工艺流程原料经化学加工制取产品的过程，是由化工单元反应和化工单元操作组合而成的。化工工艺流程图就是按物料加工的先后顺序，将这些单元表达出来。

化工工艺流程图是用来表达化工生产工艺流程的设计文件。工艺流程图根据所处阶段和作用不同，主要包括方案流程图、物料流程图（简称 PFD）、工艺管道及仪表流程图（简称 PID）。

方案流程图，是在产品工艺路线选定后，进行概念性设计时完成，不编入设计文件。它的作用是表达物料从原料到成品或半成品的工艺过程，及所使用的设备和主要管线的设置情况。

物料流程图（PFD），是在工艺流程初步设计阶段，完成物料衡算时绘制。它的作用是在方案流程图的基础上，用图形与表格相结合的形式，反映设计中物料衡算和热量衡算结果的图样。

工艺管道及仪表流程图（PID），是在方案流程图的基础上绘制的内容较为详尽的一种工艺流程图。它的作用是设计、绘制设备布置图和管道布置图的基础，又是施工安装、生产操作和检修时的主要参考依据。

二、化工生产常用指标

为了了解生产中化学反应进行的情况，掌握原料的变化和消耗情况，需要引用一些常用指标，进行工艺生产分析和指导。

1. 生产能力

化工装置在单位时间内，生产的产品量或处理的原料量，称为生产能力，其单位为 kg/h、t/d、kt/a、Mt/a 等。化工装置在最佳条件下可以达到的最大生产能力称为设计能力。

2. 转化率

转化率是原料中某一反应物转化掉的量（摩尔）与初始反应物的量（摩尔）的比值，它是化学反应进行程度的一种标志。转化率越大，说明参加反应的原料越多，转化程度越高。由于进入反应器的原料一般不会全部参加反应，所以转化率的数值小于 1。

工业生产中有单程转化率和总转化率，其表达式为：

（1）单程转化率　以一次进入反应器的原料量计的转化率，称为单程转化率。原料量的单位为 kg（千克）或 kmol（千摩）。

$$单程转化率=\frac{参加反应的反应物量}{进入反应器的反应物量}\times 100\%$$

$$=\frac{进入反应器的反应物量-反应后剩余的反应物量}{进入反应器的反应物量}\times 100\%$$

（2）总转化率　对于有循环和旁路的生产过程，常用总转化率。

$$总转化率=\frac{过程中参加反应的反应物量}{进入到过程的反应物总量}\times 100\%$$

（3）产率（或选择性）　产率表示了参加主反应的原料量与参加反应的原料量之间的数量关系。即参加反应的原料有一部分被副反应消耗掉了，而没有生成目的产物。产率越高，说明参加反应的原料生成的目的产物越多。原料量的单位为 kg（千克）或 kmol（千摩）。

$$产率=\frac{生成目的产物所消耗的原料量}{参加反应的原料量}\times 100\%$$

（4）收率　表示进入反应器的原料量与生产目的产物所消耗的原料量之间的数量关系。收率越高说明进入反应器的原料中，消耗在生产目的产物上的数量越多。

转化率和产率是从不同角度来表示某一反应的进行情况。转化率仅表示进入的原料量在反应过程中的转化程度，它不表明这些生成物是目的产物，还是副产物。有时转化率很高，但得到的目的产物并不多，所消耗的原料大部分转化成了副产物。产率只说明被转化的原料中生成目的产物的程度，但不说明有多少原料参加了反应。有时某反应的产率很高，但原料的转化率很低，目的产物生成量很少，这表明进入反应器的原料，只有很少的量参加了反应，但参加反应的原料几乎都转变成了目的产物，仅有少量变为副产物。在实际生产中，我们总希望在获得高转化率的同时，也要获得较高的产率。为了描述这两方面的关系，采用了收率这个概念。

$$某产物的收率=原料的转化率\times 目的产物的产率\times 100\%$$

或

$$单程收率=\frac{生成目的产物所消耗的原料量}{进入反应器的原料量}\times 100\%$$

$$总收率=\frac{生成目的产物所消耗的原料量}{新鲜原料量}\times 100\%$$

(5) 消耗定额　消耗定额是指生产单位产品所消耗的原料量，即每生产1t 100%的产品所需要的原料量。

$$消耗定额=\frac{原料量}{产品量}$$

工厂里消耗定额包括原料、辅助材料及动力等项。消耗定额的高低，说明生产工艺水平的高低及操作水平的好坏。安全、稳定、长周期、满负荷、优化操作，才能降低成本。

(6) 催化剂及其活性、选择性和使用寿命　在化学反应系统中，如果加入某种物质，改变了反应速度而其本身在反应前后的量和化学性质均不发生变化，则该物质称为催化剂（或触媒），而这种作用称为催化作用。凡催化作用加快反应速度的，称为正催化作用；降低反应速度的，称为负催化作用（或阻化作用）。

在化工生产中，有80%～90%的产品是在不同类型的催化剂作用下生产的。使用催化剂，可以使反应定向进行，并能加速反应，减少副反应，还能使反应条件变得缓和，降低对设备的要求，从而使生产成本降低。

固体催化剂的使用要求，要具有活性好、稳定性强、选择性高、寿命长、耐热、耐毒、机械强度高、有合理的流体流动性，并且原料易得，制造方便，无毒性等特点。几个表示催化剂性能的概念如下。

① 活性　催化剂活性是指催化剂改变反应速度的能力。催化剂能增大反应的速度，是因为催化剂可以降低反应的活化能，改变反应的机理，使它按活化能较小的反应历程进行。

催化剂活性的大小，通常用原料的转化率来间接表示。转化率高，表示催化剂活性好，反之，则活性差。在生产中，有时也用空时得率来衡量催化剂的生产能力。空时得率是指单位时间内，在单位催化剂（单位容积或单位质量）上所得的产品量。常表示为目的产物千克/(米^3·小时)[kg/(m^3·h)]。

$$空时得率=\frac{目的产品量}{催化剂容积(或质量)\times 时间}\times 100\%$$

② 选择性　在化学反应中，同一催化剂对不同的化学反应往往表现出不同的活性，同样的反应物在不同的催化剂作用下，结果也会得到不同的产物。这说明催化剂对化学反应具有选择性，所表现出的选择性就是催化剂促进化学反应向目的产物方向进行的能力。因此，常用产率表示催化剂的选择性。

$$催化剂选择性=\frac{生成目的产物所消耗的原料量}{参加反应的原料量}\times 100\%$$

③ 使用寿命　催化剂的使用期限，就是它的寿命。它指的是催化剂从开始使用，直到经过再生也不能恢复其活性，达不到生产规定的转化率和产率的指标时为止的这

一段时间。催化剂的使用寿命常用时间“月”为单位。催化剂都有它自己的“寿命”，寿命的长短与生产运行时间及生产操作等因素有关。

三、化工单元操作的分类

化工单元操作和单元反应为数并不多，加起来不过几十种，但它们能组合成各种各样的化工生产过程。常用的单元操作有18种，按其性质、原理可归纳为以下五种操作类型。

(1) 流体动力学过程的单元操作　遵循流体动力学规律进行的操作过程，如液体输送、气体输送、气体压缩、过滤、沉降等。

(2) 热量传递过程的单元操作　遵循热量传递规律进行的操作过程，也叫传热过程，如传热、蒸发等。

(3) 质量传递过程的单元操作　遵循物质的质量从一个相传递到另一个相传质理论的单元操作过程，也叫传质过程，如蒸馏、吸收、萃取等。

(4) 热力学过程的单元操作　遵循热力学原理的单元操作，如冷冻等。

(5) 机械过程的单元操作　遵循机械力学的单元操作，如粉碎、固体输送等。

四、化工过程的特点及基本规律

1. 化工生产过程的特点

(1) 生产过程连续性和间接性　化工生产是通过一定的工艺流程来实现的，工艺流程是指以反应设备为核心，由系列单元设备通过管路串联组成的系统装置。

化工生产的连续性，体现在空间和时间两个方面。空间的连续性，指生产流程各个工序紧密衔接，相互关联，无论哪个工序失调，都会导致整个生产线不能正常运转；时间的连续性，指生产长期运行，昼夜不停，如果上一个班发生故障，会直接影响下一个班的正常运行。

化工生产的间接性，则体现在操作者一般不和物料直接接触，生产过程在密闭的设备内进行，操作人员依靠仪表和分析化验了解生产情况，通过DCS控制系统或现场操作来控制生产运行。

(2) 生产技术的复杂性和严密性　化工工艺流程多数比较复杂，而且发展趋势是复杂程度越来越高。当今的基础化学工业正朝着大型化和高度自动化发展；而应用化学工业正朝着精细化、专业化、高性能和深加工发展。

严密性是指化工生产操作要求非常严格，每种产品都有一套严密的工艺规程，必须严格执行，否则不仅制造不出合格产品，还可能造成安全事故。

(3) 原料、产品和工艺的多样性　目前我国化学工业具有40多个子行业，生产6万多种产品。化工生产可以用不同原料制造同一种产品，也可用同一原料制造不同产品。化工产品一般都有两种以上的生产工艺。即使用同样原料制造同一产品，也常有几种不同的工艺流程。

(4) 安全生产的极端重要性　化工生产中，有些单元反应或单元操作要在高温、高压、真空、深冷等条件下进行，许多物料具有易燃、易爆、有毒、腐蚀性等性质，这些特点决定了化工生产中安全极其重要。化工企业的新员工，必须首先进行公司、车间、班组三级安全教育后，再学习装置生产技术，达到规定的安全生产和操作知识技能后，才能上岗操作。

化工操作是指在一定的工序、岗位对化工生产过程进行操纵控制的工作。对于化工这种依靠设备作业的流程型生产，其工艺控制参数、设备运行情况必须时刻处于严密的监控之下，完全按工艺操作规程运行，才能制造出人们需要的产品。大量实践说明，先进的工艺、设备只有通过良好的操作才能转化为生产能力。在设备问题解决之后，操作水平的高低对实现优质、高产、低耗起关键作用。

2.化工生产过程中的物质转换与能量转换规律

所有化工生产过程都是物料转换与能量转换的“两种转换”过程，遵循质量守恒定律和能量守恒定律，这是化工生产的一个重要规律。

单元操作进行的物理过程都和能量转换紧密联系，如液体输送要消耗电能，粉碎要消耗大量机械能，蒸馏、蒸发要消耗大量热能。单元反应进行的化学过程也都伴随着能量转换，有的化学反应要输出能量。如电解反应要输入大量电能；有的硫黄制硫酸工艺过程安装了余热发电装置，以使反应放出的热量得到有效利用。

在学习和生产中，要运用“两种转换”规律来作指导。抓住“了解”与“控制”两个环节，从以下三个方面入手。

（1）了解物料运行的状况　物料运行通常有下列三种表现形式。

① 物料的输入和输出　输入的物料有原料和辅助材料；输出的物料有产品、中间产品、副产品和“废料”。

② 物料的变化　物料在装置中发生的化学变化和物理变化。

③ 物料的循环　有些反应过程，反应物不可能完全转化成产物，因此，要将那些没有转化的反应物循环使用。

在学习中，要了解装置物料的输入和输出有哪些，每个设备和管道中是什么物料，在设备中物料发生了什么化学和物理变化，对物料有哪些生产要求。

（2）了解能量运行的情况　能量的运行也包括输入、转化和输出三种表现形式。能量的输入一般包括随物料带走的能量和外加能量，而外加能量指公用工程装置供给水、电、汽、气、冷五种动力资源。

① 水　指用于换热的水，如加热与冷却用的水。

② 电　包括用电力驱动生产设备，将电能转换为机械能；用电直接参与化学反应过程，如电解。

③ 汽　指水蒸气。

④ 气　指用于动力的压缩空气和仪表空气。

⑤ 冷　指低温操作所需的冷量。

这五种动力资源一般由工厂公用工程部门负责供给，即水厂、循环水、脱盐水、配电站、锅炉、空分、制冷站等。

在学习中，要了解生产装置哪些设备使用了这五种动力资源，掌握它们的正常指标，以及它们的波动和断供对生产的影响，掌握故障时的应对措施。

(3) 控制物料、能量的运行 严格控制工艺指标，经常对各项工艺指标进行综合分析，判断物料运行状况和能耗情况；尤其要严格控制反应物转化为生成物的转化程度，才能将整个工况稳定在最佳状态。

综合来看，化工生产过程种类繁多，很难完全掌握，但各种生产过程都有共同的基本组成规律：

① 化工生产过程是由若干个单元操作和单元反应等基本加工过程构成的。

② 化工生产过程包括原料的预处理、化学反应和反应物加工这三个基本步骤。

③ 化工生产过程贯穿着两种转换，即物质转换和能量转换。

第二节 现代化工生产操作岗位

一、现代化工企业生产方式的变化

化学工业是指以化学反应作为主要生产活动的生产部门，是国民经济的能源产业、原料产业、基础产业和支柱产业。化学工业涉及的领域相当广泛，广义的化学工业包括化学品及化学制品的制造、焦炭和精炼石油产品的制造、基本医药产品和医药制剂的制造、橡胶和塑料制品的制造、纸和纸制品的制造、基本金属的制造、其他非金属矿物制品的制造等诸多部门；狭义的化学工业特指化学原料及化学制品的制造。

2016 年，我国化学原料及化学制品制造行业的销售收入为 8.77 万亿元，化学工业规模以上企业 26409 家，利润总额 5073.2 亿元。我国已成为世界上化工产品生产和消费量最大的国家。

现代化工企业生产方式变化趋势：一是向大型联合装置发展；二是大量应用 DCS、FCS 自动控制系统。随着化工产品结构的调整以及化工装置大型化、现代化、自动化的发展，客观形势对化工操作工人提出越来越严格的要求。20 世纪 60 年代，一套以煤为原料的年产 6 万吨的合成氨装置，其操作工人标准设计定员为 169 人。而 20 世纪 90 年代以后，同样一套以煤为原料的年产 30 万吨合成氨装置，其操作工人的标准定员仅为 60 人，以每人每年平均生产合成氨产量计，后者比前者增加了 14 倍（以天然气为原料的大型合成氨装置定员仅为 40 人，其比例高达 21 倍）。

现代化工生产方式的变化对操作工人提出了更高的要求。例如，在年产 6 万吨的合成氨装置上，一个操作事故会造成一套煤气发生装置或一台压缩机停车，每日合成氨产量的损失不过数十吨，即使发生十分严重的全系统停车，其日产损失最多 200t 合成氨。而在现代大型合成氨装置中，一个微小的疏忽和失误，都会导致全系统的停车，其日产损失在千吨以上。不言而喻，化工装置大型化的结果，大大增加了每个操作工人的生产和经济责任。化工装置自动化程度的提高，大大扩展了每个操作工人的控制范围。过去，一名或几名操作工人，一般只能负责一个化工单元的操作，而现在，借助于计算机的帮助，可以大大提高生产率。在发达国家，包含几个甚至十几个化工单元操作的完整的生产过程可以由 1～2 名操作工人完全控制。目前，我国现代化工企业操作工人的配备，已经接近发达国家水平。一个大型石化装置的总控制室操作工，不仅要掌握裂解、转化、吸收、精馏、压缩、制冷等工艺过程的原理和操作，还要对于其相关的水质处理、能量利用、DCS控制、环境保护、设备动态检测等各方面也要有相当程度的了解。从一定意义上来看，现代化工生产方式的变化，对操作工人技能的要求正在发生着本质上的深刻变化。

二、操作岗位及工作任务

一套化工装置按操作单元的范围可划分为几个操作岗位，每个操作岗位负责一个或若干个单元操作、单元反应的工作任务。例如，大型尿素装置操作岗位包括班长、总控、压缩、循环、蒸发和泵岗位。班长岗位主要负责尿素装置当班的生产和安全、设备维护、人员管理、对外联系、开停车指挥、紧急事故的处理等工作；总控岗位主要负责整个生产装置的DCS和联锁逻辑系统的操作，包括装置的正常生产运行、开停车和事故处理操作等工作；压缩、循环、蒸发和泵岗位，则分别负责CO_2压缩机系统、尿素循环回收系统、尿素蒸发系统和泵的现场日常生产操作和设备维护，开停车操作及事故处理等工作。

一般新工人入岗培训，要进行化工知识的培训，以及操作规程及岗位操作法的学习，使他们对化工生产的了解由抽象转为具体。只有经过岗位操作法的学习及考试，熟悉岗位操作法，能用操作法指导实施正常生产操作，经过考核合格的人员才能走上操作岗位。

三、操作规程和岗位操作法

1. 操作规程是化工装置生产管理的基本法规

为使化工装置能够顺利地开停车、正常运行、安全的生产出符合质量标准的产品，在装置投运开工前，需编写该装置的操作规程。操作规程是指导生产、组织生产、管理生产的基本法规。操作规程一经编制、审核、批准颁发实施后，具有一定的法定效力，任何人都无权随意变更操作规程。在化工生产中由于违反操作规程而造成跑料、灼烧、爆炸、失火、人员伤亡的事故屡见不鲜。例如四川某化工厂，操作人员严重违反操作规程，在合成塔未卸压的情况下，带压卸顶盖，结果高压气流冲出，造成在场5人死亡的重大事故。因此，操作规程也是一个装置生产、管理、安全工作的经验总结。每个操作人员及生产管理人员，都必须学好操作规程，了解装置全貌以及装置内各岗位构成，了解本岗位在整个装置中的作用，从而严格执行操作规程，按操作规程办事，强化管理、精心操作，安全、长周期、满负荷、优质地完成好生产任务。

操作规程一般包括：装置概况、产品说明、原料和辅助原料及中间体的规格、岗位设置及开停车程序、工艺技术规程、工艺操作控制指标、安全生产规程、工业卫生及环境保护、主要原料和辅助原料的消耗及能耗、产品包装运输及储存规则。

2. 岗位操作法是操作规程的实施和细化

化工装置要实现正常运行，除了法规性的操作规程以外，还必须有一套岗位操作法，来实施操作规程中的开停车程序，细化到每个岗位如何互相配合，将全装置启动起来，在生产需要和异常情况时，进行安全停车操作。因此，岗位操作法是每个岗位操作工人借以进行生产操作的依据及指南，它与操作规程一样，一经颁发实施即具有法定效力，是工厂法规的基础材料及基本守则。所以，每个操作人员都必须认真地学习及掌握好岗位操作法，严格按操作法进行操作，杜绝发生事故的根源，完成好本岗位的生产任务。

岗位操作法一般包括：本岗位的基本任务、工艺流程概述、所管设备、操作程序及步骤、生产工艺指标、异常情况及其处理、巡回检查制度及交接班制度、安全生产守则、操作人员守则等。

第三节　现代化工操作工职业能力要求

一、现代化工操作工职业能力分析

1. 现代化工企业对操作工职业能力的要求

由于现代化工装置向大型化、现代化和自动化方向发展，从而对化工操作工人提出越来越严格的要求。这主要表现在三个方面的变化趋势：

（1）变化趋势一　智力技能操作，现代化程度和技术含量较高，DCS、联锁逻辑操作。

（2）变化趋势二　多种技能复合，工艺技能同时复合设备、电气、仪表、分析及安全环保等知识与技能。

（3）变化趋势三　核心能力突出，自我学习、职业兴趣和团队合作等软指标成为企业关注首选标准。

现代化工操作工必须是具备高素质和高技能的实用型人才，企业对操作工职业能力关注度见调查表（表 1-1）。

表 1-1　企业对操作工职业能力关注度调查表

序号	调查项目	要求
1	学习能力	84.7%
2	解决问题的能力	88.4%
3	敬业精神和责任心	91.6%
4	劳动安全和保护意识	90.2%
5	机器设备操作技能	74.0%
6	对化工知识的理解和掌握	73.0%
7	独立工作能力	82.1%
8	合作能力	78.3%
9	质量意识	82.7%
10	普通文化知识	39.9%
11	计算机使用能力	55.4%
12	具有适应性现代化设备的能力	70.2%

2. 现代化工操作工职业能力分析

现代化工操作工职业能力可分解为三个部分的能力。

（1）特定职业能力　指化工操作工对某套生产装置的操作能力。例如，合成氨装置操作工对异常现象的应急处理、工艺纪律的意识、DCS系统操作和装置开停车操作等能力。特定职业能力是进行岗位操作，完成工作任务所必须具备的能力，它是建立在行业通用能力和专业核心能力基础之上的特定职业能力。

（2）行业通用能力　指化工操作工应具备的化工行业工艺操作通用能力。例如，SHEQ（安全、健康、环保、质量）知识、化工单元操作知识和能力、化工知识（化工识图、工艺计算、工艺知识、化工设备）、经济核算等行业通用的基础能力。随着不断学习、操作经验的积累和职业技能等级的提高，行业通用能力将逐渐增强，职业生涯不断进步。

（3）职业核心能力　指作为职业人应具备的基本职业素质和能力。例如，敬业精神和责任心、自我学习能力、团队合作能力、普通文化知识、计算机使用能力和语言交流能力等。

二、化工总控工国家职业标准

为促进化工操作工技术培训，2009年国家劳动和社会保障部组织制定了67项化学工业国家职业标准。从化工操作工岗位群的职业能力共性出发，化工厂通常选择化工总控工国家职业标准作为培训内容和目标。

化工总控工国家职业标准的编制是以职业功能为主线，提出相应的工作内容和技能要求、相关知识要求。例如，中级工职业标准的职业功能包括开车准备、总控操作、事故判断与处理。开车准备阶段的工作内容有文件准备、设备检查和物料准备。其中工艺文件的准备工作，应具备识读与绘制工艺流程图、设备结构图、工艺配管图等技能，识记工艺技术规程的技能，并且掌握相应的知识。

以尿素生产装置入岗培训为例，学习者要达到化工总控工职业标准要求，应将职业技能和相关知识的学习融入到解决实际生产任务中。通过尿素装置的工艺流程描述、工艺识图、设备识图、开车设备检查及相关系统检查、系统开车、运行操作、停车、事故判断与处理等学习训练，具备上岗的职业知识和技能。

化工总控工职业标准要求包括“应知”和“应会”两部分，即理论知识和操作技能部分。操作技能对初级、中级、高级、技师的要求依次递进，高级别涵盖低级别的要求，如表1-2～表1-5所示。

1. 初级工的职业标准（表1-2）

表1-2　初级工职业标准

职业功能	工作内容	技能要求	相关知识
一、开车准备	（一）工艺文件准备	1. 能识读、绘制工艺流程简图 2. 能识读本岗位主要设备的结构简图 3. 能识记本岗位操作规程	1. 流程图各种符号的含义 2. 化工设备图形代号知识 3. 本岗位操作规程、工艺技术规程

续表

职业功能	工作内容	技能要求	相关知识
一、开车准备	(二)设备检查	1.能确认盲板是否抽堵、阀门是否完好、管路是否通畅 2.能检查记录报表、用品、防护器材是否齐全 3.能确认应开、应关阀门的阀位 4.能检查现场与总控室内压力、温度、液位、阀位等仪表指示是否一致	1.盲板抽堵知识 2.本岗位常用器具的规格、型号及使用知识 3.设备、管道检查知识 4.本岗位总控系统基本知识
	(三)物料准备	能引进本岗位水、气、汽等公用工程介质	公用工程介质的物理、化学特征
二、总控操作	(一)运行操作	1.能进行自控仪表、计算机控制系统的台面操作 2.能利用总控仪表和计算机控制系统对现场进行遥控操作及切换操作 3.能根据指令调整本岗位的主要工艺参数 4.能进行常用计量单位换算 5.能完成日常的巡回检查 6.能填写各种生产记录 7.能悬挂各种警示牌	1.生产控制指标及调节知识 2.各项工艺指标的制定标准和依据 3.计量单位换算知识 4.巡回检查知识 5.警示牌的类别及挂牌要求
	(二)设备维护保养	1.能保持总控仪表、计算机的清洁卫生 2.能保持打印机的清洁、完好	仪表、控制系统维护知识
三、事故判断与处理	(一)事故判断	1.能判断设备的温度、压力、液位、流量异常等故障 2.能判断传动设备的跳车事故	1.装置运行参数 2.跳车事故的判断方法
	(二)事故处理	1.能处理酸、碱等腐蚀介质的灼伤事故 2.能按指令切断事故物料	1.酸、碱等腐蚀介质灼伤事故的处理方法 2.有毒有害物料的理化性质

2.中级工的职业标准（表1-3）

表1-3　中级工职业标准

职业功能	工作内容	技能要求	相关知识
一、开车准备	(一)工艺文件准备	1.能识读并绘制带控制点的工艺流程图(PID) 2.能绘制主要设备结构简图 3.能识读工艺配管图 4.能识记工艺技术规程	1.带控制点的工艺流程图中控制点符号的含义 2.设备结构图绘制方法 3.工艺管道轴测图绘图知识 4.工艺技术规程知识
	(二)设备检查	1.能完成本岗位设备的查漏、置换操作 2.能确认本岗位电气、仪表是否正常 3.能检查确认安全阀、爆破膜等安全附件是否处于备用状态	1.压力容器操作知识 2.仪表联锁、报警基本原理 3.联锁设定值，安全阀设定值、校验值，安全阀校验周期知识
	(三)物料准备	能将本岗位原料、辅料引进到界区	本岗位原料、辅料理化特性及规格知识

续表

职业功能	工作内容	技能要求	相关知识
二、总控操作	(一)开车操作	1.能按操作规程进行开车操作 2.能将各工艺参数调节至正常指标范围 3.能进行投料配比计算	1.本岗位开车操作步骤 2.本岗位开车操作注意事项 3.工艺参数调节方法 4.物料配方计算知识
	(二)运行操作	1.能操作总控仪表、计算机控制系统对本岗位的全部工艺参数进行跟踪监控和调节，并能指挥进行参数调节 2.能根据中控分析结果和质量要求调整本岗位的操作 3.能进行物料衡算	1.生产控制参数的调节方法 2.中控分析基本知识 3.物料衡算知识
	(三)停车操作	1.能按操作规程进行停车操作 2.能完成本岗位介质的排空、置换操作 3.能完成本岗位机、泵、管线、容器等设备的清洗、排空操作 4.能确认本岗位阀门处于停车时的开闭状态	1.本岗位停车操作步骤 2.“三废”排放点、“三废”处理要求 3.介质排空、置换知识 4.岗位停车要求
三、事故判断与处理	(一)事故判断	1.能判断物料中断事故 2.能判断跑料、串料等工艺事故 3.能判断停水、停电、停气、停汽等突发事故 4.能判断常见的设备、仪表故障 5.能根据产品质量标准判断产品质量事故	1.设备运行参数 2.岗位常见事故的原因分析知识 3.产品质量标准
	(二)事故处理	1.能处理温度、压力、液位、流量异常等故障 2.能处理物料中断事故 3.能处理跑料、串料等工艺事故 4.能处理停水、停电、停气、停汽等突发事故 5.能处理产品质量事故 6.能发现应的事故信号	1.设备温度、压力、液位、流量异常的处理方法 2.物料中断事故处理方法 3.跑料、串料事故处理方法 4.停水、停电、停气、停汽等突发事故的处理方法 5.产品质量事故的处理方法 6.事故信号知识

3.高级工的职业标准（表 1-4）

表 1-4 高级工职业标准

职业功能	工作内容	技能要求	相关知识
一、开车准备	(一)工艺文件准备	1.能绘制工艺配管简图 2.能识读仪表联锁图 3.能识记工艺技术文件	1.工艺配管图绘制知识 2.仪表联锁图知识 3.工艺技术文件知识
	(二)设备检查	1.能完成多岗位化工设备的单机试运行 2.能完成多岗位试压、查漏、气密性试验、置换工作 3.能完成多岗位水联动试车操作 4.能确认多岗位设备、电气、仪表是否符合开车要求 5.能确认多岗位的仪表联锁、报警设定值以及控制阀阀位 6.能确认多岗位开车前准备工作是否符合开车要求	1.化工设备知识 2.装置气密性试验知识 3.开车需具备的条件

续表

职业功能	工作内容	技能要求	相关知识
一、开车准备	（三）物料准备	1.能指挥引进多岗位的原料、辅料到界区 2.能确认原料、辅料和公用工程介质是否满足开车要求	公用工程运行参数
二、总控操作	（一）开车操作	1.能按操作规程完成多岗位的开车操作 2.能指挥多岗位的开车工作 3.能将多岗位的工艺参数调节至正常指标范围内	1.相关岗位的操作法 2.相关岗位操作注意事项
	（二）运行操作	1.能进行多岗位的工艺优化操作 2.能根据控制参数的变化，判断产品质量 3.能进行催化剂还原、钝化等特殊操作 4.能进行热量衡算 5.能进行班组经济核算	1.岗位单元操作原理、反应机理 2.操作参数对产品理化性质的影响 3.催化剂升温还原、钝化等操作方法及注意事项 4.热量衡算知识 5.班组经济核算知识
	（三）停车操作	1.能按工艺操作规程要求完成多岗位停车操作 2.能指挥多岗位完成介质的排空、置换操作 3.能确认多岗位阀门处于停车时的开闭状态	1.装置排空、置换知识 2.装置“三废”名称及“三废”排放标准、“三废”处理的基本工作原理 3.设备安全交出检修的规定
三、事故判断与处理	（一）事故判断	1.能根据操作参数、分析数据判断装置事故隐患 2.能分析、判断仪表联锁动作的原因	1.装置事故的判断和处理方法 2.操作参数超指标的原因
	（二）事故处理	1.能根据操作参数、分析数据处理事故隐患 2.能处理仪表联锁跳车事故	1.事故隐患处理方法 2.仪表联锁跳车事故处理方法

4. 技师的职业标准（表 1-5）

表 1-5　技师职业标准

职业功能	工作内容	技能要求	相关知识
一、总控操作	（一）开车准备	1.能编写装置开车前的吹扫、气密性试验、置换等操作方案 2.能完成装置开车工艺流程的确认 3.能完成装置开车条件的确认 4.能识读设备装配图 5.能绘制技术改造简图	1.吹扫、气密性试验、置换方案编写要求 2.机械、电气、仪表、安全、环保、质量等相关岗位的基础知识 3.机械制图基础知识
	（二）运行操作	1.能指挥装置的开车、停车操作 2.能完成装置技术改造项目实施后的开车、停车操作 3.能指挥装置停车后的排空、置换操作 4.能控制并降低停车过程中的物料及能源消耗 5.能参与新装置及装置改造后的验收工作 6.能进行主要设备效能计算 7.能进行数据统计和处理	1.装置技术改造方案实施知识 2.物料回收方法 3.装置验收知识 4.设备效能计算知识 5.数据统计处理知识

续表

职业功能	工作内容	技能要求	相关知识
二、总控操作	(一)开车操作	1. 能按操作规程完成多岗位的开车操作 2. 能指挥多岗位的开车工作 3. 能将多岗位的工艺参数调节至正常指标范围内	1. 相关岗位的操作法 2. 相关岗位操作注意事项
	(二)运行操作	1. 能进行多岗位的工艺优化操作 2. 能根据控制参数的变化，判断产品质量 3. 能进行催化剂还原、钝化等特殊操作 4. 能进行热量衡算 5. 能进行班组经济核算	1. 岗位单元操作原理、反应机理 2. 操作参数对产品理化性质的影响 3. 催化剂升温还原、钝化等操作方法及注意事项 4. 热量衡算知识 5. 班组经济核算知识
	(三)停车操作	1. 能按工艺操作规程要求完成多岗位停车操作 2. 能指挥多岗位完成介质的排空、置换操作 3. 能确认多岗位阀门处于停车时的开闭状态	1. 装置排空、置换知识 2. 装置“三废”名称及“三废”排放标准、“三废”处理的基本工作原理 3. 设备安全交出检修的规定
三、事故判断与处理	(一)事故判断	1. 能判断装置温度、压力、流量、液位等参数大幅度波动的事故原因 2. 能分析电气、仪表、设备等事故	1. 装置温度、压力、流量、液位等参数大幅度波动的原因分析方法 2. 电气、仪表、设备等事故原因的分析方法
	(二)事故处理	1. 能处理装置温度、压力、流量、液位等参数大幅度波动事故 2. 能组织装置事故停车后恢复生产的工作 3. 能组织演练事故应急预案	1. 装置温度、压力、流量、液位等参数大幅度波动的处理方法 2. 装置事故停车后恢复生产的要求 3. 事故应急预案知识
四、管理	(一)质量管理	能组织开展质量攻关活动	质量管理知识
	(二)质量管理	1. 能指导班组进行经济活动分析 2. 能应用统计技术对生产工况进行分析 3. 能参与装置的性能负荷测试工作	1. 工艺技术管理知识 2. 统计基础知识 3. 装置性能负荷测试要求
五、培训与指导	(一)理论培训	1. 能撰写生产技术总结 2. 能编写常见事故处理预案 3. 能对初级、中级、高级操作人员进行理论培训	1. 技术总结撰写知识 2. 事故预案编写知识
	(二)操作指导	1. 能传授特有操作技能和经验 2. 能对初级、中级、高级操作人员进行现场培训指导	

第二章 化工装置基础知识

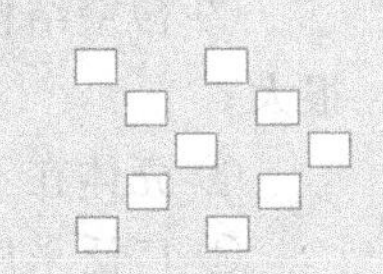

第一节 化 工 识 图

一、化工设备图

1. 化工设备概述

(1) 化工机械分类　化工机械是化工生产中所用的机器和设备的总称。化工生产中为了将原料加工成一定规格的成品，往往需要经过原料预处理、化学反应以及反应产物的分离和精制等一系列化工过程，实现这些过程所用的机械，被划归为化工机械。

化工机械通常可分为两大类：

① 化工机器　指主要作用部件为运动的机械，如各种泵、压缩机、风机、过滤机、破碎机、离心分离机、旋转窑、搅拌机、旋转干燥机等。

② 化工设备　指主要作用部件是静止的或者只有很少运动的机械，如各种容器（槽、罐、釜等）、普通窑、塔器、反应器、换热器、普通干燥器、蒸发器、反应炉、电解槽、结晶设备、传质设备、吸附设备、流态化设备、普通分离设备以及离子交换设备等。

化工设备是化工生产装置的重要组成部分，学习化工设备的性能、作用、结构和技术指标等内容，可为生产操作、事故判断、检修和技改、操作规程和试车方案制定提供技术依据。

化工生产所需的设备虽多，但典型设备有容器、塔器、换热器和反应器等类型。

容器主要用来贮存物料，常见的形状有立式或卧式的圆柱形与球形等。

塔器主要用于吸收、精馏等化工单元操作。常见的形状是直立式多段圆柱体，塔高与塔径之比相差较大。

换热器主要用于进行两种不同温度物料（液体或气体）的换热，使其达到加热、冷凝或冷却的目的。常见的有列管式换热器等。

反应器是用来使物料在其中进行化学反应或使物料进行搅拌等单元操作的设备，这类设备通常带有搅拌装置。

(2) 化工设备结构的基本特点　化工设备的结构、形状、大小虽各有不同，但从典型设备的分析中，可归纳为以下特点：

① 立体结构和零部件的形状，多为圆柱、圆锥、圆球等回转体；

② 薄壁结构较多，设备总体尺寸与壳体壁厚或某些细部结构尺寸相比，往往相差很大；

③ 壳体在不同的轴向位置和同向方位上开孔和接管较多；

④ 广泛采用标准化、通用化的零部件和焊接结构；

⑤ 为适应化工生产的耐化学腐蚀、耐高温、高压等条件，设备往往采用特殊材料制作。

(3) 化工设备中常用的标准零部件　化工设备中的通用零部件有容器上筒体、封头、手孔、管法兰、支座、液面计等。这些零部件基本已标准化了，标准中分别规定了在各种条件下（温度、压力）的结构形状和各部分的尺寸，应用时可查标准。部分零部件有关内容介绍如下：

① 筒体　筒体是化工设备的主体部分，以圆柱形筒体应用最广。筒体一般由钢板卷焊成形，其大小由工艺要求确定。筒体的主要尺寸是直径、高度（或长度）和壁厚。当直径小于500mm时，可用无缝钢管作筒体。直径和高度（或长度）根据工艺要求确定，壁厚由强度计算决定，筒体直径应在国家标准《压力容器公称直径》所规定的尺寸系列中选取。

塔、换热器及贮罐等设备，使用断开画法（见图2-1）。如内部结构仍未表达清楚，可将某塔节（层）用局部放大的方法表达。如设备总体形象表达不完整时，可用缩小比例、单线条画出设备的整体外形图或剖视图。在整体图上，应标注总高尺寸、各主要零部件的定位尺寸及各管口的标高尺寸。塔盘应按顺序从下至上编号，且应注明塔盘间距尺寸。

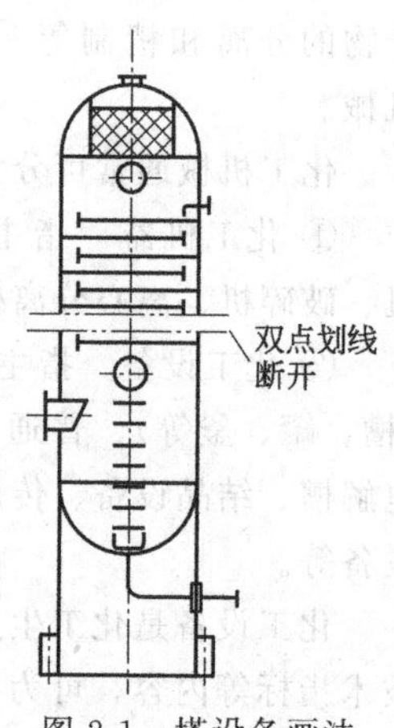

图2-1　塔设备画法

② 封头　封头是设备的重要组成部分，它与筒体一起构成设备的壳体。常见的封头形式有：椭圆形、球形、碟形、锥形及平板等，最常用的是椭圆形封头。如图2-2所示，当筒体由钢板卷制时，封头的公称直径为内径；由无缝钢管作筒体时，封头的公称直径为外径。

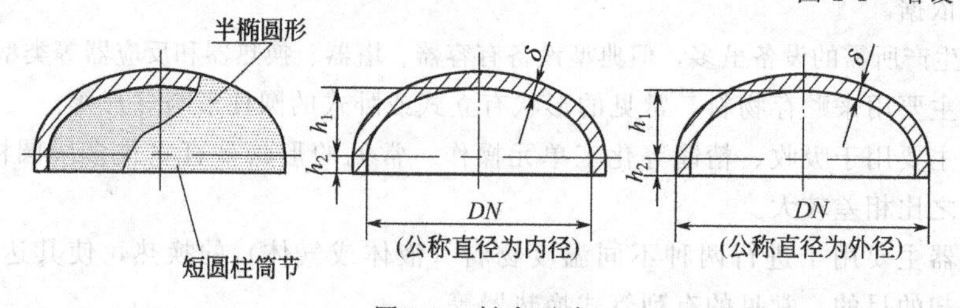

图2-2　封头画法

③ 人孔与手孔　为了便于检修或清洗设备内部，在设备上开设一个孔，称为人孔或手孔。人、手孔的基本结构相同，通常是在所开设的孔上，焊上一个带有法兰的短筒节，再盖上有把手的孔盖（见图2-3）。

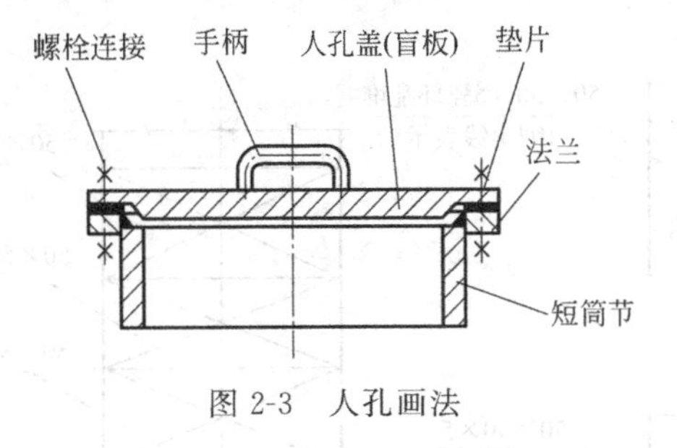

图 2-3　人孔画法

④ 液位计　可用点划线示意表达，并用粗实线画出“＋”符号表示其安装位置，如图 2-4 所示。

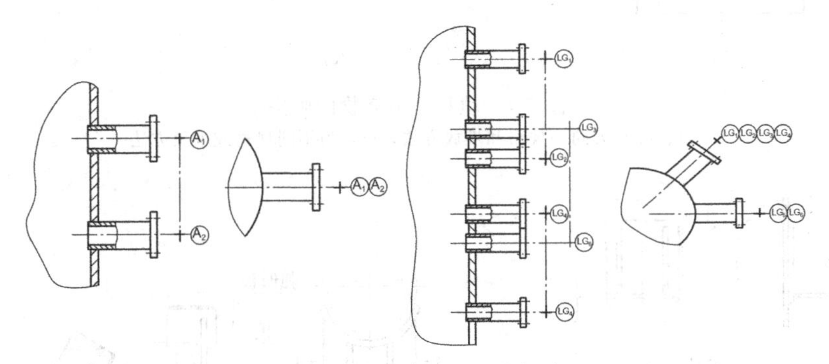

图 2-4　液位计的画法和标注

⑤ 有规律分布的重复结构　画法如图 2-5～图 2-7 所示。

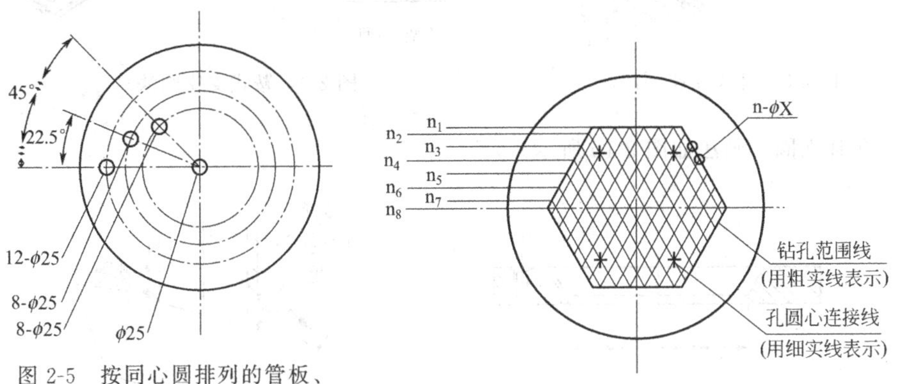

图 2-5　按同心圆排列的管板、折流板或塔板的孔眼画法

图 2-6　按规则排列的孔眼画法

⑥ 支座　支座用来支承设备的质量和固定设备的位置。根据所支承设备的不同，支座分为立式设备支座、卧式设备支座和球形容器支座三大类。根据支座的结构形状、安放位置、载荷等不同情况，支座又分为耳式支座、鞍式支座、腿式支座和支承式支座四种形式，并已形成标准系列。耳式支座画法如图 2-8 所示；鞍式支座画法如图 2-9 所示。

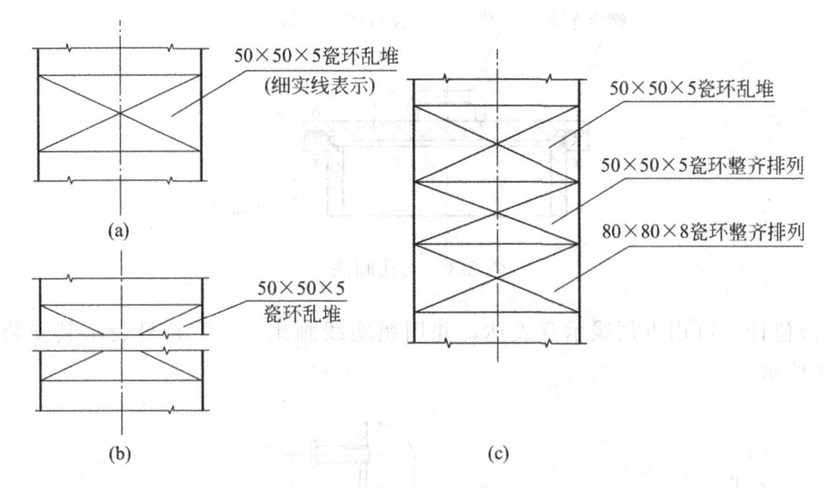

图 2-7 填料、填充物的画法
（a）、（b）为同一规格和堆放方法，（c）为不同规格或堆放方法

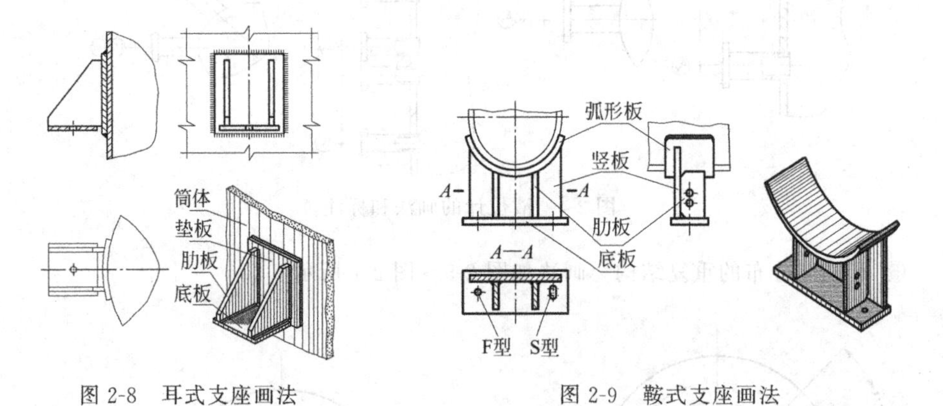

图 2-8 耳式支座画法

图 2-9 鞍式支座画法

⑦ 补强圈 画法如图 2-10 所示。

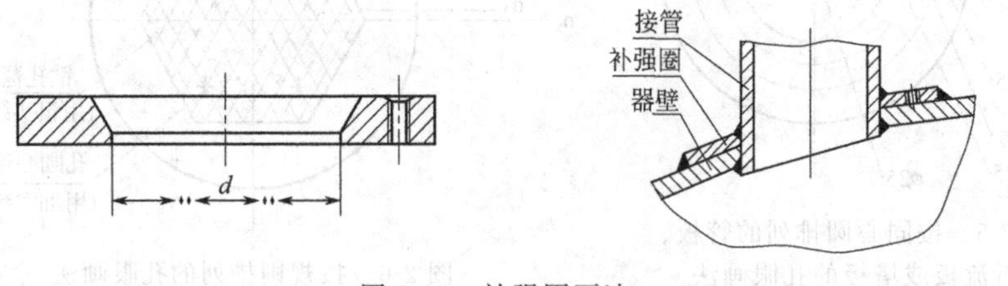

图 2-10 补强圈画法

⑧ 吊柱 画法如图 2-11 所示。

2. 化工设备图的表达方法

表达化工设备的形状、大小、结构和制造安装等技术要求的图样，称为化工设备图。包括总装图（总图）、零部件图和设备图。

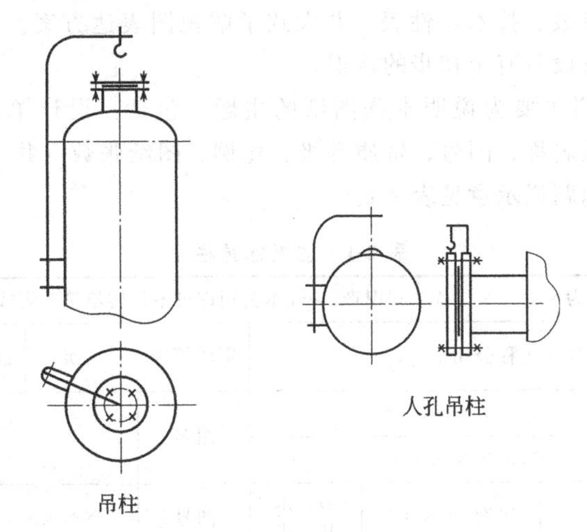

图 2-11 吊柱画法

（1）识读化工设备图的基本要求

① 了解设备的性能、作用和工作原理。

② 了解各零部件之间的装配关系和有关尺寸。

③ 了解设备零部件的形状、结构和作用，进而了解整个设备的结构。

④ 了解设备在设计、制造、检验和安装等方面的技术要求。

（2）化工设备图的基本内容　一张化工设备图应包括如下基本内容。

① 绘有表达该设备的结构形状和零部件之间的装配连接关系的一组图形；

② 标有表达设备的总体大小、规格、装配和安装时必要尺寸；

③ 设备上所有管口均用字母编号，并列出“管口表”，以说明各管口的尺寸、连接尺寸标准、用途等；

④ 列出设备的主要工艺特性的“技术特性表”。用文字说明设备在制作、安装等方面的技术要求；

⑤ 零部件的编号、明细表和标题栏。

（3）视图的表达方法　化工设备图在结构和性能方面具有它本身的特点，因此，在表达方法上与机械制图有所不同。例如，化工设备多用钢板卷制而成，一般体积较大，需要用缩小比例来绘制图样；而壁厚用偏小的比例，难以在图纸上画出，故采用夸大画法；局部细节难以看清，而采用局部放大的画法；设备中的重复件、标准件，如螺钉、螺母、液位计、手孔等，多采用示意图形或符号来表示；管束等重复件，只画一根，其余用细实线或点划线来表示，而不全部画出；设备上各方位的接管口，凡不能在主视图上表示出来的，需设想旋转一个角度，使之画在主视图上，而其真实方位则画在俯视图或左视图中等。如果掌握了这些特点，阅读化工设备图时就能一步步地看懂。

3. 识读化工设备图的方法和步骤

（1）概括了解　首先阅读标题栏、明细栏，从中了解设备名称、规格、绘图比例、零部件等，阅读管口表、技术特性表，并大致了解视图表达方案。从中概括了解设备的一些基本情况，对设备有个初步的认识。

① 标题栏　本栏主要为说明本张图纸的主题，包括：设计单位名称、设备（项目）名称、本张图纸名称、图号、资质等级、比例、图纸张数（共＿张、第＿张）等，可分为 4 种。图纸标题栏示意见表 2-1。

表 2-1　图纸标题栏

<table>
<tr><td colspan="10">本图纸为××××工程公司财产，未经本公司许可不得转给第三者或复制</td></tr>
<tr><td colspan="6">××××工程公司</td><td>资质等级</td><td>×级</td><td>证书编号</td><td>××
××</td></tr>
<tr><td>项目</td><td colspan="5">×××××××××</td><td rowspan="2">图名</td><td colspan="3" rowspan="2">××××××
××××</td></tr>
<tr><td>装置/工区</td><td colspan="5">×××××××</td></tr>
<tr><td>2008
北京</td><td>专业</td><td></td><td>比例</td><td>×：×</td><td>第　张
共　张</td><td>图号</td><td colspan="3">×××××××××××××××</td></tr>
</table>

② 明细栏　明细表是说明组成本张图纸的各部件的详细情况，例如用于装配图及零件图的明细栏，示意见表 2-2。

表 2-2　装配图及零件图明细栏

<table>
<tr><td></td><td></td><td></td><td></td><td></td><td colspan="2"></td><td></td></tr>
<tr><td></td><td></td><td></td><td></td><td></td><td colspan="2"></td><td></td></tr>
<tr><td></td><td></td><td></td><td></td><td></td><td colspan="2"></td><td></td></tr>
<tr><td rowspan="2">件号</td><td rowspan="2">图号或标准号</td><td rowspan="2">名称</td><td rowspan="2">数量</td><td rowspan="2">材料</td><td>单</td><td>总</td><td rowspan="2">备注</td></tr>
<tr><td colspan="2">质量</td></tr>
</table>

③ 管口表　管口表是将本设备的各管口，用英文小写字母从上至下按顺序填入表中，以明确各管的位置和规格等，示意见表 2-3（两个尺寸中，小尺寸用于工程图，大尺寸用于施工图，下同）。

表 2-3　设备管口表

管口表							
符号	公称尺寸	公称压力	连接标准	法兰型式	连接面型式	用途或名称	设备中心线至法兰面距离
A	250	2	HG20615	WN	平面	气体进口	660
B	600	2	HG20615	—	—	人孔	见图
C	150	2	HG20615	WN	平面	液体进口	660
D	50×50	—	—	—	平面	加料口	见图
E	椭 300×200	—	—	—	—	手孔	见图
F_{1-3}	15	2	HG20615	WN	平面	取样口	见图
G	20		M20		内螺纹	放净口	见图
H	20/50	2	HG20615	WN	平面	回流口	见图

④ 设计数据表 设计数据表是化工设备图的一个重要组成部分，补充替代了以往“技术特性表”。它将设备的主要设计、制造、使用的主要参数（设计压力、工作压力、设计温度、工作温度、各部件的材质、焊缝系数、腐蚀裕度、物料名称、容器类别及专用化工设备的接触物料的特性等）技术特性以列表供施工、检验、生产中执行，见表 2-4。

表 2-4 设备设计数据表

<table>
<tr><td colspan="8">设计数据表</td></tr>
<tr><td>规范</td><td colspan="7"></td></tr>
<tr><td></td><td>容器</td><td>夹套</td><td colspan="3">压力容器类别</td><td colspan="2"></td></tr>
<tr><td>介质</td><td></td><td></td><td colspan="3">焊条型号</td><td colspan="2">按 JB/T 4709 规定</td></tr>
<tr><td>介质特性</td><td></td><td></td><td colspan="3">焊接规程</td><td colspan="2">按 JB/T 4709 规定</td></tr>
<tr><td>工作温度/℃</td><td></td><td></td><td colspan="3">焊缝结构</td><td colspan="2">除注明外采用全焊透结构</td></tr>
<tr><td>工作压力/MPa(G)</td><td></td><td></td><td colspan="3">除注明外角焊缝腰高</td><td colspan="2"></td></tr>
<tr><td>设计温度/℃</td><td></td><td></td><td colspan="3">管法兰与接管焊缝标准</td><td colspan="2">按相应法兰标准</td></tr>
<tr><td>设计压力/MPa(G)</td><td></td><td></td><td rowspan="5">无损检测</td><td colspan="2">焊接接头类别</td><td>方法-检测率</td><td>标准-级别</td></tr>
<tr><td>腐蚀裕量/mm</td><td></td><td></td><td rowspan="2">A. B</td><td>容器</td><td></td><td></td></tr>
<tr><td>焊接接头系数</td><td></td><td></td><td>夹套</td><td></td><td></td></tr>
<tr><td>热处理</td><td></td><td></td><td rowspan="2">C. D</td><td>容器</td><td></td><td></td></tr>
<tr><td>水压试验压力卧/立/MPa(G)</td><td></td><td></td><td>夹套</td><td></td><td></td></tr>
<tr><td>气密性试验压力/MPa(G)</td><td></td><td></td><td colspan="3">全容积/m^3</td><td colspan="2"></td></tr>
<tr><td>加热面积/m^2</td><td colspan="2"></td><td colspan="3">搅拌器型式</td><td colspan="2"></td></tr>
<tr><td>保温/防火层厚度/mm</td><td colspan="2"></td><td colspan="3">搅拌器转速</td><td colspan="2"></td></tr>
<tr><td>表面防腐要求</td><td colspan="2"></td><td colspan="3">电动机功率/防爆等级</td><td colspan="2"></td></tr>
<tr><td>其他(按需填写)</td><td colspan="2"></td><td colspan="3">管口方位</td><td colspan="2"></td></tr>
</table>

⑤ 技术要求

a. 通用技术条件 通用技术条件是同类化工设备在加工、制造、焊接、装配、检验、包装、防腐、运输等方面的技术规范，已形成标准，在技术要求中直接引用。在书写时，只需注写“本设备按××××× （具体写上某标准的名称及代号）制造、试验和验收”即可。

b. 焊接要求 化工设备的焊接工艺十分广泛，在技术要求中，通常对焊接接头型式，焊接方法，焊条（焊丝）、焊剂等提出要求。

c. 设备的检验 一般有对主体设备的水压和气密性进行试验，对焊缝的射线探伤，超声波探伤、磁粉探伤等，这些项目都有相应的试验规范和技术指标。

d. 其他要求　机械加工和装配方面的规定和要求，设备的油漆、防腐、保温（冷）、运输和安装、填料等要求。

e. 签署栏　见表 2-5。

（2）视图分析　通过读图，分析设备图上共有多少个视图、哪些是基本视图、还有哪些其他视图、各视图都采用了哪些表达方法、各视图及表达方法的作用是什么，等等。

表 2-5　签署栏

<table>
<tr><td></td><td></td><td></td><td></td><td></td><td></td><td></td><td></td></tr>
<tr><td></td><td></td><td></td><td></td><td></td><td></td><td></td><td></td></tr>
<tr><td></td><td></td><td></td><td></td><td></td><td></td><td></td><td></td></tr>
<tr><td>版次</td><td colspan="2">说　明</td><td>设计</td><td>校核</td><td>审核</td><td>批准</td><td>日期</td></tr>
</table>

（3）零部件分析　以设备的主视图为中心，结合其他视图，对照明细栏中的序号，将零部件逐一从视图中找出，分析其结构、形状、尺寸、与主体或其他零部件的装配关系；对标准化零部件，应查阅相关的标准；同时对设备图上的各类尺寸及代（符）号进行分析，搞清它们的作用和含义；了解设备上所有管口的结构、形状、数目、大小和用途，以及管口的周向方位、轴向距离、外接法兰的规格和型式等。

（4）检查总结　通过对视图和零部件的分析，按零部件在设备中的位置及给定的装配关系，加以综合想象，从而获得一个完整的设备形象；同时结合有关技术资料，进一步了解设备的结构特点、工作特性、物料的进出流向和操作原理等。

二、化工工艺图

化工工艺图包括工艺流程图、设备布置图和管路布置图。这些图是化工工艺安装和指导生产的主要资料。

1. 工艺流程图

工艺流程图是用来表达化工生产工艺流程的设计文件。根据在不同设计阶段绘制的工艺流程图，可分为三种表达方式，即化工工艺方案流程图、物料流程图和工艺管道及仪表流程图。这几种图由于要求不同，其内容和表达的重点也不一致，但彼此之间却有着密切的联系。

在工厂建设的初期阶段，根据将要生产的产品确定生产方案，通过生产方案计算生产过程中的物料消耗情况，会分别绘制出方案流程图和物料流程图（简称 PFD）。工艺管道及仪表流程图（简称 PID），是在方案流程图的基础上绘制的内容较为详尽的一种工艺流程图，是设计、绘制设备布置图和管道布置图的基础，又是施工安装和生产操作时的主要参考依据。

（1）方案流程图　方案流程图是在工艺设计之初提出的一种示意性的流程图。它以工艺装置的主流程单元进行绘制，按工艺流程和设备流程线从左至右展开，画在同一平面上，并附以必要的标注和说明。方案流程图又称流程示意图或流程简图，用来表达整个工厂、车间或工序的生产过程概况，即主要表达物料由原料转变为成品或半成品的来龙去脉，以及采用的化工过程及设备。对于方案流程图一般不作规定。图框和标题栏亦可省略。

工艺方案流程图，如图2-12所示，一般画法步骤如下：

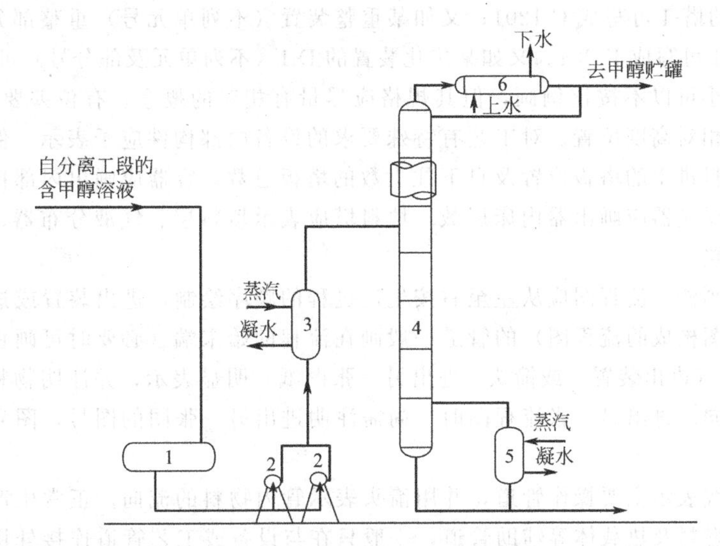

图2-12 甲醇回收方案流程图

1—原料贮槽；2—进料泵；3—预热器；4—脱甲醇塔；5—再沸器；6—冷凝器

① 用细实线画出厂房的地平线。

② 根据流程，从左至右用细实线按设备大致的高低位置和近似的外形尺寸，画出设备的大致轮廓，并依次编号。各设备间应留有一定距离，以便布置流程线。

③ 按实际管道的大致高低位置，用粗实线画出主要物料的流程线；用中实线画出其他介质流程线（如水、蒸汽等），均画上流向箭头，并在流程线的起始与终了处用文字注明物料名称。对于主要物料还应注明物料的来源去向。

④ 两流程线在图上相交（实际不相交）时，相交处应将其中一线断开画出。

⑤ 在图的下方列出各设备的编号与名称。

（2）物料流程图 物料流程图简称PFD图，是设计初级阶段，以图形和表格相结合的形式，反映物料衡算和热量衡算结果的图样。与方案流程图的内容及画法基本一致，只是增加了一些数据。如设备名称下方注明一些特性参数及数据（如塔的直径和高度，换热器的换热面积等）；在工艺过程中增加了一些特性数据或参数（如压力，温度等）；在流程中物料变化的前后用细实线的表格表示物料变化前后组分的变化。

① 物料流程图的构成包括：设备、工艺管道及介质流向、参数控制、工艺操作条件、物料的流率及主要物料的组成和主要物性数据、加热及冷却设备的热负荷。

② 物料流程图的画法

a. 设备画法 流程中只画与生产流程有关的主要设备，不画辅助设备及备用设备。对作用相同的并联或串联的同类设备，一般只表示其中的一台（或一组），而不必将全部设备同时画出。所有的设备均用细实线表示并注明编号，并同时注明其名称（汉字）。设备按同类性质设备的流程顺序统一编号，用代号表示设备的属性，如C表示塔，E表示换热器等。设备的编号格式规定如下：×-××××，例如某常压催化联合装置（单元号为1）中常压部分（部分号为1）的塔-1，可写成C-1101；催化部分（部分号为2）的塔-1可写成C-1201；又如某重整装置（不列单元号）重整部分（部分号为2）的换-4可写成E-204。又如某焦化装置的D-1（不列单元及部分号）可写成D-1。

设备大小可以不按比例画，但其规格应尽量有相对的概念。有位差要求的设备，应示意出其相对高度位置。对工艺有特殊要求的设备内部构件应予表示。例如板式塔应画出有物料进出的塔板位置及自下往上数的塔板总数；容器应画出内部挡板及破沫网的位置；反应器应画出器内床层数；填料塔应表示填料层、气液分布器、集油箱等的数量及位置。

b. 管道画法　流程图应从左至右按生产过程的顺序绘制，进出装置或进出另一张图（由多张图构成的流程图）的管道一般画在流程的始末端（必要时可画在图的上下端），用箭头（进出装置）或箭头（进出另一张图纸）明显表示，并注明物料的名称及其来源或去向。进出另一张流程图时，尚需注明进出另一张图的图号，图号可直接标注在箭头内。

用粗实线表示主要操作管道，并用箭头表示管内物料的流向。正常生产时使用的水、蒸汽、燃料及热载体等辅助管道，一般只在与设备或工艺管道连接处用短的细实线示意，注明物料名称及其流向。正常生产时不用的开停工、事故处理、扫线及放空等管道，一般均不需要画出，也不需要用短的细实线示意。除有特殊作用的阀门外，其他手动阀门均不需画出。

c. 仪表的表示方法　工艺流程中应表示出工艺过程的控制方法，画出调节阀位置、控制点及测量点的位置，其中仪表引线的表示方法参照SH/T 3101，如果有联锁要求，也应表示出来。一般压力、流量、温度、液位等测量指示仪表均不予表示。

d. 物料流率、物性及操作条件的表示方法　原料、产品（或中间产品）及重要原材料等的物料流率均应予表示，已知组成的多组分混合物应列出混合物总量及其组成(%)。物性数据一般列在说明书中，如有特殊要求，个别物性数据也可表示在PFD中。

(3) 工艺管道及仪表流程图　工艺管道及仪表流程图（简称PID，也称工艺施工流程图），是借助统一规定的图形符号和文字代号，用图示的方法把建立化工工艺装置所需的全部设备、仪表、管道及主要管件，按其各自的功能，为满足工艺要求和安全、经济目的而组合起来，以起到描述工艺装置结构和功能的作用，如图2-13所示。

工艺管道及仪表流程图的识读，是工艺人员必须熟练掌握的基本生产技术，也是生产操作和检修的重要依据。管道仪表流程图包含了生产现场所有设备、管道、阀门、管件、仪表等。图纸和现场是一一对应的关系，如同电脑打印预览的“所见即所得”。所以PID图不仅是生产操作和检修的技术基础，也是装置未安装完成前进行试车方案、操作规程编制的依据。

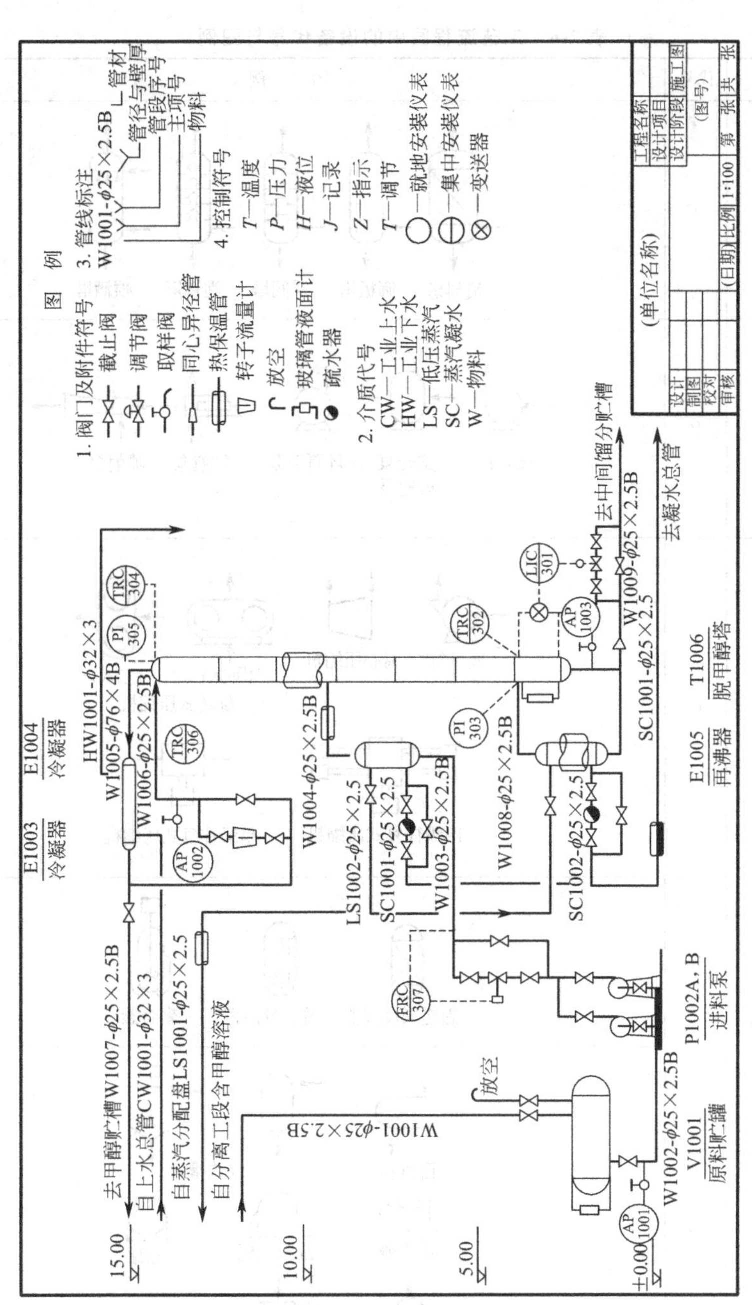

图2-13 甲醇回收工艺施工(带控点工艺)流程图

① 工艺管道及仪表流程图的组成：

a. 带标注的各种设备的示意图。工艺流程图中的设备代号及图例见表 2-6。

表 2-6 工艺流程图中的设备代号与图例

设备名称	代号	图例
塔	T	填料塔　筛板塔　浮阀塔　泡罩塔　喷洒塔
泵	P	离心泵　旋转泵 齿轮泵　水环真空泵　柱塞泵　喷射泵
压缩机 鼓风机	C	鼓风机　离心压缩机　(卧式)　(立式) 旋转式压缩机　四级往复式压缩机　单级往复式压缩机
反应器	R	固定床反应器　管式反应器　聚合釜
容器 (槽、罐) 分离器	V	卧式槽　立式槽　浮顶罐　湿式气柜　球罐　除沫分离器　旋风分离器

续表

设备名称	代号	图　例
换热器 蒸发器	E	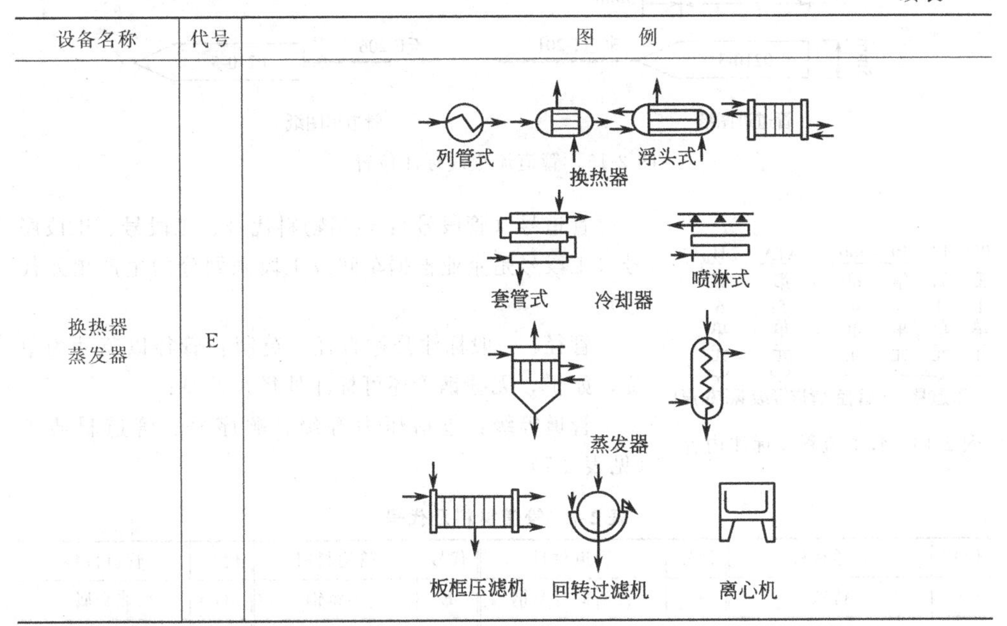

b. 带标注和管件的各种管道流程线。

c. 阀门与带标注的各种仪表控制点的各种图形符号。

d. 对阀门、管件、仪表控制点说明的图例。

e. 标题栏。

② 管道流程线的画法

a. 主要物料的流程线用粗实线表示，其他物料的流程线用中实线表示。

b. 流程线一般画成水平线和垂直线（不用斜线），转弯一律画成直角。

c. 在两设备之间的流程线上，至少应有一个物料流向箭头 。

d. 流程线交叉时，应将其中一条断开：同一物料线交错，按流程顺序“先不断、后断”不同物料线交错，“主不断、辅断”。

常见管线画法如图 2-14 所示。

主要物料管道
辅助物料管道
原有管道
蒸汽伴热管道
电伴热管道
保温管
仪表管
放空管

图 2-14　常见管线画法

③ 管道流程线标注

a. 标注位置　水平管道标注在管道的上方，垂直管道标注在管道的左方（字头向左），如图 2-15 所示。

b. 标注内容　四部分即管道号（或称管段号，由物料代号、工段号、工段序号三个单元组成）、管径、管道等级和隔热（或隔声）代号。对于工艺流程简单，管道规格不多时，则管道等级和隔热（或隔声）代号可省略，如图 2-16 所示。

20mm
5mm
5mm
0210-3
来自T-201
至E-206
0210-5
管道进图纸
管道出图纸

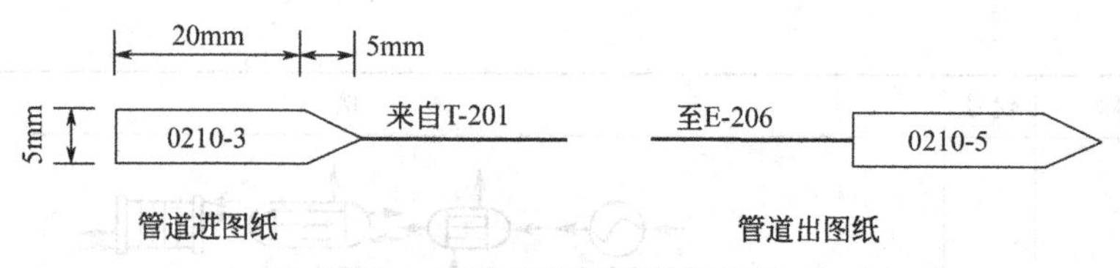

图 2-15　管道流程线标注位置

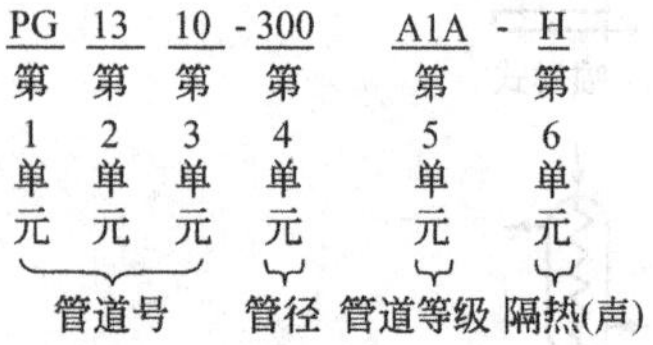

PG 13 10 - 300 A1A - H
第1单元 第2单元 第3单元 第4单元 第5单元 第6单元
管道号
管径
管道等级
隔热(声)

图 2-16　管道流程线标注内容

管道号（管段号）：包括物料代号、工段号、工段序号（工段号是企业根据车间或工段来划分的生产单元代号）。

管径：一般标注公称直径，英制管管径以英寸为单位，如 4″，无缝钢管还可标注外径×壁厚；

管道等级：包括压力等级、顺序号、管道材质类（见表 2-7）。

表 2-7　管道材料及代号

代号	管道材料	代号	管道材料	代号	管道材料	代号	管道材料
A	铸铁	C	普通低合金钢	E	不锈钢	G	非金属
B	非合金钢(碳钢)	D	合金钢	F	有色金属	H	衬里及内防腐

物料代号，见表 2-8 所示，主项代号，与设备位号规定相同；管段顺序号，按生产流向依次编号，用两位数字 01、02、03 等表示：管径，一律标公称直径，公制管按外径×壁厚标注；管道等级一般可以不标，但对高温、高压、易燃易爆的管线一定要标注。

表 2-8　物料代号（摘自 HG 20519.36—1992）

代号	物料名称		代号	物料名称	
AR	空气	Air	LS	低压蒸汽	Low Pressure Steam
AG	气氨	Ammonia Gas	MS	中压蒸汽	Medium Pressure Steam
CSW	化学污水	Chemical Sewage Water	NG	天然气	Natural Gas
BW	锅炉给水	Botler Woter	PA	工艺空气	Process Air
CWR	循环冷却水回水	Cooling Water Return	PG	工艺气体	Process Gas
CWS	循环冷却水上水	Cooling Water Suck	PL	工艺液体	Process Liquid
CA	压缩空气	Compress Air	PW	工艺水	Process Water
DN	脱盐水	Demineralized Water	SG	合成气	Synthetic Gas
DR	排液、导淋	Drain	SC	蒸汽冷凝水	Steam Condensate
DW	饮用水	Driking Water	SW	软水	Soft Water
FV	火炬排放气	Flare	TS	伴热蒸汽	Tracing Steam
FG	燃料气	Fuel Gas	TG	尾气	Tail Gas
IA	仪表空气	Instrument Air	VT	放空气	Vent
IG	惰性气体	Inert Gas	WW	生产废水	Waste Water

④ 阀门、管件及仪表控制点的表示法

a. 阀门及管件　用细实线按规定的符号在相应处画出常用阀门、管件的图形符号见表 2-9。

b. 仪表控制点　管道仪表流程图上要以规定的图形符号和字母代号，表示出在设备、机械、管道和仪表站上的全部仪表。仪表安装位置图形符号见表 2-10、仪表字母代号见表 2-11。

例如仪表位号：TIR/121

分子：字母组合，第一位字母（T），表示被测变量（温度），后继字母（IR），表示仪表的功能（可一个或多个组合，最多不超过五个），从表 2-12 仪表图形符号表格中可以看出，“TIR”表示“温度指示记录”。

表 2-9　管路系统常用阀门的图形符号

名称	符号	名称	符号	名称	符号
截止阀		隔膜阀		减压阀	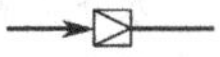
闸阀		旋塞阀		疏水阀	
节流阀		角式截止阀		角式节流阀	
球阀		三通截止阀		角式球阀	
碟阀		四通截止阀	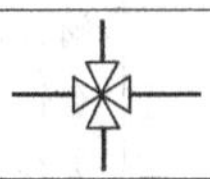	三通球阀	

表 2-10　仪表安装位置的图形符号

仪表	现场安装	控制室安装	现场盘装
单台常规仪表	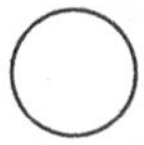	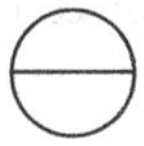	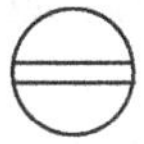
DCS	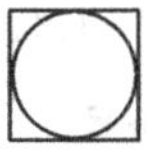	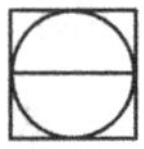	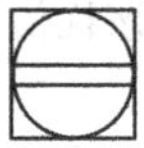
计算机功能	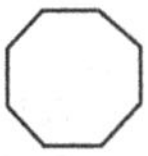	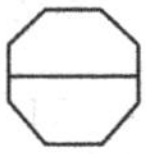	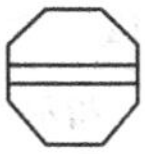
可编程逻辑控制	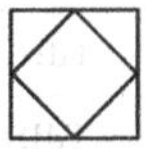	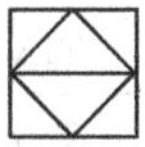	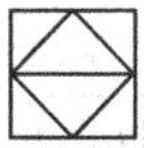

表 2-11　仪表字母代号

字母	第一位字母		后继字母
	被测变量或初始变量	修饰词	功　能
A	分析		报警
B	喷嘴火焰		
C	导电率		控制(调节)
D	密度和相对密度	差	
E	电压(电动势)		检测元件
F	流量	比(分数)	
G	长度(尺寸)		玻璃
H	手动		
I	电流		指示
J	功率	扫描	
K	时间或时间程序		自动-手动操作器
L	物位		指示灯
M	水分或湿度		
N	供选用		供选用
O	供选用		节流孔
P	压力或真空		试验点(接头)
Q	数量或件数	积分、累计	积分、累计
R	放射性		记录或打印
S	速度或频率	安全	开关,联锁
T	温度		传送
U	多变量		多功能
V	黏度		阀、挡板、百叶窗
W	重量或力		套管
X	未分类		未分类
Y	供选用		继动器或计算器
Z	位置		驱动,执行或未分类的终端执行机构

分母：数字组合，前两位数字（01）表示工段号，后二位数字（21）表示管段序号。

由仪表图形符号表 2-12 可以看出，该仪表安装在控制室。若该图形外再加方框，则表示该检测显示仪表（温度指示记录）在“DCS”上有显示和记录。

表 2-12　仪表图形符号

被测变量 仪表功能	温度	温差	压力或真空
指示	TI	TdI	PI
指示、控制	TIC	TdIC	PIC
指示、报警	TIA	TdIA	PLA
指示、开关	TIS	TdIS	PIS

续表

被测变量 仪表功能	温度	温差	压力或真空
记录	TR	TdR	PR
记录、控制	TRC	TdRC	PRC
记录、报警	TRA	TdRA	PRA

⑤ 识读工艺管道及仪表流程图的步骤　识读化工装置工艺管道仪表流程图（PID）之前，应充分熟悉工艺流程概述、工艺方案流程图及物料流程图，掌握工艺过程的反应原理、操作条件、工艺组织、物料平衡、热量平衡、控制方案、主要工艺设备的名称和位号等，为学习 PID 图打下基础。

识读 PID 图的步骤。首先熟悉图例说明，掌握流程图中图形、符号、标注、字母代表的意义，然后了解主要物料流程。应先从原料制备，到化学反应、产物的分离提纯的三个步骤，在图中按管道箭头方向逐一找到通过的设备、控制点，直到最后产品的产出；主流程清楚后，再了解其他辅助单元流程，如蒸汽系统、锅炉水系统、导热油系统、原料及产品储存系统等。

熟练掌握 PID 图，是化工工艺操作人员的一项基本功，也是上岗的必备条件。新员工刚开始学习时会感到比较困难，应多将 PID 图学习与操作规程、设备图等资料结合起来，通过操作培训、练习、问题探讨、现场清理流程等各种方式反复学习，达到不仅能识记，而且能理解、会应用的要求，切忌死记硬背。

2. 设备布置图

工艺施工流程图中所确定的设备、管路和控制点必须按工艺要求，合理地进行布置和安装。用以表达一个车间或一个工段的设备，在厂房内外布置安装情况的图样，称为设备布置图。

在设备布置图中，要解决设备布置与厂房结构的关系问题，必然遇到厂房建筑图的内容。

（1）厂房建筑图的基本表达方法　建筑图也是按正投影原理绘制视图的，它包括立面图、剖面图和平面图等，常用的建筑图多为厂房的平面图和剖面图。厂房常见构件的规定画法见表 2-13。

表 2-13　厂房常见构件的规定画法

名称	图　　例	说明
墙	墙 墙垛	

续表

名称	图　例	说明
门	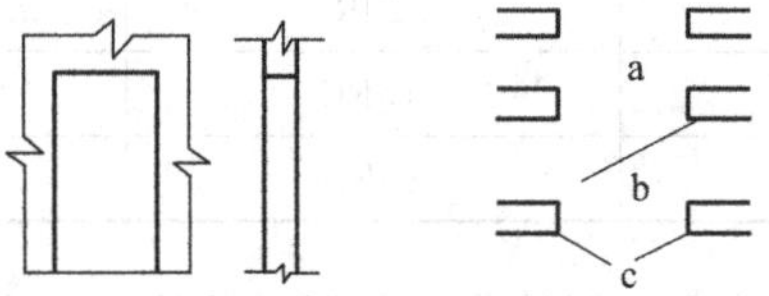	a 图为门洞的平面图 b 图为单扇门的平面图 c 图为双扇门的平面图
窗	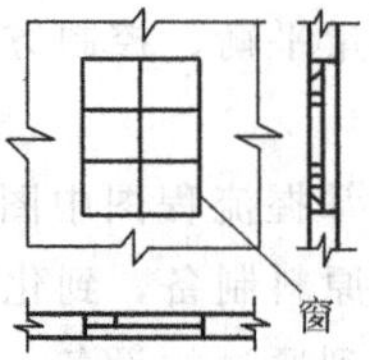	
柱梁楼板	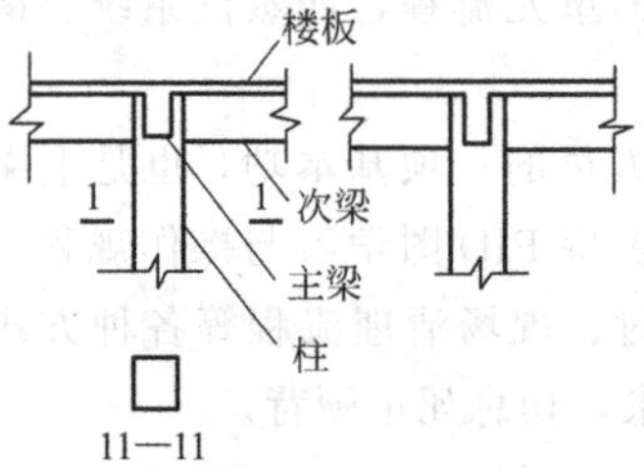	
孔洞	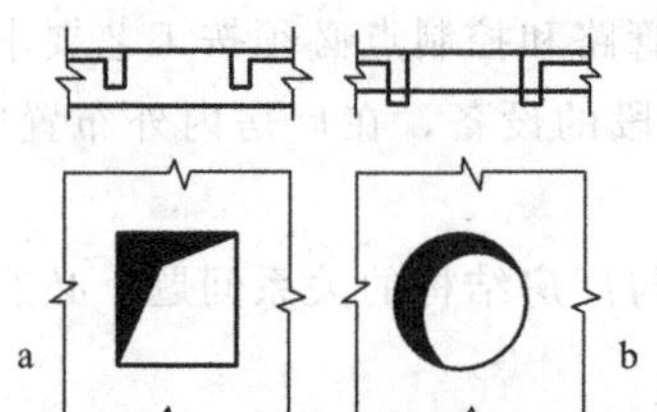	a 图为方孔洞的平面图 b 图为圆孔洞的平面图
楼梯	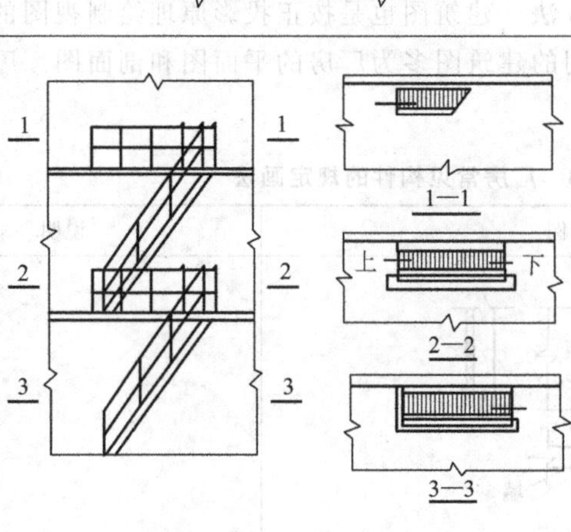	1—1 为三层楼梯平面图 2—2 为二层楼梯平面图 3—3 为一层楼梯平面图

建筑制图标准中规定：厂房建筑图中的承重墙、柱、墙垛，用点划线画出它们的定位轴线并编号。平面图上纵向定位轴线，应按水平方向从左至右顺次用阿拉伯数字编号；横向定位的轴线，则按垂直方向由下而上顺次用大写拉丁字母编号。在立面图和剖面图上，可只画出最外侧的墙或柱的定位轴线并编号。

厂房某一部分的相对高度尺寸，称为“标高”。标高数值以米为单位，一般注至小数点后第三位。标高一般以首层地面为零点标高，注成±0.000；零点标高以上为正数标高，正数标高数值前不加正号，如5.400；零点标高以下为负数标高，负数标高值前加写负号，如－0.045。标高注法与符号见图2-17。

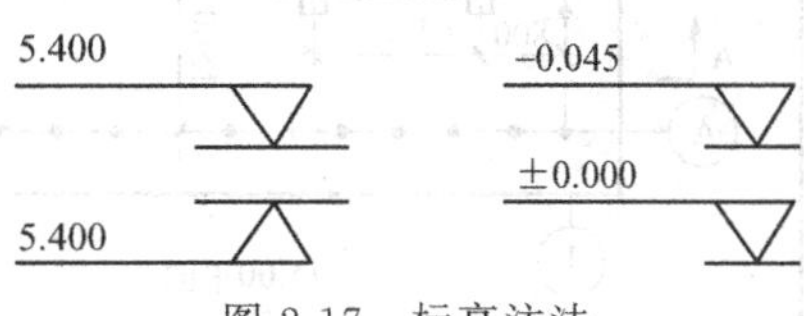

图2-17　标高注法

（2）设备布置图的内容及画法　设备布置图包括各层的设备布置平面图和设备布置剖面图。如图2-18所示的甲醇回收设备布置图。平面图表示各设备平面布置情况；剖面图表示室内设备在立面上的位置关系，其剖切位置可以从平面图上找到，现以图2-18为例，介绍设备布置图的内容与画法。

① 设备布置平面图的内容为：厂房平面图；设备的平面布置和位号、名称；厂房定位轴线尺寸；各设备的定位尺寸、设备基础的平面尺寸和定位尺寸等；

② 设备布置剖面图的内容为：厂房剖面图；设备的立面布置尺寸和位号、名称、设备基础的标高尺寸；厂房定位轴线尺寸和标高尺寸；

③ 设备布置图的画法：为了突出设备的图形，图中的厂房部分用细实线绘制，如图中的墙、安装孔及设备底座等与设备安装定位有关的结构。对于与设备安装关系不大的门、窗等，在剖面图中则可不画。

图中的设备，按各自外形轮廓用粗实线画出带管口方位的平面图和立面图。设备的位号、名称应与工艺流程图一致。

设备在平面图上的定位尺寸，一般以建筑定位轴线为基准，标出设备的中心距离，或用设备中心线为基准标注尺寸。设备的高度方向尺寸，一般以标注设备的基准面或设备中心线的标高来定。

3. 管道布置图

管道布置图又称配管图或管路安装图。是用来表达厂房内外各种机器及设备间管路的空间走向和管件、控制点安装位置的图样。下面分别介绍管道布置图的画法、内容及识读。

（1）管道及常用管道配件的画法　管道布置图是按正投影法绘制，图中的管线多用粗实线的单线图表示，对于公称直径≥250mm的管道，用中实线的双线图表示；若只画一段管道，应在管子中断画出管子折断符号（∫-∫）；对于管道连接形式，一般不表示，如需表明，则参照表2-14；管子的向上或向下90°角和45°角的转折画法见图2-19；当管子交叉而致投影重叠时，可把下（后）面遮盖部分投影断开表示，也可将上（前）面管子投影断开表示，如图2-20所示；当管道投影出现重叠时，要假想断掉上（前）面一段管子，显露出下（后）面一根管子的折断显露方法表示。其画法是将上（前）面管子的投影用断裂表示，下（后）面管子的投影画至重影处稍留间隙断开表示。多

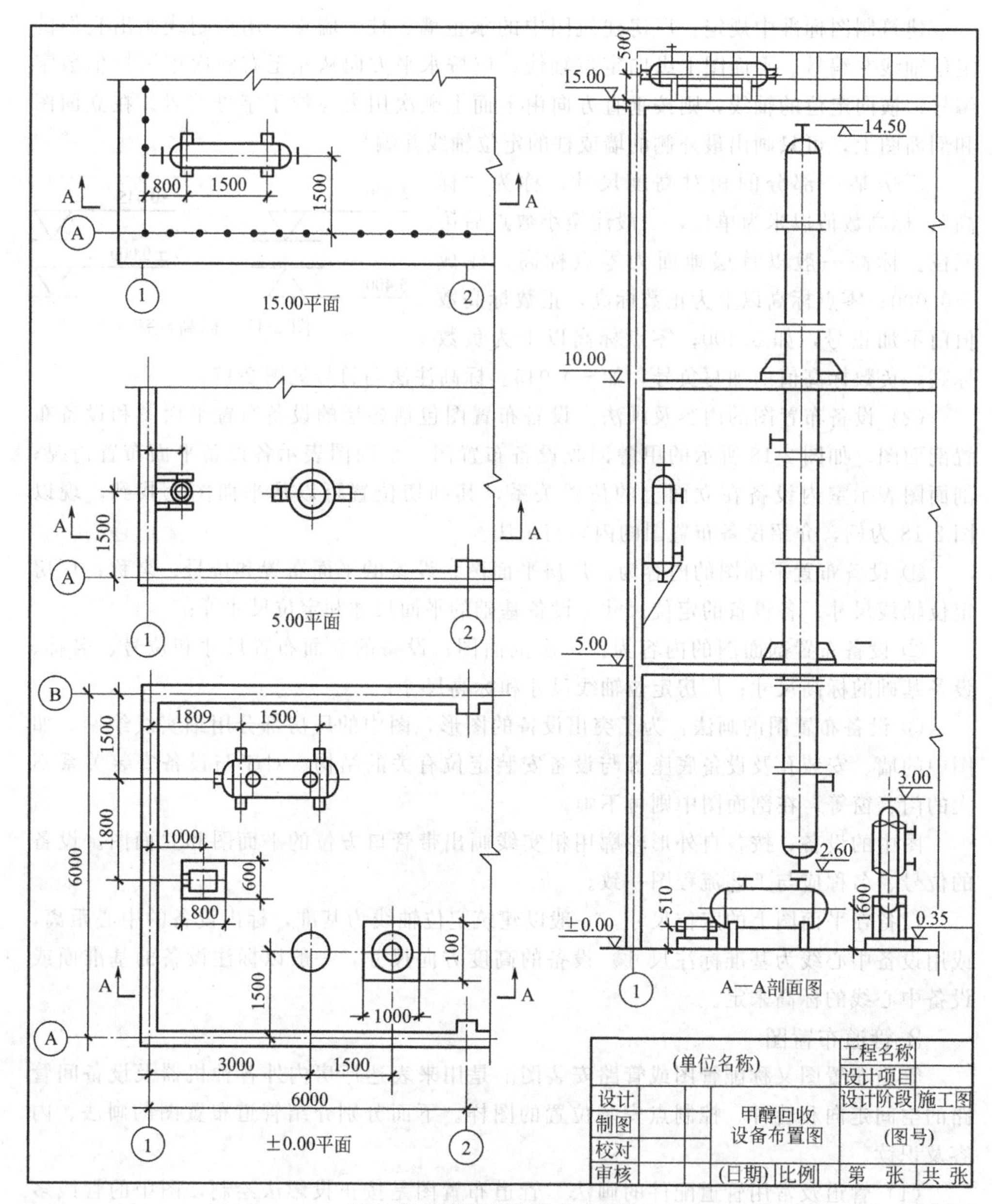

图 2-18 甲醇回收设备布置图

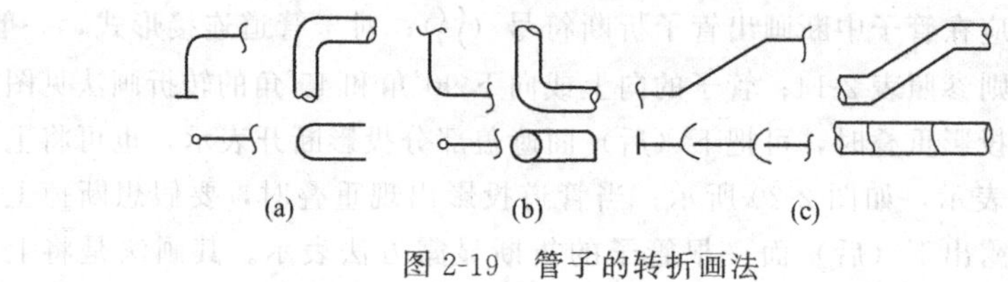

图 2-19 管子的转折画法

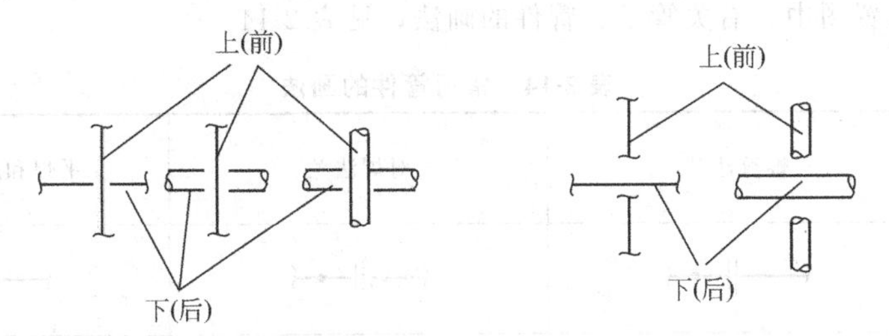

图 2-20 管子的交叉画法

根管投影重叠时，用双重断裂符号表示被断的每根管，或不用双重断裂符号，而分别注出管段号，以示辨认，如图 2-21 所示；对于管道转折处发生重叠时，可采用被遮盖部分断开画法，或用折断显露法表示，如图 2-22 所示。

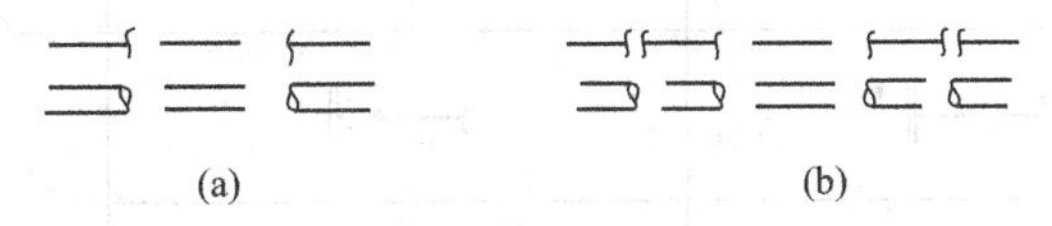

图 2-21 多根管投影重叠的画法
(a) 两根管重叠；(b) 多根管重叠

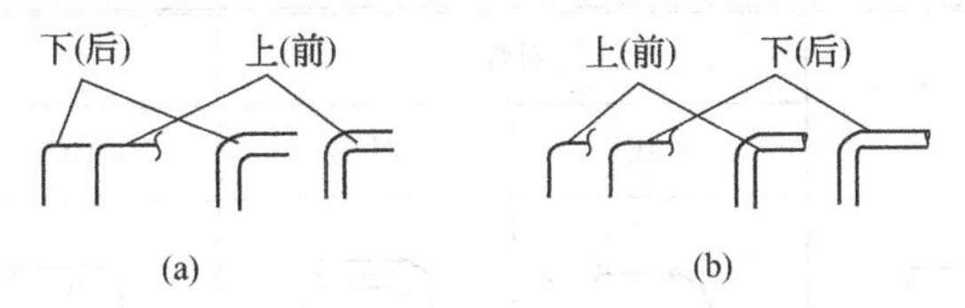

图 2-22 管道转折处重叠画法
(a) 遮盖断开画法；(b) 折断显露法

为了清楚地反映管线的真实形状，管道布置图中常采用剖面图的形式表示。剖面图的剖切位置可以在管线之间，也可以在管断面上，图 2-23(a) 为三路管线的平面图，其中 1 号管线的标高为 2.8m，2 号管的标高为 2.6m，3 号管标高为 2.8m。可以想出，由于 1 号管与 3 号管的标高相同，它们的立面图必定很难辨认，如果在 1 号管和 2 号管之间剖切作 A—A 剖面图或横向截断管线作 B—B 剖面图，就可以清楚地反映出 2、3 号管或 1、2 号管以及 1、2、3 号管线高度方向的位置，如图 2-23（b)、(c) 所示。

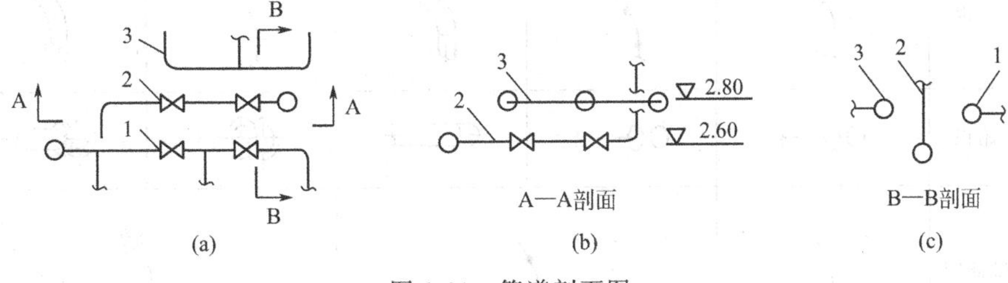

图 2-23 管道剖面图
(a) 平面图；(b) 剖面图；(c) 剖面图

在管道布置图中，有关管子、管件的画法，见表 2-14。

表 2-14 常用管件的画法

名称＼连接形式		螺纹法兰	对焊法兰	平焊和承插焊法
管子	单线	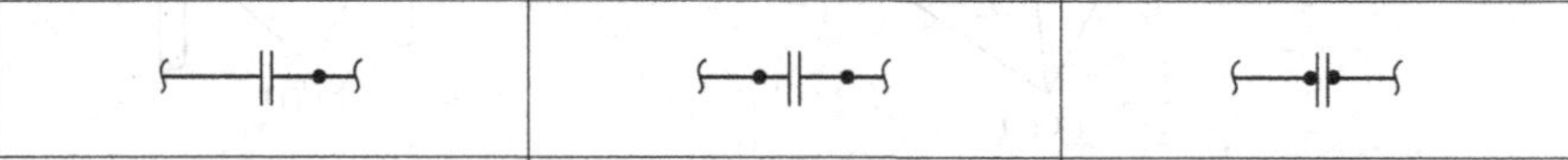		
	双线	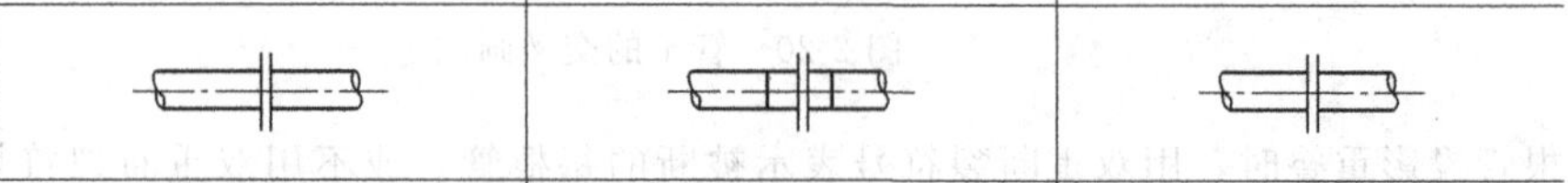		
	轴测图	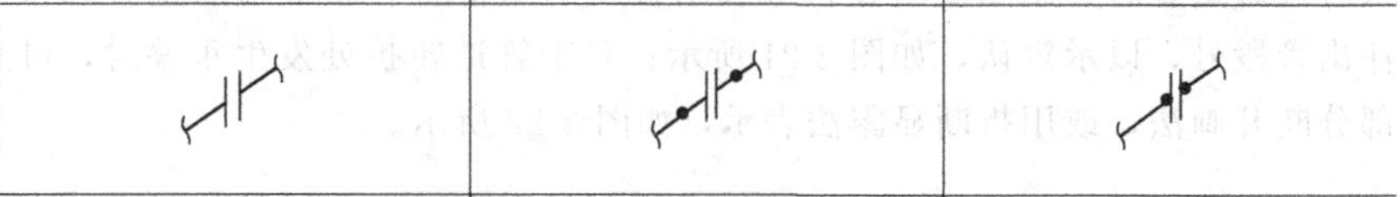		
法兰盖	单线	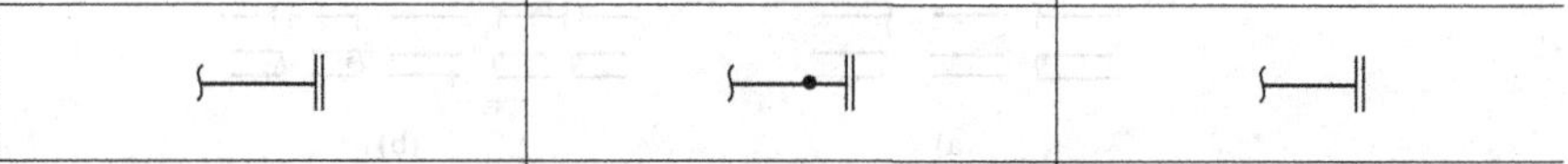		
	双线	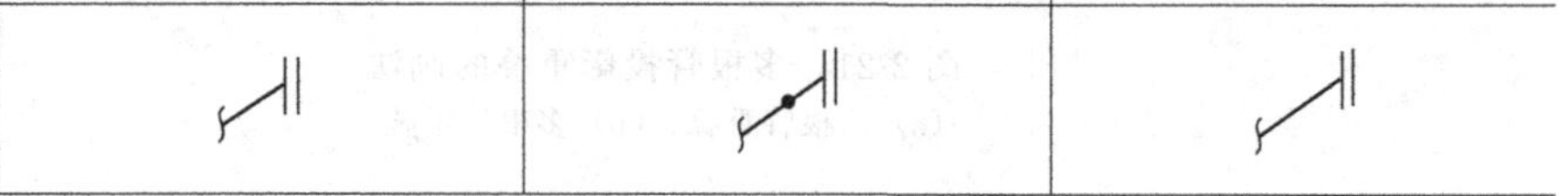		

名称＼连接形式		螺纹与承插焊	对焊		法兰	
			单线	双线	单线	双线
90°弯头	主视	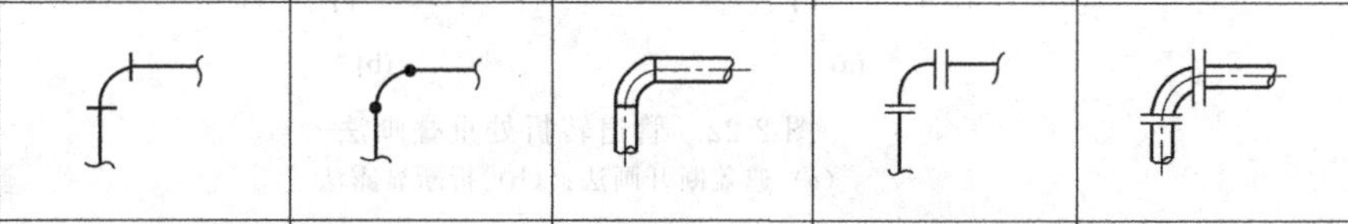				
	俯视	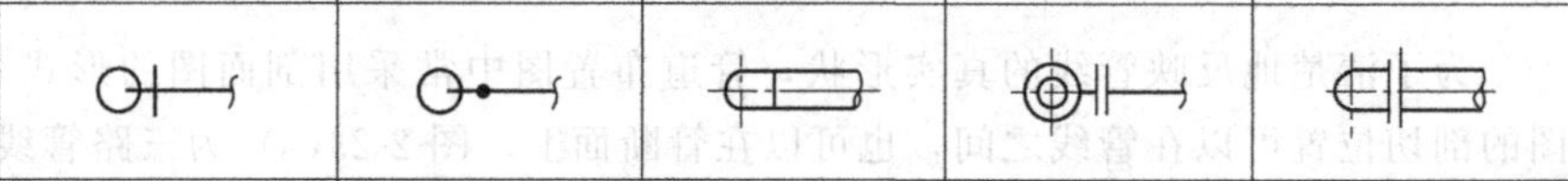				
	轴测图	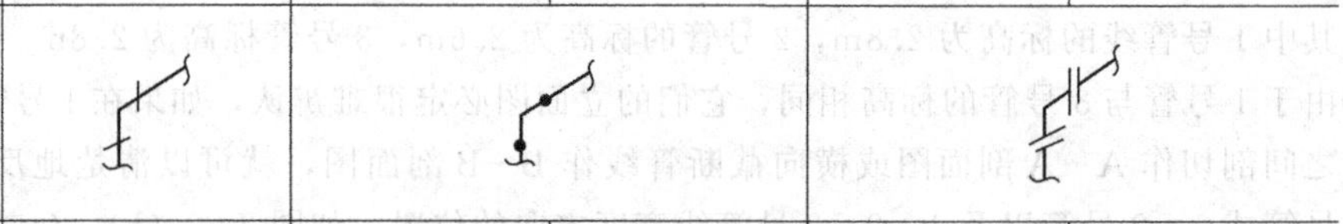				
45°弯头	主视	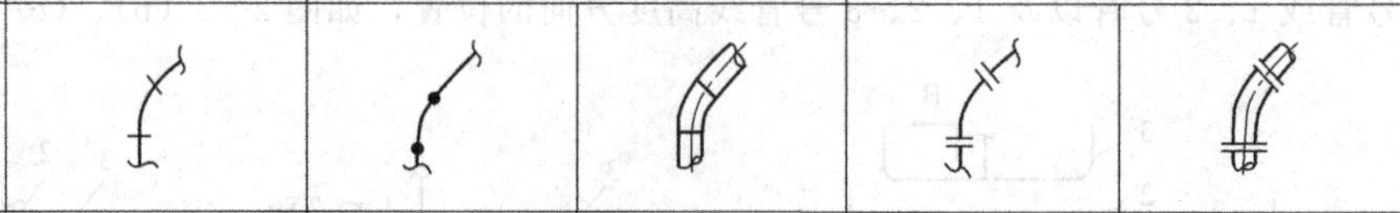				
	俯视	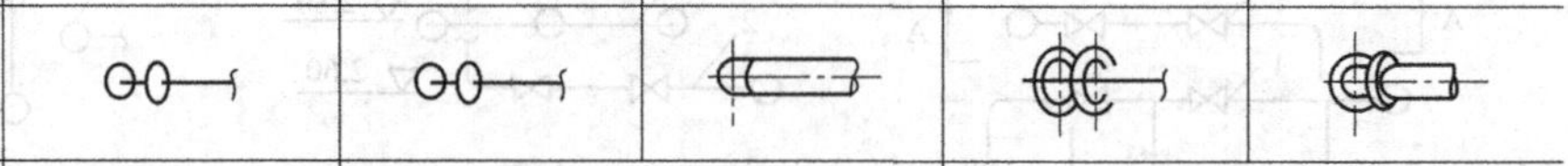				
	轴测图	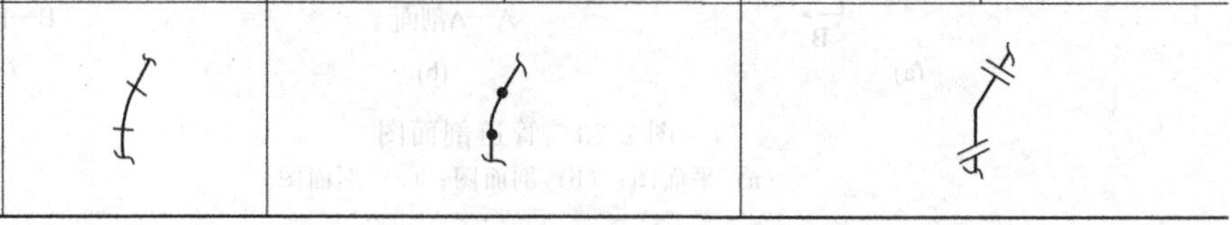				

续表

名称	连接形式	螺纹与承插焊	对焊		法兰	
			单线	双线	单线	双线
三通	主视					
	俯视					
	轴测图					
四通	主视					
	俯视					
	轴测图					
同心异径管	主俯视图					
	轴测图					
偏心异径管	主视					
	俯视					
	轴测图					

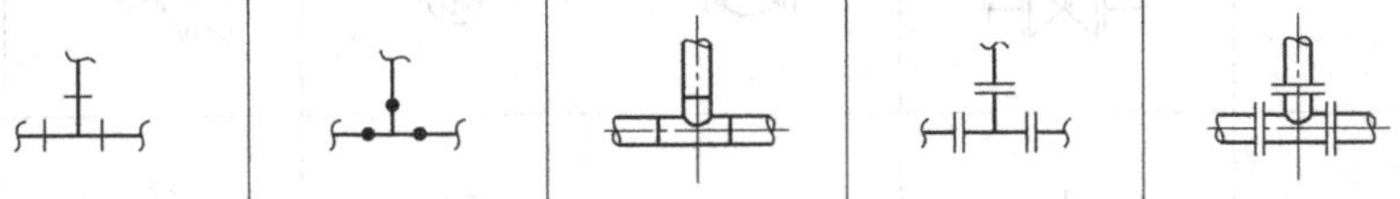

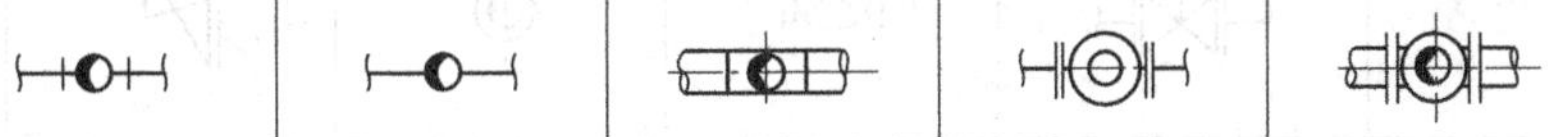

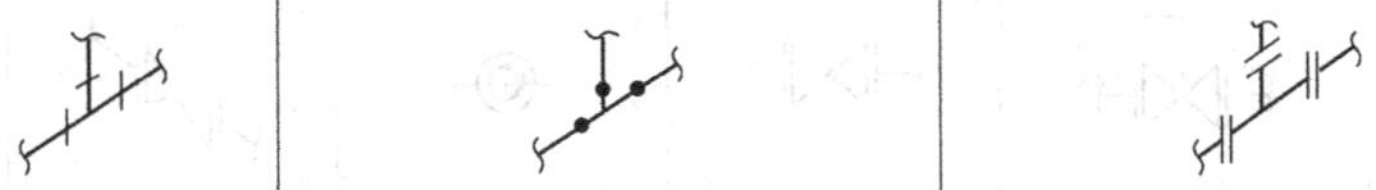

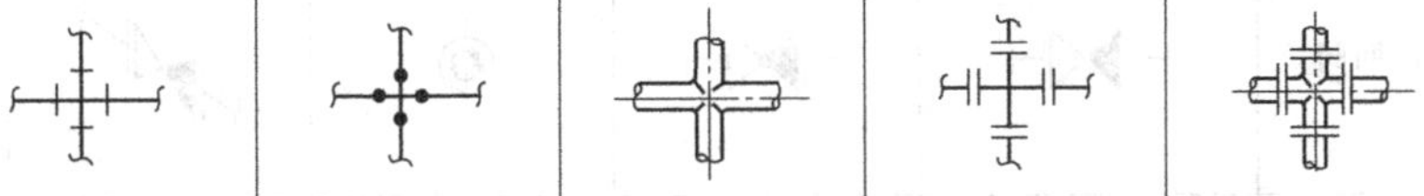

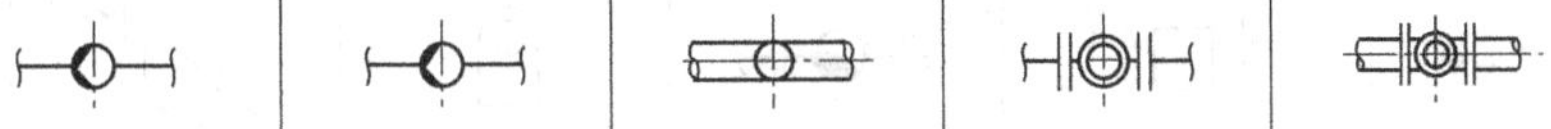

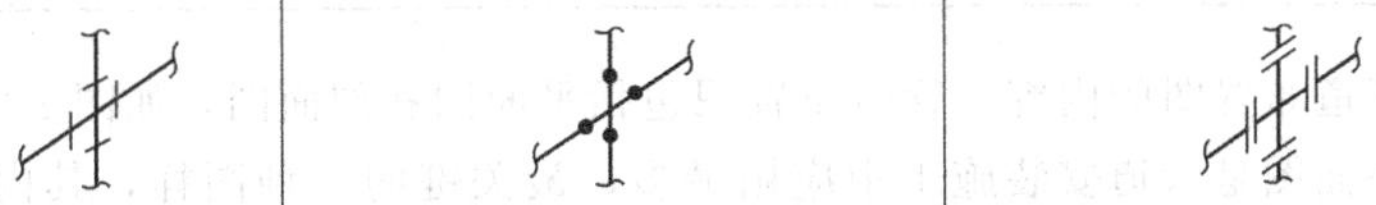

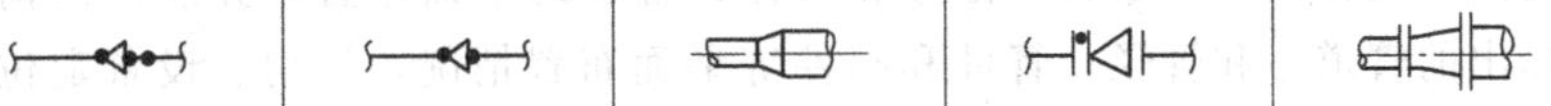

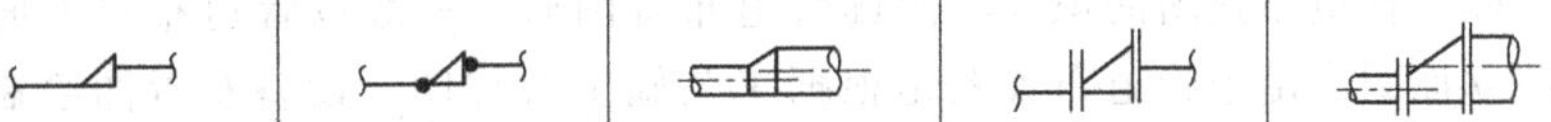

续表

名称	主视	俯视	侧视	轴测图	
截止阀					
闸阀					
旋塞					
止回阀					
疏水器					

（2）管道布置图的内容　管道布置图包括平面图和剖面图，如图 2-24 所示。

管道平面图是管道安装施工中应用最多，最关键的一种图样，其内容包括：厂房平面图；设备的平面布置、位号和名称；管道的平面布置，介质流向箭头和在管道上方标出的管道号和管径；管件和阀件等平面布置情况，厂房、设备定位轴线尺寸和管道定位的平面尺寸等。

管道布置在平面图上表达不清楚的部位，可用剖面图来补充表示。从图 2-24 中Ⅰ—Ⅰ、Ⅱ—Ⅱ剖面图可以看出其内容应包括：厂房剖面图；设备的立面布置、位号和名称；管道的立面布置、介质流向箭头和管道号、管径尺寸；阀门的立面布置和标高尺寸等。

为了突出管线，便于看图，图中的厂房和设备均用细实线绘制。

（3）管道布置图的识读　阅读管道布置图时，一般以管道布置平面图为主，同时对照立面图。由于管道布置图是根据工艺施工流程图、设备布置图绘制的，因此，在读阅管道布置图之前，必须看懂这些图样。下面以识读图 2-24 醋酐残液蒸馏管道布置图来介绍识读管道布置图的方法和步骤。

① 醋酐残液蒸馏设备布置图（见图 2-25）和识读醋酐残液蒸馏工艺施工流程图（见图 2-26）；

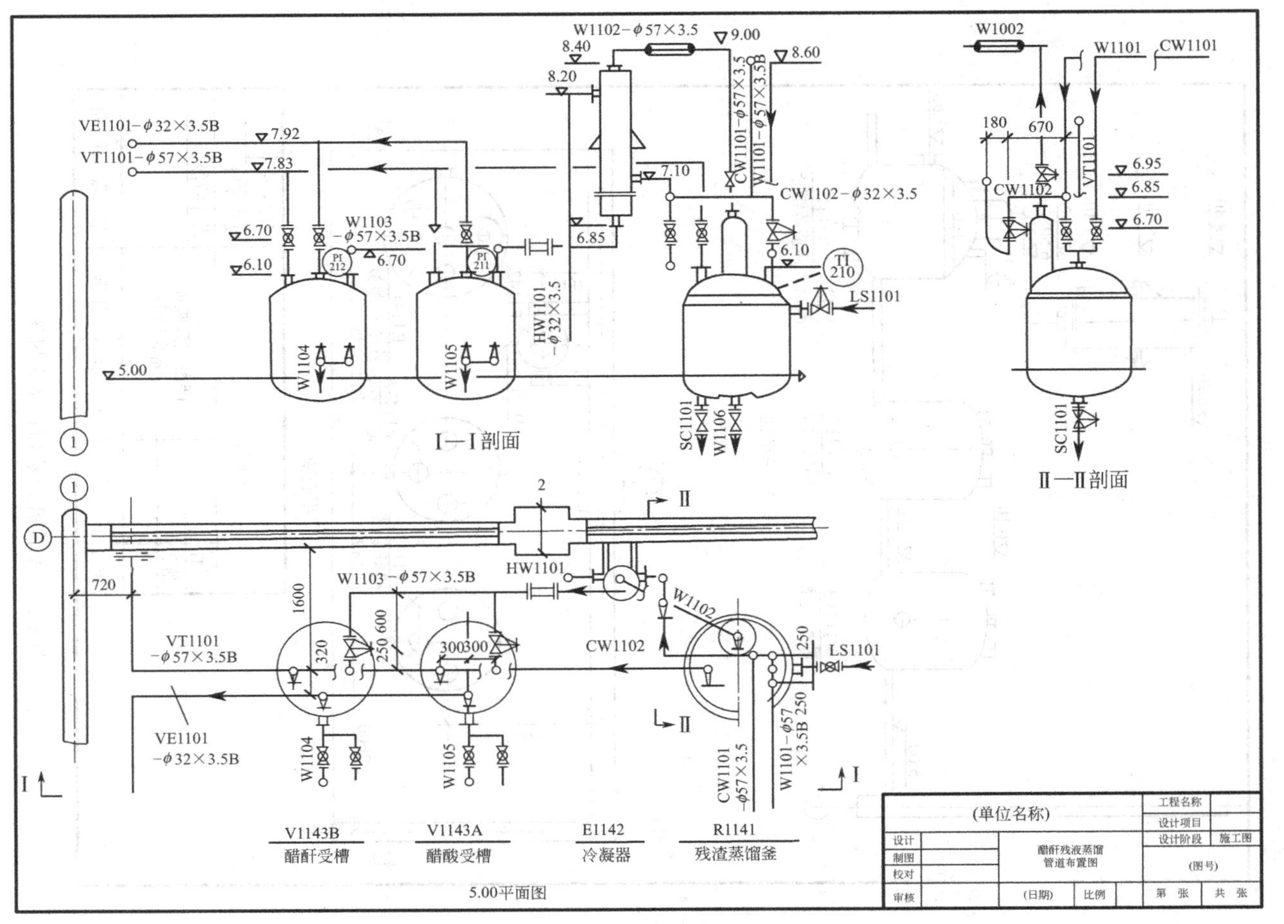

图2-24 醋酐残液蒸馏管道布置图

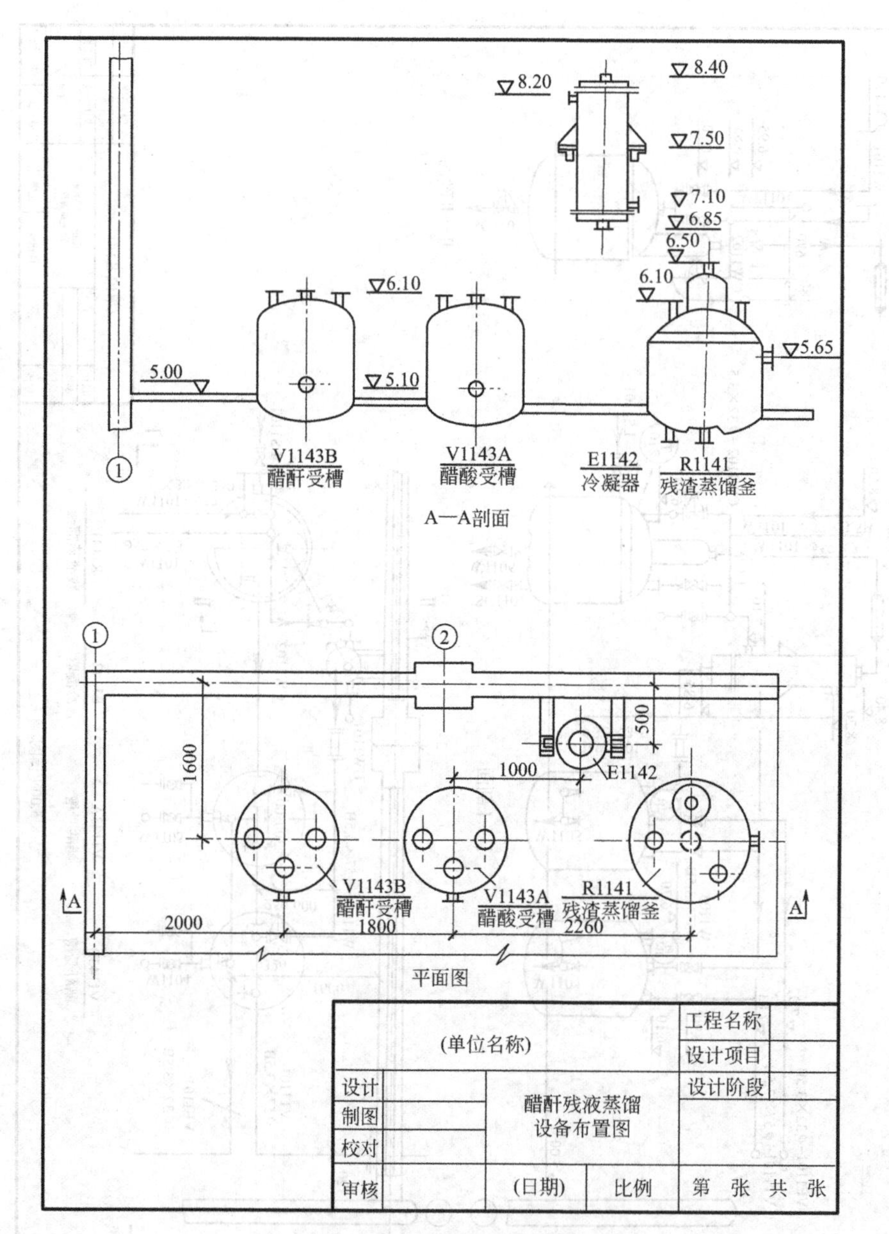

图 2-25 醋酐残液蒸馏设备布置图

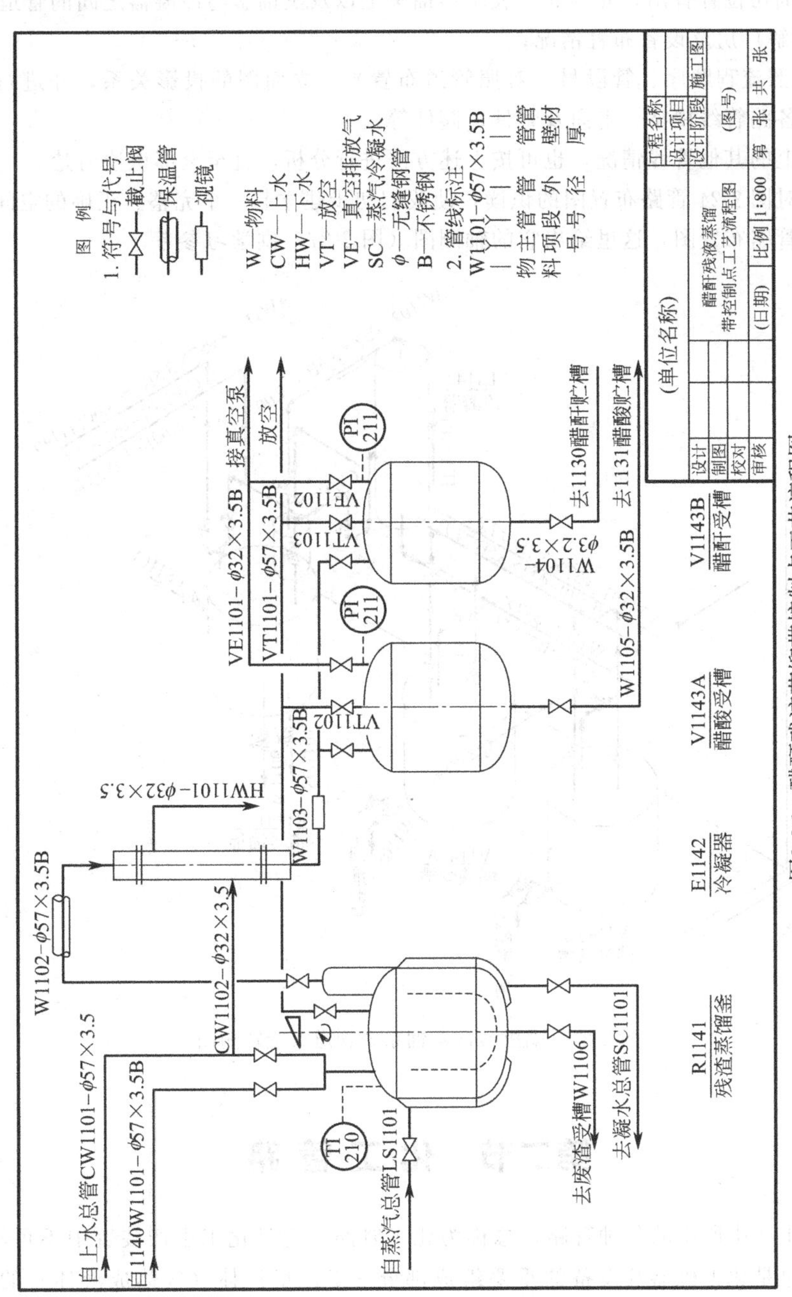

图2-26　醋酐残液蒸馏带控制点工艺流程图

② 概括了解图示内容。从图 2-24 可知，该图有一个平面图和两个剖面图。在平面图和Ⅰ—Ⅰ剖面图上，画出了厂房、设备和管路的平、立面布置情况；从平面图中Ⅱ—Ⅱ的剖切位置看出，Ⅱ—Ⅱ是表示蒸馏釜上以及蒸馏釜与冷凝器之间的管道走向；

③ 了解厂房及设备布置情况；

④ 按照流程顺序、管段号，对照管道布置平、立面图的投影关系，并进行分析，搞清图中各路管线规格、走向及管件、阀件等。

设备上的其他管线情况，也可按上述方法进行分析，直至全部识读清楚。

通过对图 2-24 管路布置图的识读，使我们初步建立起一个完整、正确的空间概念。由于初学管路布置图，这里给出它的轴测图（图 2-27）供学习参考。

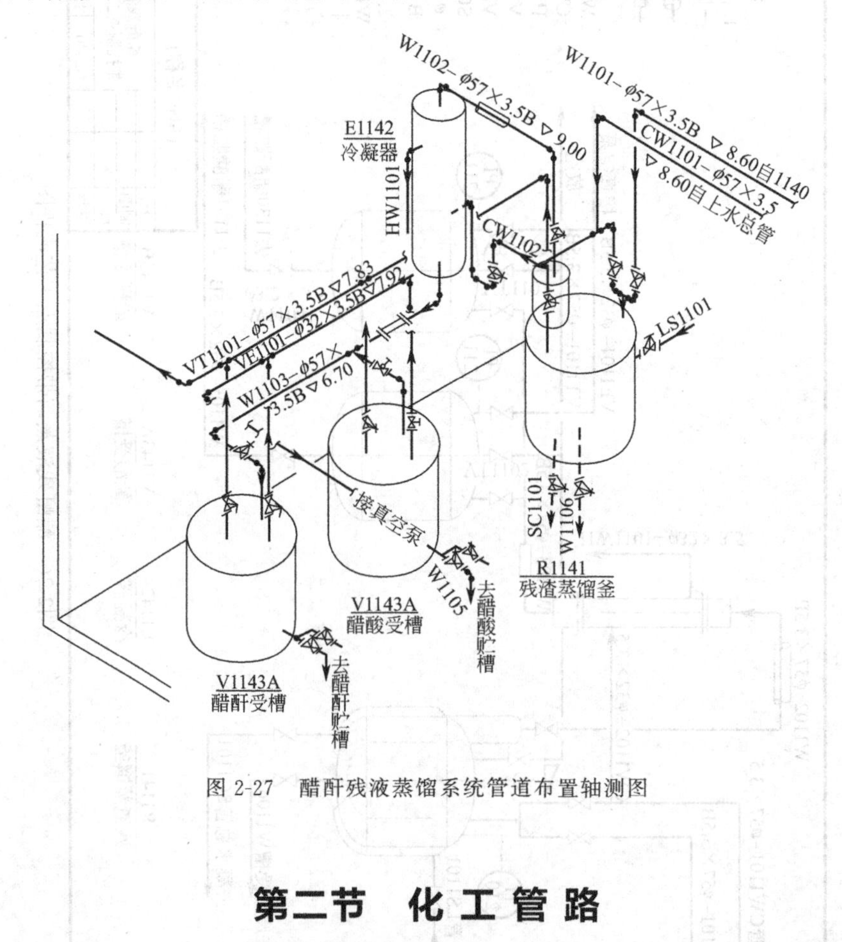

图 2-27 醋酐残液蒸馏系统管道布置轴测图

第二节 化工管路

化工生产中所用的各种管路，总称为化工管路。它是化工生产装置中不可缺少的一部分。也是化工机器及设备的重要组成部分。工厂里流体（气体成液体）的输送，全靠管路形成通道，所以有人把管路称作化工厂的“血管”。

化工管路主要由管子、管件和阀件三部分组成，另外，还有附属于管路的管架、管卡、管撑等管件组成。由于化工管路工件压力不同，对管子、管件和阀件的要求也不一样，因而它们的构造种类、制造尺寸也就繁多。为了减少杂乱，必须把工作压力和口径的种类，根据生产的需要给予合并归类，并使之标准化。

一、化工管路的标准化

化工管路标准化的内容，是规定管子和管路附件（管件、阀件、法兰和垫等）的直径、连接尺寸和结构尺寸的标准，以及压力标准等。其中压力标准和直径标准是其他标准的依据，可以根据这两个标准来选定管子和管路附件的规格。

1. 压力标准

管子、管件和阀件的压力标准有公称压力（p_g）、试验压力（p_s）和工作压力（p）。

公称压力通称压力，一般大于或等于实际工作最大压力。它是为了设计、制造和使用方便而规定的一种标准压力，在数值上它正好等于第一级工作温度下的最大工作压力，用符号 p_g 表示，并在此符号后附加压力数值。例如，公称压力为2.45MPa，则以 p_g25 表示。按目前习惯，p_g2.5～16 为低压，p_g25～64 为中压，p_g100～1000 为高压，p_g1000 以上为超高压。

公称压力的数值，一般是指管内工作介质的温度在 273～393K 范围内的最高允许工作压力。

试验压力是为了对管路附件进行水压强度试验和紧密性试验而规定的一种压力，以 p_s 表示，并在此符号后附加一个压力数值，如 p_s150 表示试验压力为 15.0MPa。

在一般情况下，试验压力为公称压力的 1.5 倍，对于特殊情况下的试验压力，则以公式 $p_s=np$ 进行计算，n 值与温度有关，温度越高，n 值越大，其值可在 1.9～4.4。对于阀件的紧密度试验，又称气密性试验，则以公式 $p_s=1.25p$ 进行计算。对于管路的气密试验，一般用水银柱压力计，要求相当于 0.1～0.15MPa。

工作压力是为了保证管路附件工作时的安全，而根据介质的各级最高工作温度所规定的一种最大压力。最高工作压力是随介质的工作温度升高而降低，这是因为制件材料的机械强度随着温度的升高而降低的缘故。为了表明在某一温度（摄氏温度）下的工作压力，则在符号 p 的右下角附加介质的最高工作温度除以 10 所得的整数。如工作介质最高温度为 250℃，则工作压力记为 p_{25}。

2. 口径标准

表示管路直径的尺寸称为口径。制件接合处的内径称为公称直径，它是为了设计、制造、安装和修理方便而规定的一种标准直径。一般情况下，公称直径的数值，既不是管子的内径，又不是管子的外径，而是与管子的内径相接近的整数。如水、煤气钢管和无缝钢管，其外径是固定的系列数值，而内径则随壁厚的增加而减少。在一般情况下，管子的实际内径等于公称直径。如铸铁管和阀件等。根据公称直径，可以确定管子、管件、阀件、法兰和垫片等的结构尺寸和连接尺寸。

公称直径用符号 D_g 表示，其后附加的数值为公称直径的尺寸。例如：D_g1000 表示公称直径为 1000mm。我国公称直径系列从 1～4000mm 分为 53 级，其中 1～1000mm 的级分得较细，以后每增加 200 有一种公称直径，直至 4000mm。

二、管子及管件

1.管子的种类

管子的规格一般用“ϕ外径×壁厚”来表示，例如ϕ32×2.5，即此管的外径为32mm，管壁的厚度为2.5mm。工厂常用的管子一般有金属管和非金属管两大类，前者有铸铁管、钢管和有色金属管三种，后者有陶瓷管、水泥管、玻璃管、塑料管和衬里管。

（1）铸铁管　常用的铸铁管有普通铸铁管和硅铁管。

① 普通铸铁管　普通铸铁管是用上等灰铸铁铸成。常用作埋在地下的供水总管线、煤气管和污水管或料液管等。它的优点是价廉、耐碱液、浓硫酸等，但拉伸强度、弯曲强度和紧密性差，不能用于输送有压力的有害或爆炸性的气体，也不宜输送高温液体，如水蒸气等。因它性脆，故不适于焊接和弯曲加工。

铸铁管的内径以符号ϕ表示，如内径1000mm的铸铁管，可写作ϕ1000mm，因每一种直径下规定只有一种壁厚，故在规格写法中，无须再表示壁厚。

② 硅铁管　硅铁管可分为高硅铁管和抗氯硅铁管两种，含硅14%以上的合金硅铁管，称为高硅铁管，它能抗硫酸、硝酸和温度低于300℃的盐酸等强酸的腐蚀。含有硅和钼的铸铁管，称为抗氯硅铸铁管。它能抗各种浓度和不同温度的盐酸的腐蚀。这两种管的硬度很高。只能用金刚砂轮修磨或用硬质合金刀具来加工；性很脆，受到敲击或局部加热剧冷时，极易破裂；机械强度低于铸铁，只能用于0.25MPa（G）以下的管路。

（2）钢管　钢管分为无缝和有缝钢管两种。

① 无缝钢管，用棒料钢材经穿孔热轧（称为热轧管）或冷拉（称冷拉管）制成，因它没有接缝，故称无缝钢管。

无缝钢管的特点是质地均匀，强度高，壁厚较薄。但也有特殊用途的厚壁无缝钢管、锅炉无缝管以及石油工业专用的各种无缝管。

制造无缝钢管的材料有普通碳钢、优质钢和低合金钢，以及不锈钢和耐热铬钢等。它的尺寸是用外径来表示的，每一种外径按用途、压力、温度的不同各有多种壁厚。

高压管子的公称直径从6～200mm，壁厚从4～50mm，特点是直径小，耐压力越高，壁越厚。它的习惯表示法：如无缝钢管外径为40mm，壁厚为3.5mm，长度4m，用20号钢制造，则可写为ϕ40×3.5×4/20，如不表示长度和钢号，可写为ϕ40×3.5mm。

无缝钢管在生产中可用于高压蒸汽和过热蒸汽的管路，高压水和过热水的管路，高压气体和液体的管路，以及输送易燃、易爆、有毒的物料管路等。各种换热器内的管子大都采用无缝钢管，输送强烈腐蚀性或高温的介质时，采用不锈钢、耐酸钢或热钢制的无缝钢管。

② 有缝钢管，有缝钢管是用低碳钢焊接的钢管，故又称焊接管。它可分为水、煤气管和钢板卷管。

水、煤气管是用含碳量0.1%以下的软钢（10号钢）制成的。因这种管子是用来输送水和煤气，它比无缝管容易制造，价廉。但由于接缝的不可靠性（特别是经弯曲加工后），故只广泛用于0.8MPa（G）以下的水、暖气、煤气、压缩空气和真空管路。

（3）有色金属管 化工厂在某些特殊情况下，需要用有色金属管——铜管与黄铜管，铅管和铝管。

① 铜管与黄铜管 铜管（或称紫铜管）质轻，导热性好，低温强度高，适用于低温管路和低温换热器的列管，细的铜管常用于传递有压力的液体（如润滑系统、油压系统）。当工作温度高于250℃时，不宜在高压下使用。黄铜管多用于海水管路。

② 铅管 铅管的抗蚀性良好，能抗硫酸及10%以下的盐酸，但不能作浓盐酸、硝酸和醋酸等的输送管路。铅管的最高允许温度为140℃，因而易于辗压锻制成焊接，但机械强度差，导热率低，且性软，因此，目前为各种合金钢与塑料所代替。

铅管的习惯表示法为ϕ内径×壁厚。

③ 铝管 铝管的耐蚀性能由铝的纯度决定。广泛用于输送浓硝酸、蚁酸、醋酸等物料的管路，但不耐碱，还可用以制造换热器。小直径的铝管可代替铜管，传送有压力的流体，当工作温度高于160℃时，不宜在高压力下使用。

（4）陶瓷管 陶瓷管能耐酸碱（除氢氟酸外），但性脆，强度低，耐压性差，可用来输送工作压力为0.2MPa及温度在150℃以下的腐蚀性介质。

（5）水泥管 水泥管多用作下水道污水管。目前有在压力下输送液体或气体的预应力混凝土管，用以代替铸铁管和钢管。

（6）玻璃管 玻璃管具有耐蚀透明、易清洗、阻力小、价格低廉等优点，但又有性脆、热稳定性差、耐压力低等缺点。

玻璃管的化学耐蚀性很好，除氢氟酸、含氟磷酸、热浓磷酸和热浓碱外，对大多数酸类、稀碱液及有机溶剂等均耐蚀。用于制造化工管路的玻璃管是硼玻璃和石英玻璃。

（7）塑料管 常用塑料管有硬聚氯乙烯塑料管、酚醛塑料管和玻璃钢管。

硬聚氯乙烯塑料管具有抵抗任何浓度的酸类和碱类的特点，但不能抵抗强氧化剂，如浓硝酸、发烟硫酸等，以及芳香族碳氢化合物和卤化碳氢化合物的作用。它可用作输送0.5～0.6MPa（表压）和－10～40℃的腐蚀介质，其最高温度为60℃；若用钢管铠装后，则可输送90～200℃的介质。由于塑料的传热性差、热容量小，故可不用保温层。

酚醛塑料管可分为石棉酚醛塑料管（通称“法奥利特”管）和夹布酚醛塑料管两种。石棉酚醛塑料管主要用于输送酸性介质，最高工作温度为120℃；夹布酚醛塑料管宜于在压力低于0.3MPa及温度低于80℃时使用，最高工作温度为100℃。

玻璃钢管又称玻璃纤维增强塑料管。它是以玻璃纤维及其制品（玻璃布、玻璃带、玻璃毡）为增强材料，以合成树脂（如环氧树脂、酚醛树脂、呋喃树脂、聚酯树脂等）为黏结剂，经成型加工而成。玻璃钢管质轻、强度高、耐腐蚀（除不耐HF、HNO_3和浓H_2SO_4外，其他酸类、盐类甚至碱都可耐）、耐温、电绝缘、隔音、绝热等性能都很优异，为化工厂广泛采用。

（8）橡胶管 橡胶管能耐酸碱，但不耐硝酸、有机酸和石油产品。橡胶管按结构的不同可分为纯胶小径胶管，如实验室用的胶管；橡胶帆布挠性管和橡胶螺旋钢丝挠性管等。若按用途的不同可分为抽吸管、压力管和蒸汽管等。

橡胶管只能作临时性管路及某种管路的挠性连接，如接煤气、抽水等，但不得作永久性的管路。橡胶管在很多方面被塑料管（如聚氯乙烯软管）所代替。

(9) 衬里管　凡是具有耐腐蚀材料衬里的管子统称为衬里管。工厂里一般常在碳钢管内衬有铅、铝和不锈钢等，还可衬些非金属材料，如搪瓷、玻璃、塑料和橡胶等。衬里管可用于输送各种不同的腐蚀性介质，从而节省不锈钢材料。所以衬里管逐渐获得广泛应用。

2. 管件及管路的联接

(1) 管件　管件是管路的重要零件，它起着联接管子、变更方向、接出支路、缩小和扩大管路管径，以及封闭管路等作用，有时，同一管件能起到几种作用。目前，工厂所用的管件有下列5种。

① 水、煤气钢管的管件，水、煤气钢管的管件通常采用锻铸铁（白口铁经可锻化热处理）制造而成，要求较高时，可用钢制的管件。这类管件有内螺纹管与外螺纹管接头、活管接、异径管、内外螺纹管接头、等径与异径三通管、等径与异径四通、外方堵头、等径与异径弯头、管帽、锁紧螺母等。其用途见表2-15。

表2-15　水、煤气钢管的管件种类及用途

种类	用途	种类	用途
内螺纹管接头	俗称“内牙管、管箍、束节、管接头、死接头”等。用以联接两段公称直径相同的管子	异径管	俗称“大小头”。可以联接两段公称直径不相同的管子
等径三通	俗称“T形管”。用于接出支管，改变管路方向和联接三段公称直径相同的管子	内外螺纹管接头	俗称“内外牙管、补心”等。用以联接一个公称直径较大的内螺纹的管件和一段公称直径较小的管子
外螺纹管接头	俗称“外牙管、外螺纹短接、外丝扣、外接头、双头丝对管”等。用于联接两个公称直径相同的具有内螺纹的管件	等径弯头	俗称“弯头、肘管”等。用以改变管路方向和联接两段公称直径相同的管子，它可分40°和90°两种
活管接头	俗称“活接头”、“由壬”等。用以联接两段公称直径相同的管子	异径弯头	俗称“大小弯头”。用以改变管路方向和联接两段公称直径不同的管子

续表

种类	用途	种类	用途
异径三通	俗称"中小天"。可以由管中接出支管，改变管路方向和联接三段公称直径相同的管子	外方堵头	俗称"管塞、丝堵、堵头"等。用以封闭管路
等径四通	俗称"十字管"。可以联接四段公称直径相同的管子	管帽	俗称"闷头"。用以封闭管路
异径四通	俗称"大小十字管"。用以联接四段具有两种公称直径的管子	锁紧螺母	俗称"背帽、根母"等。它与内牙管联用，可以看得到的可拆接头

② 铸铁管的管件　铸铁管的管件已标准化。普通灰铸铁管的管件有弯头（90°、60°、45°、30°及10°）、三通、四通和异径管等，如图2-28所示。管件常采用承插和法兰连接，以及混合连接。

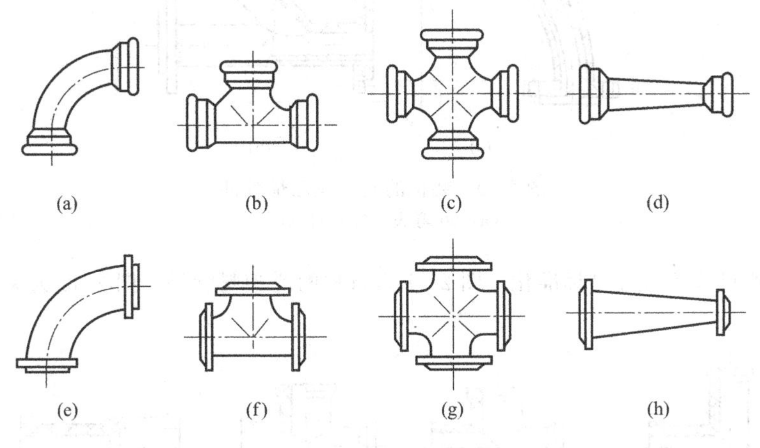

图2-28　普通铸铁管件

（a）二承90°弯头；（b）三承三通；（c）四承四通；（d）二承异径管；（e）二盘90°弯头；（f）三盘三通；（g）四盘四通；（h）二盘异径管

高硅铸铁和抗氯硅铁管的管件有弯头、三通、四通、异径管、管帽、中继管和嵌环等，如图2-29所示。管件上铸有凸肩，用于对开式松套法兰连接。

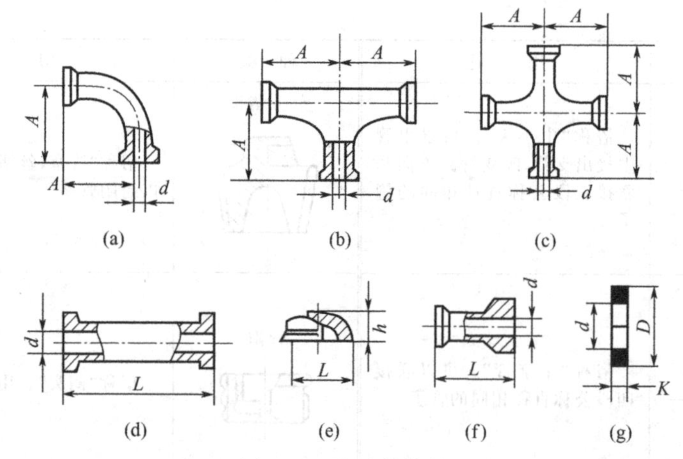

图 2-29 高硅铁管件

(a) 90°弯头；(b) 三通；(c) 四通；(d) 异径管；(e) 管帽；(f) 中继管；(g) 嵌环

③ 塑料管的管件，硬聚氯乙烯塑料管的管件可用短段的管子弯曲焊制而成。弯曲时应将所需弯制的管加热至150℃。若管径在65mm以下，而弯曲半径又不小于管径四倍，则在弯曲时管内不需灌沙。用于0.2～0.3MPa（G）下输送热液（80～90℃）的硬聚氯乙烯管件，必须进行装铠加强，以减小硬聚氯乙烯管所受的张力。用钢管装铠的硬聚氯乙烯90°弯头和斜三通如图2-30所示。

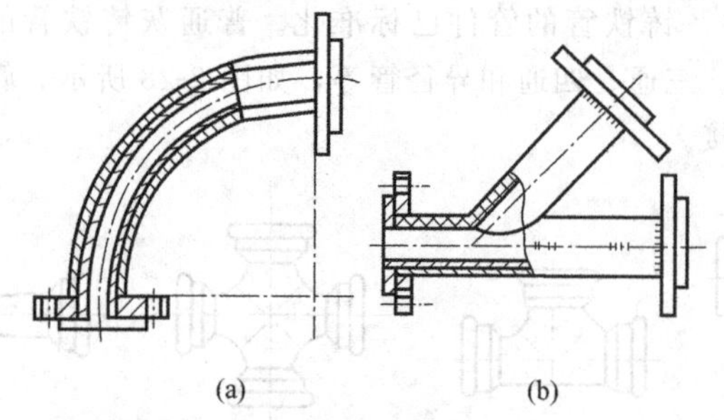

图 2-30 装铠的硬聚氯乙烯管件

(a) 90°弯头；(b) 斜三通

酚醛塑料管的管件已标准化，图2-31为石棉酚醛塑料管件，图2-32为夹布酚醛塑料管件。

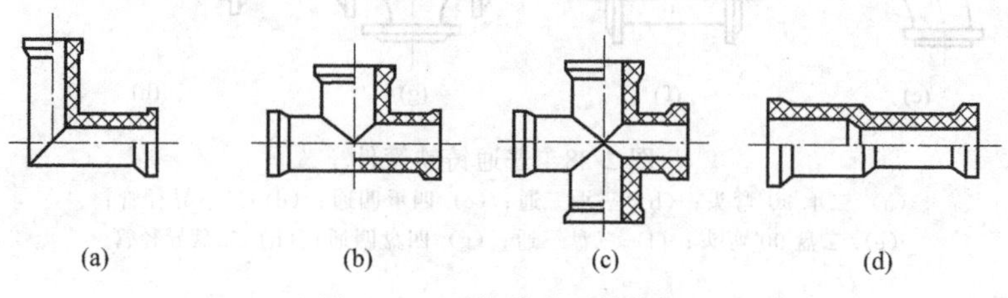

图 2-31 石棉酚醛塑料管件

(a) 90°弯头；(b) 三通；(c) 四通；(d) 异径管

④ 耐酸陶瓷管件，这类管件已标准化，常采用的有90°和45°弯头、三通、四通和异径管等，其形状与铸铁管的管件相似，它们用法兰联接和承插联接。

⑤ 电焊钢管、无缝钢管的管件，这类管件尚未标准化，它们多半采用管子和钢板进行弯曲焊接而成。对于D_g125mm以下的钢管，在工作压力小于0.6MPa（G），而又不需拆卸时，大都不用独立的管件，而用短管弯曲后直接焊在管路上，倘若压力较高或需经常拆卸清理时，则应制成独立的管件，再用法兰联接在管路上。常见钢管弯制的管件有90°弯头（肘管）、鸭颈管（S形弯管）、四折管（U形弯管）和弓形管（Ω形弯管）。

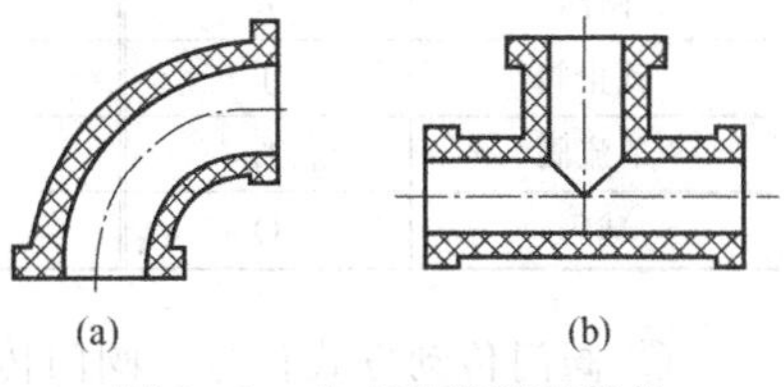

图2-32 夹布酚醛塑料管件

(a) 90°弯头；(b) 三通

为了管路安装施工方便，钢管的管件已逐步标准化，并由专门厂家生产。高温高压下工作的钢质管路，多采用锻制管件，一般不在现场制作。

(2) 管路的连接　在化工管路上，管子与管子、管子与阀门，以及管子与管件之间的连接方法，通常有螺纹连接、法兰连接、承插式连接和焊接。

① 螺纹连接　螺纹连接一般用于水煤气管、小直径水管、压缩空气管及低压蒸汽管路。在管端刻出螺纹，即可与各种螺纹管件或阀门相连接。

螺纹连接的方式有内牙管、长外牙管和活管连接等。

② 法兰连接　又称突缘连接或接盘连接，这是最常用的接管方法，因为它装卸方便，密封可靠，适用的温度、压力与管径范围大，其缺点是费用较高。

法兰的种类很多，且已标准化。法兰在管端固定可分为活动式和固定式两种。固定的方法可锻铸、平焊、螺纹、胀管及铆接等。

③ 承插式连接　又称钟栓式连接，是将一管插入另一管端的插套内，再在管端与插套所形成的环状空间内，填入填料，以达到密封的目的。给水管的密封通常是先填入麻绳，再以水泥封固。如果要求严密时，则灌以熔铅后敲实。承插式连接安装较方便，允许各管段的中心线有少许偏差，管路稍有扭曲时，仍能维持不漏。其缺点是难于拆卸，不能耐高压。

④ 焊接连接　焊接法较其他各法方便、便宜、不漏。无论是钢管、有色金属管及聚氯乙烯管均可焊接。特别适用于高压管路和长管路。但经常需拆卸的管段则不能用焊接方法连接。

三、阀门

阀门是用来开启、关闭和控制化工设备和管路中介质流动的机械装置。在生产过程中，或开停车时，操作人员必须按工艺条件，对管路中的流体进行适当调节，以控制其压力和流量，并使流体进入管路或切断流体流动或改变流动方向，在遇到超压状态时，还可以用它排泄压力，确保生产的安全。

1. 阀门的一般知识

① 阀门类别代号　阀门类别代号是用阀门名称的第一个汉字的拼音字首表示，如“闸阀”的代号，则用“闸”字的汉语拼音字首“Z”表示，其他阀门代号按表2-16规定；

表 2-16　阀门类别代号

阀门类型	代号	阀门类型	代号	阀门类型	代号
闸阀	Z	蝶阀	D	安全阀	A
截止阀	J	隔膜阀	G	减压阀	Y
节流阀	L	旋塞阀	X	疏水阀	S
球阀	Q	止逆阀	H		

② 阀门传动方式代号　阀门传动方式代号用阿拉伯数字表示，按表 2-17 规定：

表 2-17　阀门传动方式代号

传动方式	代号	传动方式	代号	传动方式	代号
电磁动	0	正齿轮	4	气-液动	8
电磁-液动	1	伞齿轮	5	电动	9
电-液动	2	气动	6		
蜗轮	3	液动	7		

③ 连接形式代号　连接形式代号用阿拉伯数字表示，按表 2-18 规定：

表 2-18　阀门连接形式代号

连接形式	代号	连接形式	代号	连接形式	代号
内螺纹	1	焊接	6	卡套	9
外螺纹	2	对夹	7		
法兰	4	卡箍	8		

④ 结构形式代号　结构形式代号用阿拉伯数字表示，按表 2-19 规定：

表 2-19　各类型阀门结构形式代号

类型	结构型式				代号
截止阀与节流阀	直通式				1
	角式				4
	直流式				5
	平衡	直流式			6
		角式			7
闸阀	明杆	楔式	弹性闸板		0
			刚性	单闸板	1
				双闸板	2
		平行式		单闸板	3
				双闸板	4
	暗杆	楔式		单闸板	5
				双闸板	6
球阀	浮动	直通式			1
		L形	三通		4
		T形			5
	固定	直通式			7

类型	结构型式		代号
蝶阀	杠杆式		0
	垂直板式		1
	斜板式		3
隔膜阀	屋脊式		1
	截止式		3
	闸板式		7
止逆阀与底阀	升降	直通式	1
		立式	2
	旋启	单瓣	4
		双瓣	5
		多瓣	6
旋塞阀	填料	直通式	3
		T形三通式	4
		四通式	5
	油封	直通式	7
		T形三通式	3

续表

类型	结构型式				代号
安全阀	弹簧	封闭	带散热片	全启式	0
				微启式	1
				全启式	2
		不封闭	带扳手	全启式	
				双联弹簧	3
				微启式	
				微启式	7
				全启式	8
			带控制机构	微启式	5
				全启式	6
			脉冲式		9

类型	结构型式	代号
减压阀	薄膜式	1
	弹簧薄膜式	2
	活塞式	3
	波纹管式	4
	杠杆式	5
疏水阀	浮球式	1
	钟帽浮子式	5
	双金属片式	7
	脉冲式	8
	热动力式	9

⑤ 阀座密封面或衬里材料代号，阀座密封面或衬里材料的代号用汉语拼音字母表示，按表 2-20 规定：

表 2-20 阀座密封面或衬里材料代号

密封面或衬里材料	代号	密封面或衬里材料	代号	密封面或衬里材料	代号
铜合金	T	氟塑料	F	衬胶	J
橡胶	X	合金钢	H	衬铅	Q
尼龙橡胶	N	渗氮钢	D	搪瓷	C
锡基轴承合金	B	硬质合金	Y	渗硼钢	P

⑥ 公称压力数值，公称压力数值按规定选取。

⑦ 阀体材料代号，阀体材料代号用汉语拼音字母表示，按表 2-21 规定：

表 2-21 阀体材料代号

阀体材料	代号	阀体材料	代号	阀体材料	代号
灰铸铁	Z	铸铜	T	1Cr18Ni9Ti 钢	P
可锻铸铁	K	碳钢	C	Cr18Ni12Mo2Ti 钢	R
球墨铸铁	Q	Cr5Mo 钢	I	12Cr1MoV 钢	V

根据上述 7 个代号，则阀门型号的编制方法可见图 2-33。

例如：某一阀门的铭牌上写着 Z941T-1.0K，根据阀门型号编写方法可知：此阀门为电动机传动，法兰连接，明杆楔式单闸板，阀座密封面材料为铜合金，公称压力为 1.0MPa，阀体材料为可锻铸铁的闸阀。

2. 阀门的分类

阀门可分为他动启闭阀和自动作用阀两大类型，在选用时，其结构与制造材料必须与介质的性质、操作温度与压力以及阀门的通径等条件相适应。

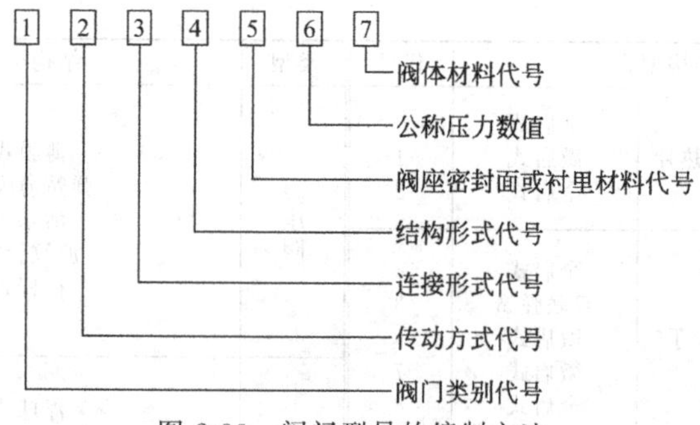

图 2-33　阀门型号的编制方法

(1) 他动启闭阀　他动启闭阀的启动是通过外部作用力来完成的。作用力可为手动、气动或电动等。他动启闭阀按其结构的不同，可分为旋塞、截止阀、节流阀、闸阀和气动调节阀等。其用途见表 2-22。

表 2-22　他动启闭阀的种类及用途

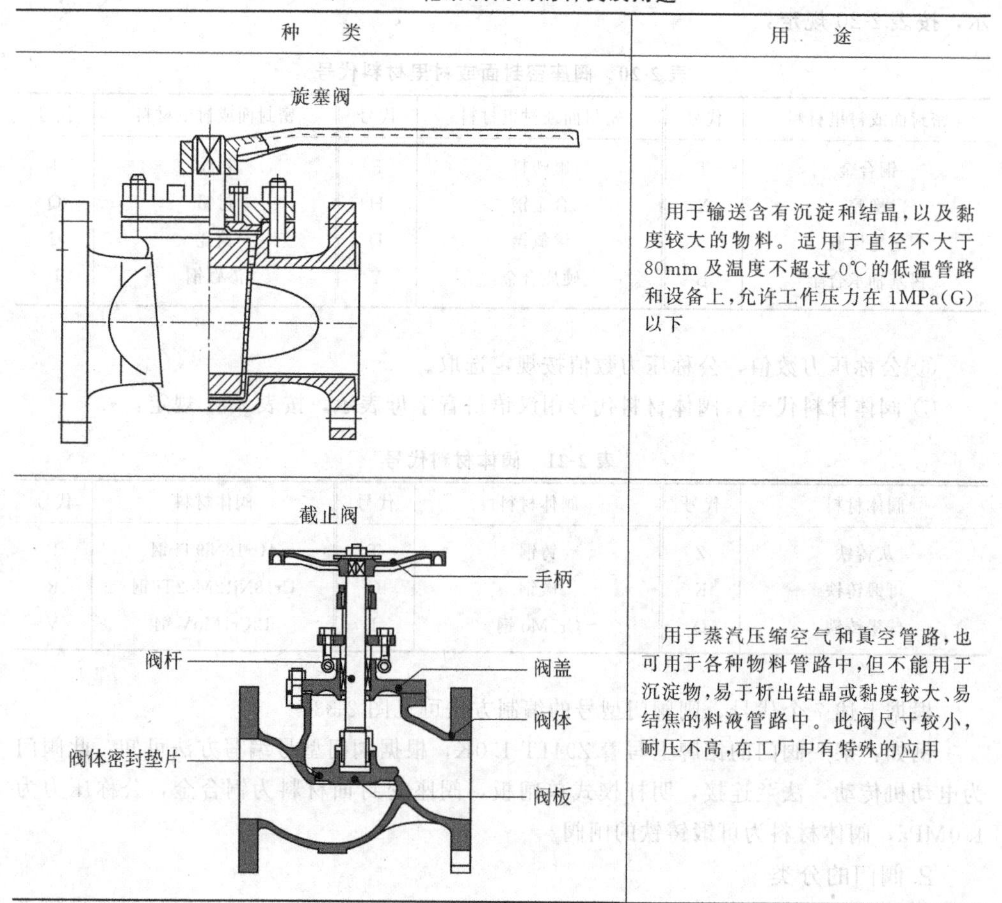

种　类	用　途
旋塞阀	用于输送含有沉淀和结晶，以及黏度较大的物料。适用于直径不大于 80mm 及温度不超过 0℃ 的低温管路和设备上，允许工作压力在 1MPa(G)以下
截止阀	用于蒸汽压缩空气和真空管路，也可用于各种物料管路中，但不能用于沉淀物，易于析出结晶或黏度较大、易结焦的料液管路中。此阀尺寸较小，耐压不高，在工厂中有特殊的应用

续表

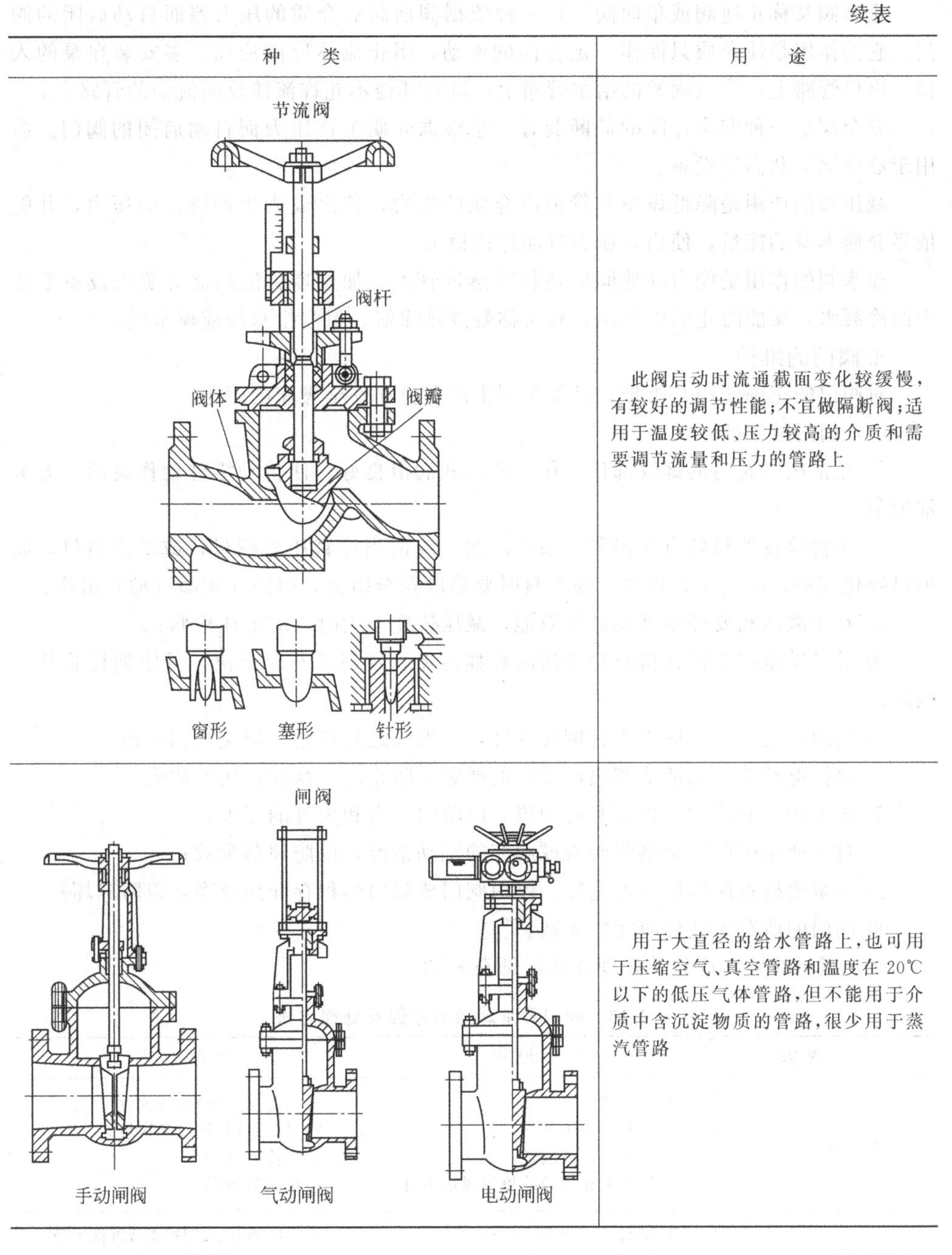

种　类	用　途
节流阀	此阀启动时流通截面变化较缓慢，有较好的调节性能；不宜做隔断阀；适用于温度较低、压力较高的介质和需要调节流量和压力的管路上
闸阀	用于大直径的给水管路上，也可用于压缩空气、真空管路和温度在20℃以下的低压气体管路，但不能用于介质中含沉淀物质的管路，很少用于蒸汽管路

手动阀的启闭操作，应站在阀门侧面，用手或“F”扳手等工具操作。启闭过程中，用力均匀，避免形成冲击力。阀门开启完后，应回关一圈。阀门关闭完后，用扳手稍紧一下，不可过分用力，会损坏阀门密封面。

(2) 自动作用阀　自动作用阀是由系统中某些参数的变化而自动启闭的阀件。它包括止回阀、安全阀、减压阀和疏水阀等。

止回阀又称止逆阀或单向阀，是一种依据阀前阀后介质的压力差而自动启闭的阀门。它的作用是使介质只能作一定方向的流动，阻止流体反向流动。多安装在泵的入口、出口管路上，蒸汽锅炉的给水管路上，以及其他不允许流体反向流动的管路上。

安全阀是一种安全保险的截断装置。是根据介质工作压力而自动启闭的阀门。多用于蒸汽锅炉和高压设备。

减压阀的作用是降低设备和管道内介质的压力，使之成为生产所需的压力，并能依靠介质本身的能量，使出口压力自动保持稳定。

疏水阀的作用是能自动地间歇地排除蒸汽管道、加热器、散热器等蒸汽设备系统中的冷凝水，又能防止蒸汽泄出，故又称凝液排除器、阻汽排水阀或疏水阀。

3. 阀门的维护

对阀门的正确使用与维护，是关系到生产平稳和安全操作的问题。

(1) 阀门的维护

① 经常擦拭阀门的螺纹部位，保持清洁和润滑良好，使传动零件动作灵活，无卡涩现象；

② 经常检查填料处有无渗漏。如有渗漏，应适当拧紧压盖螺母，或增添填料，如填料硬化变质，应更换新填料。换填料时要采取安全措施，以防介质喷（溢）出伤人；

③ 对于减压阀要经常观察减压效能，减压值变动大时，应解体检修；

④ 对于安全阀要经常检查是否渗漏和挂污垢，发现后及时解决，并定期校验其灵敏度；

⑤ 当阀门全开后，应将手轮倒转少许，使螺纹之间严紧，以免松动损伤；

⑥ 保持电动装置的清洁和电器接点的严紧，防止汽、水和油污的沾染；

⑦ 露天阀门的传动装置要有防护罩，以防雨、雪和大气的侵蚀；

⑧ 对于逆止阀应经常测听阀瓣或阀芯的跳动情况，以防掉落失效；

⑨ 冬季要检查保温层是否完好。停用阀门要将内部积存介质排净，以防冻坏；

⑩ 阀门的所有零部件应完好无缺。

(2) 阀门的异常现象及处理方法，见表 2-23。

表 2-23 阀门异常现象的原因及处理方法

异常现象	发生原因	处理方法
填料函泄漏	1)压盖松 2)填料装得不严 3)阀杆磨损或腐蚀 4)填料老化失效或填料规格不对	1)均匀压紧填料，拧紧螺母 2)采用单圈、错口顺序填装 3)更换新阀杆 4)更换新填料
密封面泄漏	1)密封面之间有脏物粘贴 2)密封面锈蚀磨伤 3)阀杆弯曲使密封面错开	1)反复微开、微闭冲走或冲洗干净 2)研磨锈蚀处或更新 3)调直后调整
阀杆转动不灵活	1)填料压得过紧 2)阀杆螺纹部分太脏 3)阀体内部积存结疤 4)阀杆弯曲或螺纹损坏	1)适当放松压盖 2)清洗擦净脏物 3)清理积存物 4)调直修理

续表

异常现象	发生原因	处理方法
安全阀灵敏度不高	1)弹簧疲劳 2)弹簧级别不对 3)阀体内水垢结疤严重	1)更换新弹簧 2)按压力等级选用弹簧 3)彻底清理
减压阀压力自调失灵	1)调节弹簧或膜片失效 2)控制通路堵塞 3)活塞或阀芯被锈斑卡住	1)更换新件 2)清理干净 3)清洗干净,打磨光滑
机电机构动作不协调	1)行程控制器失灵 2)行程开关触点接触不良 3)离合器未啮合	1)检查调节控制装置 2)修理接触片 3)拆卸修理

(3) 阀门的修理

① 阀门壳体的损坏原因主要是介质的腐蚀和冲刷。当壳体腐蚀、冲刷部位影响到阀体强度和阀门关闭件的安装时，则必须更换新壳体。如果壳体上的密封面（指阀座）有轻度损坏时，可用光刀和研磨方法修理；若损坏较为严重，则可将密封面堆焊后光刀、研磨。如密封面镶嵌或用螺纹固定在壳体上时，则可更换密封圈或单配密封圈后研磨修复。

② 阀芯是阀门的重要关闭件，由于受到介质的腐蚀和冲刷且启闭频繁，故其密封面容易损坏。常见的是密封平面被腐蚀或冲刷损坏。修理时用堆焊密封面法，而后光刀、研磨修复。对于软密封材料的阀芯，则采用更换的修理办法。

③ 阀杆是伸入介质受腐蚀和冲刷，且又在填料盒内移动受填料摩擦的阀门操纵和控制机构之一，它比较容易损坏。损坏后，一般采用更换办法，对于较大口径阀门的阀杆磨损，可用局部更换、补焊等方法修复。

(4) 阀门的检查试验　修理后的阀门质量，可以用强度试验和密封性试验来检查。强度试验压力为公称压力的 1.5 倍，阀门强度试验压力可采用 1.5 倍的实际操作压力。密封性试验压力为公称压力或工作压力。

试验方法：将试验阀门的阀体内灌满水或油，排尽空气后加压至试验压力，在 5min 内压力不变为之合格。

四、化工管路的保温与涂色

1. 保温材料的种类

化工管路保温；不仅可以减少设备、管路表面的散热或吸热，以维持生产所需的高温或低温，而且可以改善操作条件，维持一定的室温。这对优质稳产、节省能源和维护劳动环境起到积极的作用。

目前，化工管路的保温材料多采用石棉纤维及其混合材料，硅藻土及其混合材料，碳酸镁、蛭石、矿渣棉、酚醛玻璃纤维、聚苯乙烯泡沫塑料、聚氯乙烯泡沫塑料、软木砖和木屑等。对于低温管路，则采用软木（用沥青作黏合剂）和羊毛毡等作保冷材料。

2. 化工管路的涂色

在化工厂及化工生产车间，管路交错，密如蛛网，为了使操作者便于区别各种类型的管路，必须在管路的保护层或保温层表面涂上不同的颜色。工厂里管路上的涂色方法有两种：一是单色，另一种是在底色上添加色圈（通常每隔 2m 有一个色圈，其宽度为 50～100mm）。

常用化工管路涂色如表 2-24 所示。管路的涂色亦可根据各厂的具体情况自行调整或补充。

表 2-24 常用化工管路的涂色

管路类型	底色	色圈	管路类型	底色	色圈
过热蒸汽管	红		酸液管	红	
饱和蒸汽管	红	黄	碱液管	粉红	
蒸汽管(不分类)	白		油类管	棕	
压缩空气管	深蓝		给水管	绿	
氧气管	天蓝		排水管	绿	红
氨气管	黄		纯水管	绿	白
氮气管	黑		凝结水管	绿	蓝
燃料气管	紫		消防水管	橙黄	

涂色用的颜料有两种，即油漆与硅酸盐颜料。前者涂于包扎类保护层上，后者涂于石棉水泥类保护层上。

第三节 化工仪表及自动化

一、化工仪表的分类

随着现代化工自动化程度的迅速提高，仪表在生产中的作用越来越重要。它不仅能代替操作人员的“眼睛”，自动检测装置的运行情况，而且能替代人的“脑袋”，对检测的数据进行复杂的运算，然后根据操作要求，像人的“手”一样进行自动控制。不仅如此，仪表的联锁保护系统，还预先设置了重大事故自动处理程序，当装置运行有发生事故趋势时，联锁保护系统将自动代替人作一系列安全停车动作，使装置处于安全停车状态。所以，在自动化水平较高的工厂，少量的操作人员，凭借仪表来操纵整个生产过程，并能使生产装置达到安全、稳定、长周期和优化运行。

化工仪表种类繁多，但作为仪表系统而言，通常可以分为以下三大类，即自动检测系统、自动调节系统和联锁报警系统。而这三种仪表系统又分别由各类仪表组成。如表 2-25 所示。

表 2-25 仪表系统的分类

系统名称	现场仪表	控制室仪表	用途
检测系统	检测元件、变送器	显示仪表、指示、记录、累积等	显示工艺参数
调节系统	检测元件、变送器执行机构	调节器、显示仪表运算器	显示并控制工艺参数
联锁报警系统	各类开关、变送器、电磁阀、执行机构	报警器、指示灯、联锁线路	显示运行状态，确保安全运行及紧急处理

上述所采用的仪表又可分别称为一次仪表、二次仪表及执行器三种类型。

一次仪表是指安装在现场的仪表。例如：用于测量温度的热电偶、热电阻；测量流量的节流孔板、流量开关；测量压力的开关、压力表；还有各类变送器等。

二次仪表是指安装在控制室的仪表。例如；指示仪、记录仪、调节器、各类计算仪表等。

执行器是安装在现场设备的管道上的仪表，它接受来自二次仪表的信号，通过它来控制工艺介质。常用的执行器如气动薄膜调节阀等。

(1) 检测仪表　检测仪表是测量化工参数的基本仪表。通常按测量参数的性质来分，可以分为四大类型：压力仪表、温度仪表、流量仪表和物位仪表。此外还有气体成分分析仪表。

① 压力测量仪表

a. 液柱式压力仪表　以液体的液柱高度来测量压力的。通常采用的液体为水银、水，称为 U 形管压力计。

b. 弹性元件式压力仪表　例如弹簧管式压力开关等。它们都是利用弹性元件（弹簧管或波纹管）受压后产生位移的原理来检测压力的。

c. 活塞式压力计　它是基于静压平衡原理工作的，计算出单位面积上所承受的压力大小，它通常用作压力表或压力开关的校验仪器。

d. 电子式压力变送器　它是以压力影响下某种电量的变化来测量压力的。目前广泛应用的如罗斯蒙特公司生产的 1151 压力变送器等。

② 温度测量仪表

a. 热电偶　利用两种不同的金属，一端焊接在一起（热端），而另一端则称为自由端，自由端也称为冷端。当热端与冷端存在温度差时，在自由端的两端形成热电势，其大小随温差而变化。通常我们测量其热电势大小就可以得出其温度高低。常用的热电偶如镍铬-镍铝热电偶等。

b. 热电阻　利用金属（通常采用铂或铜）丝其电阻值随温度变化而变化的特性来测温。

以上两种元件常称为测温元件，可以将它们分别配上动圈式仪表来显示温度的高低。

动圈式仪表是利用流过动圈的电流信号在磁场的作用下，使动圈产生偏转的原理来指示温度的高低。

c. 压力式温度计　它是利用密封容器内工作介质的压力变化而变化的原理制成的。常用的有稳包式温度计等。

d. 电接点双金属温度计　它是由两种不同膨胀系数彼此牢固地结合在一起的金属片制成。随着温度的变化，双金属片产生变形弯曲从而测量温度。

e. 电子式自动平衡显示仪　它也可以与热电偶、热电阻等配套来测量温度。和热电阻配套的是自动平衡电桥；而与热电偶配套的则是自动平衡电位差计。

③ 流量测量仪表

a. 节流装置　常见的有孔板、1/4 圆喷嘴、文丘里管等。它们是利用流体经过节流装置时，产生节流作用，其流量大小与节流元件前后所产生的压差的平方根成比例的原理来工作的。

b. 容积式流量计　椭圆齿轮（腰轮）流量计就是一种容积式流量计。两个噬合在一起的椭圆齿轮，由于流体的冲力而转动，转动圈数与流体的体积流量成比例的。

另外还有速度式流量计、面积式流量计、旋翼式流量计及质量流量计等。

④ 物位测量仪表

a. 浮筒式液位计　浮筒式液位计工作原理是利用液位变化时，浸在介质中的浮筒所受的浮力大小也相应变化，从而带动扭力管发生旋转变化转轴的角位移，经变送部分转换为 20～100kPa 的气讯号（气动浮筒液面计）；或转换成 4～20mA 电信号（电动浮筒液面计）。

b. 浮球式液位开关　当浮球随工艺介质液位升降时，其端部磁钢将排斥表壳内相同磁极的磁钢，带动触点动作，即输出开关信号。此表在敞开和承压容器的液位高低报警中常用作发讯。

c. 同位素液位计　利用放射性同位素的射线辐射强度变化去检测液位的仪表称同位素液位计。

d. 浮子钢带液位计　广泛应用于储罐液位的测量。

e. 用差压变送器测量液位　化工转轴中，测量液位使用最为广泛的是采用差压变送器，无论是敞口容器还是差压容器。

f. 其他液位检测仪表　除了以上几种液位计外还有电容料位开关，它是利用高频检测物质电特性差别，从而检测有无物料的料位开关。

超声波料位计是利用超声波在遇到介质时被吸收而减弱，在不同的介质分界面上会产生反射和折射的现象测出超声波从发出至接收到回射波的时间来判断介质的高度。

(2) 单元组合式仪表

① 单元组合式仪表概述　单元组合式仪表是根据组成系统的若干个独立的单元而得名的。电动单元组合仪表简称 DDZ，是取电（Dian）、单（Dan）、组（Zu）三字汉语拼音的第一个大写字母的组合。电动单元组合仪表采用工频率电（工业用交流电 50 赫兹，习惯叫工频）作电源，其输出信号采用国际统一标准 4～20mA DC 传输信号或 1～5V DC 联络信号。

气动单元组合仪表是以压缩空气作为气源的。气动单元组合仪表，其输出信号采用根据统一标准即 20～100kPa。

② 单元组合仪表分类

a. 变送单元　将一定量程范围的工艺参数（如温度、压力、流量、液位）转换成20～100kPa（气动单元仪表）；或转换成4～20mA DC（电动单元组合仪表）。

b. 转换单元　有气-电转换器；频率转换器等。

c. 运算单元　包括加法器、乘法器、除法器、开方器等。

d. 显示单元　有指示仪表、记录仪表、积算器等。

e. 给定单元　恒流给定器（提供4～20mA的恒定电流，作为直流信号源）等。

f. 调节单元　它接受诸如变送单元来的测量信号，给定单元来的给定信号，然后进行比例、积分、微分运算后输出4～20mA DC（或20～100kPa）至执行机构。

g. 辅助单元和执行单元

(3) 在线分析分析仪表　主要有气相色谱仪、氧分析仪、氢分析仪、红外线分析仪、pH计、电导仪和可燃气体报警仪。

(4) 特殊仪表　例如测量转动设备轴振动和位移值的仪表；测量转速的转速表和用于指示生产过程中参数越线值时发出声、光报警信号的闪光报警等。还有PLC可编程控制器和用于紧急停车联锁系统的ESD。

(5) 集散控制系统　生产过程“集中操作，集中管理和分散调节的系统”，简称为集散系统，用“DCS”来表示。由于集散系统是融合了计算机技术、控制技术、通信技术和图像显示技术四位一体的产物，所以其优越性是任何一台仪表所无法比拟的。

二、控制系统

(1) 控制系统的组成　自动控制系统是由四个部分组成；即调节对象、测量变送、调节器、调节阀。如图2-34所示。

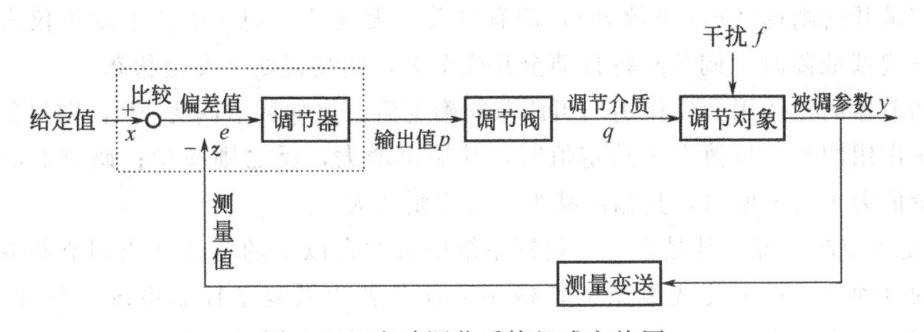

图2-34　自动调节系统组成方块图

结合图2-35所示的锅炉液位控制来分析自动调节控制系统组成方块图的意义。

a. 调节对象　被控制的设备，锅炉就是调节对象。

b. 被调参数 y　汽包液位。

c. 干扰 f　凡是影响被调参数的称为干扰，影响锅炉汽包液位的因素如用汽负荷的变化、给水水压的变化等，这些因素称为干扰。

d. 调节介质　利用阀门去改变物料进料量，这种手段叫调节作用，所用介质即注入锅炉中的水就是调节介质。

e. 测量变送　对被调参数（汽包液位）进行测量后变成统一的电信号，液位变送器完成上述作用。

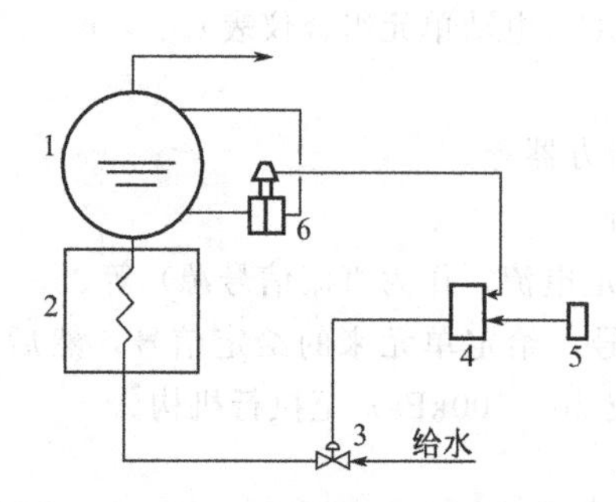

图 2-35　锅炉汽包给水自动调节系统

1—汽包；2—加热器；3—调节阀；4—调节器；5—给定器；6—变送器

f. 测量值 z　变送器输出值。

g. 给定值 x　一个恒定的与正常的被调参数相对应的信号值。

h. 偏差值 e　给定值与测量值之差。

i. 调节器输出 p　调节器根据偏差，按一定的规律发出相应的信号 p 去调节阀。

j. 调节阀　根据调节器输出 p 对锅炉进水量进行调节。

（2）PID 控制　调节器根据偏差按一定的规律进行调节，通常用的调节规律为 PID 调节，即比例、积分和微积分调节。

（3）控制系统的分类　控制系统通常分为简单控制系统和复杂控制系统。

① 简单控制系统　用一个测量元件和变送器、一个调节器和一个调节阀，对一个参数控制的系统叫作简单控制系统，化工生产过程中使用最广泛的一类系统。例如液位控制系统、压力控制系统、温度控制系统、流量控制系统和成分控制系统。

下面介绍调节阀和调节器的两个基本的概念：

a. 气开阀和气关阀　在 PID 图调节控制系统中，调节阀旁注明有（FO）和（FC），即调节阀分为气开阀（FC）和气关阀（FO）两种。选择气开阀和气关阀是从工艺安全角度来考虑进行的，即当某种原因造成调节阀的气动管路上没有气信号时，该阀从安全角度应该是关的，则选气开阀（FC 事故关），即有气开、无气关。反之该阀从安全角度应该是开的则选（FO 事故开），即有气关、无气开。例如生产中发生仪表空气中断、DCS 离线故障时，调节阀将自动全开或全关，使装置处于安全状态。

b. 调节器的正作用和反作用　当调节阀确定后，比如调节阀为 FO，即气关阀，调节器的正作用即当测量值大于给定值时，其输出增大，反之则减少；调节器的反作用即当测量值大于给定值时，其输出减少，反之则增大。

② 复杂控制系统　凡是在一个控制系统中有两台以上的变送器或调节器或执行器等主要的自动化工具来完成复杂的特殊调节任务就叫做复杂控制系统。其种类繁多，常见的有：串级、均匀、比值、多冲量、分程、选择、前馈等控制系统。

a. 串级控制系统

a）串级控制系统的特点　要控制的参数为主参数。接受主参数的调节器为主调节器，接受副参数的调节器为副调节器。主调节器的输出作为副调节器的给定。副调节器的输出控制调节阀。串级调节也就是由此得名。由于比简单控制回路多了一个闭合的副调节回路，因此提高了系统克服干扰的能力。

b）串级控制系统的投运操作　将副调节器置于手动，手操阀门观察主参数使其稳定在给定值；将副调节器由手动投入自动；主调节器置于手动，手操其输出，观察其输出值并使其与副调节器给定值相等；随即将副调节器由内给定切到外给定；将主调节器投入自动。

c）操作要点　为保证投串级控制系统时实现无扰动平稳切换，关键在于保证主调节器的输出要与副调节器的内给定相等。副回路具有“先调”、“快调”、“粗调”的特点，而主回路则具有“后调”、“慢调”、“细调”的特点，对副回路没有克服的，但大大削弱的干扰能彻底克服掉。因此串级控制系统具有“克服干扰快，调节精度高”的特点。

b. 分程控制系统　所谓分程控制系统就是一个调节器分别控制两个或更多调节阀构成的控制系统。例如图 2-36 甲醛装置废热锅炉 E102 蒸汽压力控制系统，PIC0501A/B 为分程调节系统。甲醛装置废热锅炉 E102 产生的蒸汽，由 PV0501A 阀送出，PV0501B 阀是一个放空阀，锅炉蒸汽压力调节由 PV0501A/B 两个阀进行分程调节。

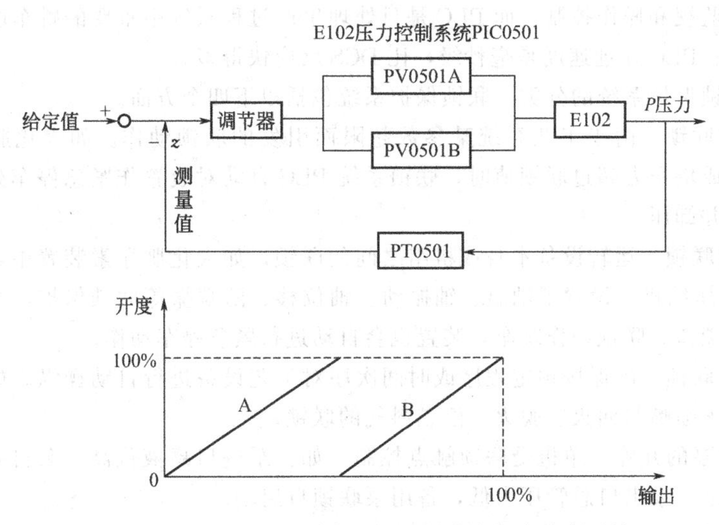

图 2-36　甲醛装置废热锅炉 E-102 蒸汽压力控制系统

为了实现分程控制，调节器输出（4～20mA）信号进行分段控制两个阀，即（4～12mA）信号段控制 A 阀；（12～20mA）段控制 B 阀。废热锅炉 E102 压力变送器 PT0501 进行检测后送到调节器 PIC0501。调节器为正作用，PV0501A 为气开阀(FC)，当锅炉 E102 压力升高，调节器输出增大，A 阀开大，直至全开，若压力仍高于给定值，则调节器输出大于 12mA，此时就打开 B 阀，通过 B 阀开度来控制压力。

反之，当锅炉压力低于给定值，调节器输出减少，先关闭 B 阀，直至全关，若压力仍低，则继续关 A 阀，利用 A 阀来控制压力。

（4）调节阀常见故障及处理方法　当调节阀发生卡塞现象时，也就是说当调节器输出信号变换时，而调节阀的行程却无变化，这时操作人员应切断前后的截止阀，慢慢打开旁路阀，直至完全关闭调节阀前后的切阀，利用控制旁路阀来控制流量，整个切换过程要尽量防止给系统造成扰动。当然调节阀若带手轮，则可利用手轮来操作调节阀。该阀切出系统后交由仪表人员检修。

三、信号报警、联锁保护系统

(1) 概述　信号报警、联锁保护系统是根据装置和设备安全的工艺要求，当某些关键工艺参数超越极限值时，发出警告信息，并按照事先设计好的逻辑关系动作，自动启动备用设备或自动停车，切断与事故有关的各种联系，以避免事故的发生或限制事故的发展，防止事故的进一步扩大，保护人身和设备的安全。

实现报警、联锁保护系统的仪表通常可采用可编程序控制器（PLC），紧急停车系统（ESD）；或是DCS中的逻辑控制模块及数字量I/O组件；或是继电器组件。

联锁逻辑系统接受来自现场的开关量或接点信号。经逻辑运算后，发出指令去操纵执行器（例如电磁阀）或送出一个接点信号去启动备用设备。

DCS与PLC的比较。都具有多种运算功能，硬件组成大致相同。但是DCS着重于整个系统的监视和操作控制，而PLC是只处理生产过程系统中重要的跳车联锁相关联的阀门动作；PLC处理速度是毫秒级，比DCS反应快得多。

(2) 联锁保护系统的分类　联锁保护系统包括以下四个方面。

① 工艺联锁　由于工艺系统某参数超限而引发的联锁动作。如大化肥尿素装置中，尿素合成塔压力超过联锁值时，联锁系统PLC自动对装置作紧急停车处理，自动切断进料，并卸压。

② 机组联锁　运转设备本身或机组之间的联锁。如大化肥尿素装置中，为保护核心设备CO_2压缩机，设置了轴温、轴振动、轴位移、防喘振等联锁保护，当某个联锁参数超过联锁值，联锁动作跳车，装置也会自动进行紧急停车动作。

③ 程序联锁　确保按预定程序或时间次序对工艺设备进行自动操纵。如合成氨的辅助锅炉引火喷嘴与回火、脱火、停燃料气的联锁。

④ 各种泵的开停　单机受联锁触点控制。如：泵进口罐液位高，泵自启动；液位低，自动停泵。泵出口总管压力低，备用泵联锁自启动。

(3) 信号报警、联锁保护系统技术要求

① 在正常工况时，它能指示装置和设备的正常开、停车运转状况。

② 当工艺过程出现异常情况时，系统能发出声光报警，并按规定的程序保证安全生产。实现紧急操作（切断或排放），安全停车，紧急停车或自动启动备用设备。也可实现延时要求。

③ 系统要求设有手动/自动转换开关及切除开关。

④ 系统还要求具有延时、缓冲记忆、保持、选择、触发及第一事故原因识别等功能。并能将事故（报警和联锁的原因）信息存储及打印的功能。

(4) 联锁保护系统管理制度

① 联锁保护系统根据其重要性，实行分级管理。

② 联锁保护系统需要变更（包括设定值、联锁程序、联锁方式等）、解除或取消时，必须办理手续。解除联锁保护系统时应制订相应的防范措施及整改方案等。

③ 执行联锁保护系统的变更、临时/长期解除、取消等作业时，应办理联锁保护系统作业（工作）票，注明该作业的依据、作业执行人/监护人、执行作业内容、作业

时间等。

④ 新装置或设备检修投运之前、长期解除的联锁保护系统恢复之前，应对所有的联锁回路进行全面的检查和确认。对联锁回路的确认，应组织相关专业人员共同参加，检查确认后，应填写联锁回路确认单（表）。

⑤ 联锁保护系统所用器件（包括一次检测元件、线路和执行元件）、运算单元应随装置停车检修进行检修、校准、标定。新更换的元件、仪表、设备必须经过检验、标定之后方可装入系统。联锁保护系统检修后必须进行联校。

⑥ 新增联锁保护系统必须做到图纸、资料齐全。

⑦ 为杜绝误操作，在进行解除或恢复联锁回路的作业时，工艺人员必须实行监护操作。在操作过程中应仪表与工艺操作人员保持密切联系。处理后，仪表和工艺人员必须在联锁工作票上详细记载并签字确认。

⑧ 联锁系统的盘前开关、按钮均由操作工操作；盘后开关、按钮均由仪表人员操作。

⑨ 凡紧急停车按钮，均应设有可靠的护罩。

⑩ 联锁保护系统应具有足够的备品配件。

联锁保护系统仪表的维护和检修按 SHS 07007—2004《石油化工设备维护检修规程》要求进行。

(5) 信号报警、联锁保护系统常见故障及处理方法　信号报警联锁保护系统中常常发生仪表的误报警，这时首先检查报警灯泡是否已坏，若坏了则更换。若是程控器(PLC)或继电器、电源等重要部分发生故障则必须把调节回路切到手动位置，经操作工和仪表工共同确认后，办好联锁停运工作票，将联锁切除，进行更换备件或检修。无论是采用短路还是用旁路开关方式切除联锁，均要谨慎从事，一定要对照图纸，再三核实无误后方可进行。故障处理结束后，应立即通知操作人员，办理联锁投运工作票，经批准后方可投运。

四、仪表的工艺校验和故障处理

(1) 检测和控制系统的校验　在化工装置原始开车和装置检修后，应由仪表人员对装置仪表进行校验，工艺人员配合。工艺人员在开车准备阶段，也应对调节阀、液位计等进行校验。如对调节阀的校验，由总控人员在 DCS 上对调节阀输出 25%、50%、75%、100%信号，现场人员在调节阀现场进行确认，是否输出信号与实际开度对应；有现场液位计的应与 DCS 显示数据进行核对。温度、压力及流量计等仪表，工艺人员在开车准备和开车进程中也应注意观察，若发现故障立即联系仪表人员处理。对于装置重要的仪表出现故障，必须待检修校验正常后才能继续开车。

(2) 集散控制系统的检查和调校　在装置开车前，应由仪表人员对 DCS 系统进行检查和调校。工艺总控工应对 DCS 画面设备、阀门的状态和颜色、各检测参数是否有显示等进行确认，并对整个装置调节阀进行现场比对校验。

① DCS 故障及处理　DCS 故障分两种情况，一种对生产运行无影响，另一种将导致装置停车。对生产运行无影响的故障。如硬件或软件故障，出现个别 DCS 操作屏幕

不能操作、黑屏或死机等现象，这对生产运行无直接影响。立即通知仪表人员处理，通常需要更换硬件，系统重启或停机后重新通电恢复。

② 造成装置紧急停车的故障　如UPS系统故障或DCS离线，发生故障时，生产装置自动全线紧急停车。此时，DCS无法操作，生产装置在联锁动作下安全停车，这种故障一般为瞬间发生，立即供电后DCS恢复运行，工艺人员应立即进行相应的停车处理。总控应将所有调节阀转为手动操作。

(3) 信号报警、联锁保护系统的校验　在信号报警、联锁保护系统投运之前，仪表人员应对系统进行离线调试，并得到工艺人员的确认后，方可投用。

① 首先必须事先熟悉报警联锁图。搞清楚每个联锁动作的含义。了解联锁保护系统的组成。有几个原因侧，几个动作侧，组成怎样的逻辑运算方案等。

② 单独对执行器（例如电磁阀）进行调校，保证动作正常。

③ 单独对实现联锁保护功能的PLC，ESD或DCS，继电器组件进行调试。逻辑运算控制模块组态满足工艺设计要求，正确无误。

④ 按照联锁图的要求，逐个对联锁图上每个原因侧和动作侧进行调试。验证信号报警、联锁回路是否正确无误。还应检查阀门动作时间，以及在跳车条件下各个阀开或关所要求的时间。

(4) 仪表的联校　仪表系统的联校就是检验仪表回路的构成是否完整合理，能否可靠运行，信号传递是否能满足系统精度要求，并对存在的问题进行处理，对回路进行调校的工作过程。

通常，对于施工安装、技改中新连接的仪表回路，以及检修、更换或长期停运的仪表回路在投运之前均要进行联校。

第四节　公用工程系统

公用工程系统是化工装置生产运行的必要条件。化工生产需要公用工程的几个或多个系统的参与，它通常包括供电、供水、供风（仪表空气、压缩空气）、供汽、供氮和污水处理以及原料储运，燃料供应等多个方面。因此，只有公用工程系统平稳运行、能满足化工装置的需要，化工装置才能正常生产；若公用工程提供的公用介质发生波动或断供，必然影响装置的正常生产，应及时发现，并进行准确的应对操作，避免造成事故。

一、供电系统

(1) 化工工厂用电负荷分级　化工工厂用电负荷根据工厂内生产装置的重要性、其对供电可靠性和连续性的要求、中断供电时对其他生产装置的影响等因素来进行分级。

① 化工厂用电负荷分级　分为两级：一级工厂用电负荷是指工厂重要的或主要的生产装置，以及确保其正常操作的公用设施的用电负荷为一级生产装置用电负荷者。一级工厂用电负荷由两个独立电源供电。为减少某一电源线路的故障导致停电范围的

扩大，并创造电动机再启动条件，化工厂的电气运行绝大多数采用双电源回路—双变压器—母线分段运行方式。二级工厂用电负荷应由两个电源供电。

② 生产装置用电负荷分级 根据生产过程中的重要性及对供电可靠性、连续性的要求，生产装置用电负荷划分为0级负荷（保安负荷）、1级负荷（重要连续生产负荷）、2级负荷（一般连续生产负荷）及3级负荷（一般负荷）。

a. 0级负荷 当供电中断时，确保安全停车的自动程序控制及其执行机构和配套装置用电。如生产装置的DCS/仪表、继电保护装置、关键物料进出及排放阀；为确保迅速终止设备的化学反应，反应物料又不能或不宜立即排放时，需要迅速加入阻止其化学反应所需助剂的自动投料和搅拌设备；大型关键机组在停电后的惰转中，保证不损坏设备的保安措施，如润滑油泵；为确保安全生产、处理事故、抢救撤离人员，生产装置所必须设置的应急照明、通讯、工业电视、火灾报警等系统。

b. 1级负荷 当生产装置电源中断时，将造成重大经济损失。例如使产品及原料大量报废；催化剂结焦、中毒；物料管线或设备堵塞，供电恢复后需很长时间才能恢复生产的大、中型生产装置以及确保正常操作的公用工程的用电负荷。

c. 2级负荷 当生产装置工作电源中断时，将造成较大的经济损失。例如电源将出现减产或停车，恢复供电后，能较快恢复正常生产的生产装置及为其服务的公用工程的用电负荷。

d. 3级负荷 不属于0级、1级、2级的其他用电负荷。

(2) 各级负荷供电要求

① 0级负荷 必须由独立的保安电源供电，常用以下三种不停电电源：

a. 直流蓄电池装置：所供负荷如6kV系统控制电源。

b. 静止型不停电电源装置（UPS）所供负荷如仪表DCS电源、仪表、关键物料进出阀、排放阀等以及低压电动机控制系统电源等。

c. 快速自启动的柴油发电机机组：所供负荷属0级负荷的电动机、事故照明UPS电源等。正常情况下这些负荷由工作电源供给，当正常电源中断时，柴油发电机组立即启动，当电压一旦达到正常，柴油发电机就自动切换到用电回路上，这一过程仅需10s左右。

② 1级负荷 1级负荷应由两个电源供电。生产装置1级负荷的供电电源均装设电源自动投入装置，如6～10kV变配所的进线分段断路器；380V/220V进线及母线分段开关；事故照明电源总线进线。在这种具有双电源供电的变配电所中，设备用自投装置可以缩短备用电源的切换时间，保证供电的连续性，一般与电动机自启动配合使用，效果更好。备用电源自投装置（简称BZT）的基本要求是：

a. 工作电源电压，除了进线开关因继电保护动作外，其他原因造成电压消失时，BZT装置均动作，这时，备用电源进线断路器自动合闸，保证变配电所继续供电。

b. 应保证在工作电源断开后，备用电源有足够的电压时（一般为母线额定电压70%左右），才投入备用电源。

c. 应保证BZT投入装置只动作一次。选择启动电压为额定工作电压的25%左右，投入时间一般在1.5s左右。

③ 2级负荷　宜由两个电源供电，当获得两个电源有困难时，也可由一个电源供电。

④ 3级负荷　可采用单电源供电。

（3）生产装置电动机再启动系统　生产装置的1级、2级用电负荷大多设置有电动机再启动系统。该系统是指运行中由于供电电源短时中断后又恢复供电时，使设有再启动装置的各鼠笼式感应电动机，按生产工艺要求及预先规定的时间、确定的批次，自动进行再启动。但当电源消失时间超过一定值，（一般10s左右）电动机将再也不能自启动。

（4）用电设备的操作技术

① 电动机的单机试运转。

② 电动机应在空载情况下作一次启动，空载运行时间应为2h，并记录电极的空载电流。

③ 电机试运行中的检查应符合下列要求：

a. 电机的旋转方向符合要求，无异声。

b. 换向器、集电环及电刷的工作情况正常。

c. 检查电机各部温度，不应超过产品技术条件的规定。

d. 滑动轴承温度不应超过80℃，滚动轴承温度不应超过95℃。

e. 电动机振动的双倍振幅值不应大于规定值。

④ 电机空载试运结束后可带负荷运转，交流电动机带负荷启动次数，应符合产品技术条件规定，当产品技术条件无规定时，应符合下列规定：

a. 在冷态时，可启动两次，每次间隔时间不得小于5min。

b. 在热态时，可启动一次。当在处理故障以及电动机启动时间不超过2～3s时，可再启动一次。

c. 大功率高压电机的启动和停止前，应与调度联系，取得同意后才能操作，以避免对总配电产生影响，不得连续启动。

d. 电机在带负荷试运过程中，电流、各部温度、振动均不应超过电机铭牌要求及其技术要求。

（5）电源故障及处理方法　化工装置生产运行中，可能因内部或外部原因造成供电故障，例如晃电和断电故障。

① 晃电的原因

a. 内部原因引起电力系统瞬间失压后又恢复正常。

b. 外部原因（如闪电）引起电力系统瞬间失压后又恢复正常。

② 晃电的现象、后果及处理要点

a. 晃电会造成部分运行的电器设备停运，DCS上出现部分电器设备停运的声光报警；若设置有联锁保护的关键设备停运，则DCS上出现联锁动作信号。

b. 若装置关键电器设备停运，将导致联锁逻辑保护动作，装置自动紧急停车；若装置关键电器设备未停运，应迅速启动停运设备，恢复正常运行；公用工程提供的锅炉给水、脱盐水或循环水等公用介质可能会出现暂时的波动。

c. 电源短时中断后又恢复供电时，具有自启动功能的电机，将依据预先规定的时间、确定的批次，自动进行再启动。

d. 晃电发生后，首先确认装置是否因关键电器设备停运，导致了联锁动作紧急自动停车，若已紧急停车，则按紧急停车或紧急停车后的开车程序处理；若没有紧急停车，则迅速恢复正常生产。

e. 检查有自启动功能的电机泵是否启动，没有自启动功能的电器设备，人工快速启动。

f. 晃电可能导致操作参数、产品质量异常，联系生产调度，通过减负荷、产品循环或储存等措施，尽快恢复装置正常运行。

g. 如果晃电导致锅炉给水、脱盐水或循环水会出现波动，则联系调度，并密切注意相关系统的参数，进行相应的调整。

③ 断电的原因

a. 内部原因引起电力系统较长时间停电。

b. 外部电源引起电力系统较长时间停电。

④ 断电的现象、后果及处理要点

a. 所有运行的电器设备全部停运，DCS上发出停运的声光报警。

b. 因设置联锁的关键设备停运，导致装置联锁动作紧急停车，DCS上发出联锁动作的声光报警。

c. 锅炉给水、脱盐水、循环水、生活水、生产过滤水等公用介质断供，流量、压力显示迅速下降。

d. 仪表空气、工厂空气、氮气可能断供。

e. 系统按紧急停车程序进行处理。

f. 系统按“断循环水”程序处理，现场打开循环水管网的高点排气阀破真空。

g. 系统按“断锅炉给水”程序进行处理。

h. 系统按“断脱盐水”程序进行处理。

i. 当电力系统恢复后，按程序建立循环水、锅炉水、脱盐水等系统；按程序进行装置各系统的开车准备工作。

j. 装置开车前，应启动所有电器设备进行检查确认。

二、供水系统

(1) 供排水系统简介

① 供水系统　化工生产的供水主要有：冷却水、工艺用水、锅炉用水、消防用水、冲洗用水、施工及其他用水、生活用水等。供水系统就是对原水进行加工处理，为生产提供各种合格、足量用水的公用工程系统。供水系统由水的输送和处理组成，水的输送包括原水到水处理及水处理装置向各用户的输送，及相应的回水系统。水的处理有两个方面，一是去除水中杂质的处理，二是对水质进行调整的处理。

天然水中的杂质有悬浮固体和溶解性固体量两大类。除去悬浮性固体采用混凝、沉淀、过滤等方法。水的预处理主要是降低水的浊度，为水的进一步深度处理作准备。

经预处理的水可作为补充循环冷却水、消防水、某些工艺用水及对水质要求不高的其他用水。除去溶解性固体常用的是离子交换树法，也可以采用电渗析、反渗透等其他方法。如果只是除去水中的硬度离子而不需要除去其他离子叫做水的软化。软化水可用于低压锅炉、某些工艺及补充循环冷却水等。高、中压锅炉及某些特殊的工艺要求高纯度的水，也就是除盐水。

② 冷凝水系统　化工装置使用蒸汽，必然产生冷凝水。为了节约用水、保护环境和降低水处理成本，建立冷凝水的回收系统。

化工厂的冷凝水有有两个来源：一类是蒸汽直接冷凝水，它来自透平和蒸汽管网；另一类是工艺冷凝水，它来自生产工艺过程。直接冷凝水受到的污染小，杂质少，经过滤处理后即可直接作为软化水使用，若过滤后再进混合床处理即成为新的除盐水。工艺冷凝水受到的污染比较严重，对于污染成分较简单的冷凝水，则进行回收利用。例如，大化肥装置的尿素工艺冷凝水主要含有氨和二氧化碳，经水解系统处理后二氧化碳和大部分氨被除去，再经阳离子交换树脂除去剩余的氨，然后通过混合床处理而成为新的除盐水。

③ 排水系统　化工企业的排水一般有清、污两个排水系统。装置中受到严重污染，污染物的浓度超过环保规定指标的水，需经污水处理达标排放。将这些部分进行收集、输送、处理，这就是污水排放系统。另一部水受到的污染较轻，直接排放并不污染环境，例如普通生活废水、冷却水系统的排放、雨水等，这部分水的收集、输送、排放就是清水排放系统。生产操作中清、污两个系统必须独立，不得相互串通，受污染的水不得排入清水系统。

(2) 原水及预处理系统　以地表水为水源的供水系统，预处理的目的是除去原水中的悬浮性杂质，水的浊度是其主要控制指标。在除浊处理的过程中 COD 等其他物质的含量也会一定程度的降低。预处理的一般流程为：原水→输水→混凝处理→沉淀（澄清）处理→过滤处理→出水。当原水的浊度很高或含砂量较大时，在混凝之前进行预沉淀处理，其目的是让大颗粒的杂质自然沉降分离，以减轻后面工序的负担。经过滤处理后的水即可供生产使用，若再作消毒处理即成为生活水，若进行除盐处理即成为除盐水。

(3) 软水及除盐水系统　离子交换法是除去水中离子状态杂质的最常用的方法。能够进行离子交换的物质称为离子交换剂。离子交换树脂由高分子母体骨架和离子交换基团两部分组成。交换基团带有可交换离子（称为反离子），可交换离子可与水中同电荷的离子发生置换反应，这就是离子交换的基本原理。

① 水的软化处理　水的硬度是引起结垢的根源，硬度较高的水往往不能直接用于生产。离子交换软水处理是利用阳离子交换树脂中可交换的阳离子，把水中的 Ca^{2+}、Mg^{2+} 交换下来的过程。最常用的是钠型和氢型强酸性阳离子交换树脂。离子交换水处理的主要设备是装有树脂的离子交换器，或称树脂床。

② 水的除盐处理　经过预处理以后的原水通过氢型阳离子交换树脂时，水中的阳离子被除去而树脂上的氢离子被交换下来；通过氢氧型树脂时，水中的阴离子被除去而树脂上的氢氧根离子被交换下来；从阳树脂上下来的氢离子与从阴树脂上下来的氢

氧根离子结合生成水，这就是离子交换法除盐的原理。

(4) 消防水系统　化工企业的消防水系统根据装置的特点不同有两种情况，一种是普通消防水系统，它由消防水管网和消防栓组成，其水源则是生活水管网或生成水管网；另一种是特殊消防水系统，它由消防水管网、消防水池、消防水泵、稳压泵、消防栓、消防水炮、消防喷淋装置等设施及其控制系统组成，这是一个完全独立的、封闭式系统。

(5) 循环冷却水系统　冷却水系统是化工装置不可缺少的组成部分。在敞开式冷却水系统中，水与空气在冷却塔内直接接触，一部分水转化为蒸汽使水温降低，蒸汽随空气一起由风机送出塔外，冷却后的水再经循环水泵升压送去换热器，重复使用。

循环水的清洗和预膜。为了处理循环水系统沉积物，以及循环水系统进行防腐处理使金属表面形成保护膜，新老装置循环水系统都要根据需要进行清洗和预膜处理。

(6) 供水系统故障及处理方法　供水系统提供的循环水、锅炉水等公用介质，是化工装置不可缺少的运行条件，若发生断供，应果断紧急停车，避免导致严重的安全事故。

① 供水系统故障的原因

a. 电力系统故障，导致公用工程停运。

b. 公用工程运行故障，供水系统断供。

c. 装置界区内机械设备、仪表故障，导致供水故障。

② 供水系统故障的后果及处理原则

a. 若循环水断供，装置中运转设备、换热设备的热量不能及时移出，将会导致设备和工艺介质超温、超压，必须立即大幅度减装置负荷，同时联系调度确认循环水能否及时恢复正常，若不能，则装置手动紧急停车，打开循环水管网高点排气阀破真空。处理中以不发生超温、超压为原则。

b. 若锅炉水断供，进水流量会大幅减少，锅炉液位迅速下降，将导致锅炉“干锅”，所以应立即大幅度减装置负荷，同时查明断供原因。一方面联系调度，确认公用工程锅炉水供应情况，若确系供水故障，不能立即恢复，则立即手动紧急停车；另一方面，现场检查锅炉水进口调节阀开度，若确认调节阀故障，则立即转为旁路控制，切出调节阀检修。锅炉运行操作都应设置液位低联锁保护，在处理锅炉水断供操作时，应密切关注锅炉液位，若液位降至液位低联锁值，而未发生联锁动作，必须手动紧急停车。

三、供风系统

(1) 概述　大中型化工装置，需要大量的压缩空气，由专设的供风系统（空分）提供。压缩空气分为两部分，一部分为特别净化的压缩空气，另一部分为非净化压缩空气，前者严格要求空气中的含湿量（露点温度）、含油和含尘量，用于仪表控制系统，称为仪表空气。后者用于装置其他辅助需要，常称为压缩空气（或工厂空气）。为保证供风系统送出的压缩空气质量，化工装置的供风系统通常均采用无油润滑的空气压缩机，按装置需用量连续不断地提供约 0.8MPa 的压缩空气。

（2）供风系统组成

① 空气压缩机组　空气压缩机提供公用空气气源，是供风系统的核心设备。中小型供风系统常用二级螺杆式无油润滑压缩机或二级无油润滑式活塞式压缩机，大型供风系统常用离心式大风量空气压缩机。为避免外供电等原因，造成压缩机停车，使化工装置供风中断，危及整个装置安全生产，供风系统设置了一定容量的空气储罐，还备有柴油事故发电机组，为这类特需用电设备设施应急保护供电。

② 仪表空气及干燥装置

a. 仪表空气的要求　在化工装置中，仪表空气需连续稳定供应，且不能带水和油等杂质，露点温度应小于－40℃。仪表空气带水和杂质，将会造成仪表调节和控制系统失灵。露点温度高，在冬季还会因水分的凝聚和冻结而造成仪表空气管道、控制阀门等管路逐渐变小和直至冻结，从而减少或中断仪表空气的供应，这将会造成装置发生事故停车，甚至还可能引发出装置重大事故，因此严格控制仪表空气的质量是十分重要的。

b. 仪表空气干燥装置　仪表空气干燥多采用吸附剂（干燥剂）吸附水分的干燥方法。常用的吸附剂有细孔硅胶、铝胶和分子筛等。干燥的方法有非加热变压再生吸附型、外鼓风加热换气式再生吸附型、冷冻-吸附组合型等。

（3）仪表空气故障的处理　仪表空气是化工装置的仪表调节控制系统的工作风源。一旦失去仪表空气，气动调节阀按安全设置不同，将出现两种结果：凡设置为事故开（FO）的调节阀将自动全开；凡设置为事故关（FC）的调节阀将自动关闭。因此，仪表空气中断将触发全装置紧急停车联锁动作，DCS上将会出现一系列的声光报警。总控应将调节阀全部切为手动，装置按全系统紧急停车处理。仪表空气恢复前，为满足装置特殊操作要求，可通过调节阀的手轮或旁路来操作。

四、供汽系统

（1）概述　化工装置的蒸汽主要用于作为动力和加热热源。供汽系统由蒸汽发生部分（气源）和蒸汽输送管网两大部分组成。蒸汽发生部分根据装置对工艺过程的蒸汽热力参数（温度、压力）、用量和工艺过程中热能回收产汽等不同条件而有多种配置，但通常为锅炉产汽、外供蒸汽与装置余热回收产汽（废热锅炉）等几种不同形式的组合。为满足化工装置对多个等级蒸汽参数的需要及提高蒸汽的热工效率，锅炉产出的蒸汽多以高温、高压参数输出，而蒸汽管网的任务则是将这种高温、高压的蒸汽安全和有效地提供给装置内经过优化的各等级蒸汽用户，保证各等级蒸汽管网温度、压力稳定。

（2）蒸汽管网建立操作

① 暖管

a. 开管网各导淋排放阀，关各蒸汽用户蒸汽入口阀门。

b. 开管网上各减压调节阀前后截止阀，手动缓慢打开管网上各减压阀（暖管过程中每次开5%）。

c. 手动将各级管网放空调节阀开至50%。

d. 对全装置各等级蒸汽管网进行暖管，在暖管时，速度要缓慢、防止水锤现象发生。

e. 当蒸汽管网各就地排放阀（导淋）排出蒸汽为干汽时，关闭导淋阀，打开各疏水器前后阀，关闭旁路阀，将蒸汽冷凝液并网。

② 建网

a. 手动关小各管网减压调节阀，缓慢升高管网压力，在升压过程中，逐步建立各级管网压力。在提压过程中，注意防止蒸汽管网超压，防止温度低于蒸汽的饱和温度。

b. 将各级蒸汽管网压力提升至设定压力后，放空阀投自动。

c. 各级蒸汽管网的建立应由高压到低压逐级建立。

d. 建立装置各蒸汽伴热管网。打开蒸汽伴热管网所有就地排放导淋，对伴热管网进行暖管。暖管结束后关闭各导淋，投运疏水器，回收蒸汽冷凝液。

(3) 蒸汽系统操作事故分析及预防

水锤又称水击，是由于蒸汽或水等流体在压力管道中，其流速的急剧改变，从而造成瞬时压力显著、反复迅速变化而突然产生的冲击力，使管道发生剧烈的音响和震动的一种现象。水锤现象发生时，管道内压力升高值可能为正常操作压力的好多倍，使管道和管件等设备材料承受很大应力，压力的反复变化，严重时将造成管道、管道附件和设备的损坏。造成水锤的原因有：

a. 送汽时没有做到充分的暖管和良好的疏水。

b. 送气时主蒸汽阀开启过大或过快。

c. 引入的蒸汽带水。

相应的处理方法：

a. 检查和开大蒸汽管道上的疏水器（导淋就地排液）。

b. 检查汽包水位，若过高时，应适当降低。

c. 注意控制锅炉给水质量，适当加强排污，避免发生汽水共沸。

五、供氮系统

(1) 氮气在化工装置中的分类　氮气在化工装置中按用途不同分为两类，即工艺氮和公用氮气。

① 工艺氮　为各工艺过程用氮，直接作为化工产品的原料，例如用于氨的合成及氮洗等工艺过程。

② 公用氮气　在化工装置中主要用作惰性气体使用，对防止爆炸、燃烧，保证安全生产具有不可缺少的辅助作用。如在装置引入可燃可爆的物料前，必须使用符合要求的氮气对系统设备、管道中的空气予以置换，并按系统要求使其内氧含量降至0.2%～0.5%（体积分数）。装置停车后，当系统设备及其所装还原类催化剂需要裸露以及设备、管道需进行动火检修时，也需使用氮气进行降温和对其存在可燃可爆物质进行置换至符合要求。此外，公用氮气还用于需还原的催化剂投用前还原过程速度控制（稀释还原气体，如氢等），催化剂停用期间的防氧化保护，易燃烧粉粒物体的氮气输送，离心式压缩机等油封系统和油储罐等的气封，火炬分子封及一些需要热氮循环

干燥和氮循环升温开车等许多场合。

（2）氮气的制备　空气深冷分离装置（习惯称“空分”），为化工生产装置提供合格氧气和高纯度氮气。一般化工装置，公用氮气的质量主要是对氧、氮有严格的要求。其规格为：N_2≥99.8%（体积分数）、O_2<0.1%（体积分数）、H_2O<0.1%（体积分数）、常温、0.8MPa。

（3）公用氮气的安全注意事项　公用氮气质量要求十分严格，若氧含量不合格，用于停车置换时，可能发生燃烧、爆炸事故。氮气虽为惰性气体，对人体无害，但不能供人呼吸。所以在使用氮气时要注意空气中的氧含量，尤其是当槽、塔、罐等密闭空间用氮气置换可燃气体合格后，当人体需要进入塔罐等工作时，要注意进行空气再置换，在氧含量分析合格、并办理入塔进罐工作票后才能进罐，以防发生人员窒息致死。通常为防止不慎造成公用氮气串入系统或工艺气体流入氮气管网，在装置或设备检修时，必须在界区将公用氮气加盲板隔离，或拆除一段短管。

第三章　管道仪表流程图基本单元模式

第一节　泵基本单元模式

一、泵的类型及泵系统

1. 泵的类型

泵是输送流体或使流体增压的机械。它将原动机的机械能或其他外部能量传送给液体，使液体能量增加。按工作原理和结构特征可分为三大类：

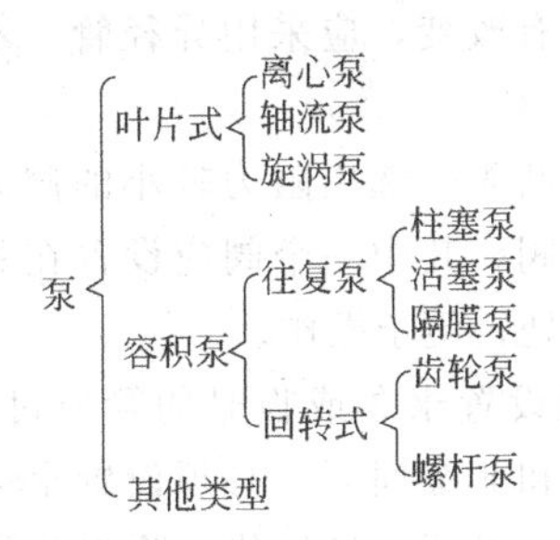

2. 泵系统

泵系统可分为三个部分：

（1）泵入口侧管道，从泵上游的吸入容器的出口管法兰为起端，至泵入口的法兰为止。

（2）泵出口侧管道，从泵出口法兰起至下游的容器入口法兰为止。

（3）泵的公用物料、辅助设施和驱动机构，该部分不包含在泵单元模式里。

二、泵的管道

1. 一般要求

（1）切断阀　泵的进出口设置切断阀，使每台泵在运转或维修时，能保持独立。

（2）排气、排净

① 离心泵在壳体上设有带丝堵的排气口。

② 所有离心泵上设有壳体排净口，应配置阀门。

③ 其他类型的泵均应有合适的带丝堵的排气口和排净口。

④ 泵的入口侧管道和出口侧管道上，根据物料的物性、工艺操作和开、停车要求，设置装有阀门的排气和排净管，排出物接至合适的排放系统。

(3) 缓冲罐 需设置缓冲罐的情况：

① 为改善往复泵输出液体的计量准确性，须减小流体的脉冲幅度，在所有单缸或双缸单作用往复泵管道的流量计上游应装缓冲罐。

② 为减少往复泵管道的振动，应每台泵设一台缓冲罐，装在泵和泵干管的第一个阀之间。

③ 液压系统往复泵出口应设缓冲罐，防止液压脉动使系统操作不稳定。

④ 当有效净正吸入压头达不到要求的压头时，在往复泵的吸入管道上装缓冲罐，可以达到改善效果。

缓冲罐一般需要灌注空气。输送易燃易爆液体的泵，缓冲罐应充入惰性气体。在缓冲罐上需接注气管，如物料中不允许带过多气体和有腐蚀性的物料，应采用带有橡皮气囊的缓冲罐。

2. 泵入口侧管道

(1) 吸入口管道的管径应不小于泵吸入口的直径。离心泵的吸入管道可比泵的吸入口大一级或两级，往复泵的吸入管道可比泵的吸入口大1～3级。

(2) 泵的吸入管道如管径有改变，应采用异径管，不采用异径法兰，避免突然变径和形成向上弯曲的袋形弯管。

(3) 泵吸入管道上设置切断阀，选用阻力较小的闸阀。对有毒、强腐蚀性的介质或特殊的系统，宜采用双切断阀，其中一个阀应设置在紧靠吸入容器的出口处，作为常开阀，另一个则靠近泵入口处，便于操作。

(4) 泵的吸入管道上，须设置永久或临时的管道过滤器。对于螺杆泵、齿轮泵、柱塞泵、活塞泵等小间隙的泵和非金属泵，必须设置永久过滤器。不设置备用泵的系统，永久过滤器须设在线备用，以便切换检修。除工艺物料较脏或其他特殊工艺要求外，离心泵一般不需要设永久管道过滤器。装永久管道过滤器的泵，需要设开车用的临时管道过滤器，对于入口管径较小（≤$DN40$）的泵也可设永久管道过滤器，通常采用Y型过滤器，根据泵的特性和要求（如屏蔽泵）亦可采用其他型式过滤器。过滤器应安装在泵和进口切断阀之间，通常每台泵装一个。

(5) 介质在泵入口处可能发生气化时，应在泵入口管端与泵入口切断阀之间设置平衡管，平衡管上应装切断阀，如图3-1所示。平衡管通向吸入侧容器或就近接入相应的排气管道。

(6) 泵吸入管道上应设置放净阀，以便检修时将物料排至指定的系统。

3. 泵出口侧管道

(1) 止回阀 叶片式泵的排出管道，下述情况需设止回阀。

① 两台或两台以上泵并联。

② 泵输出管道的终点压力大于泵的入口压力。当动力系统出现事故时，排出容器的大量液体将倒流回泵。

容积式泵出口可不设止回阀。

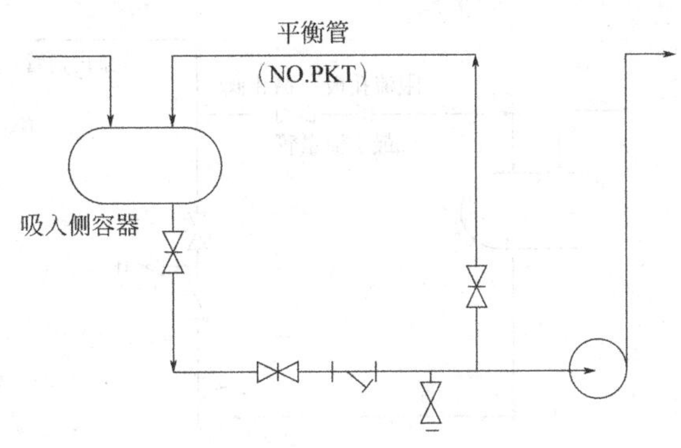

图 3-1 泵入口端的平衡管设置
(NO. PKT 指平衡管道上不能形成袋形)

(2) 止回阀设置在切断阀和泵出口之间，泵出口若为多分支管，则在泵出口总管上设置一个止回阀。在止回阀与切断阀之间，应设置放净阀，用于检修时放出管道中的物料，如图 3-2 所示。

(3) 泵出口管径≤$DN100$，切断阀可选用截止阀，便于粗调流量（对离心泵而言），若出口管径＞$DN100$，多选用闸阀。

(4) 泵的出口管道上如设旁通管，则此旁通管上应设截止阀，旁通管通常应返回至吸入管或吸入容器，必要时需串设冷却器。

(5) 泵吸入口侧若连接负压系统，需在泵出口止回阀前设置开车管，接至吸入容器的气相部位，如图 3-2 所示。

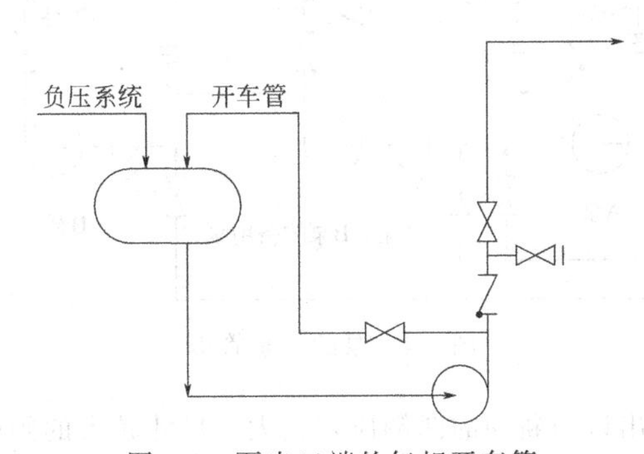

图 3-2 泵出口端的气相开车管

(6) 离心泵如有可能在低于泵的最小流量下长期运转时，应设置最小流量管。在最小流量管道上设置限流孔板和截止阀，如图 3-3 所示。

(7) 每台容积式泵（往复泵、齿轮泵等）、每台旋涡泵的出口管道至出口切断阀之间，应设置安全泄压阀，泄压阀的排出管可接至吸入管道的管道过滤器下游，泵入口前。

(8) 每台容积式泵和旋涡泵的出口切断阀前，应设置返回至泵入口或吸入容器的回流管道，并设置截止阀，以便调节流量及检修后试泵，但若要准确地调节流量，则需将截止阀改为控制阀。小流量的计量泵可不设此管道。

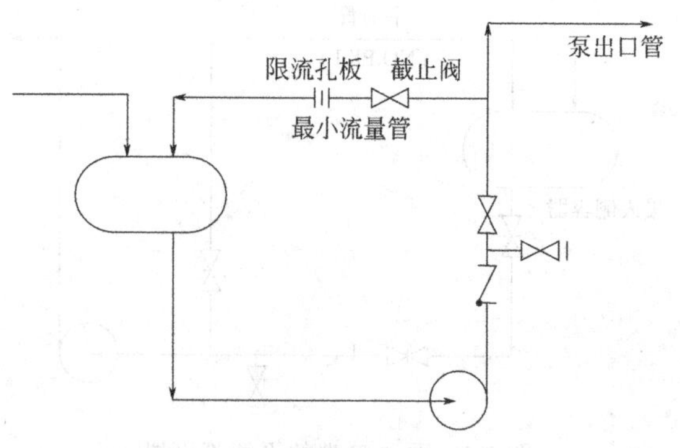

图 3-3　离心泵的最小流量管

(9) 暖泵管道。泵管道输送的介质温度高于 200℃，或环境温度可能低于物料的倾点或凝点（易凝固），并且设有备用泵者，宜设置带限流孔板的暖泵管道，使热流体经过备用泵的泵体返回入口管，待温度升高后再开启备用泵，防止启动备用泵时骤然受热使泵发生故障。

环境温度低于物料倾点或凝点，为防止备用泵冻结凝固，在泵的进出口管道之间应设防凝旁路，使流体从备用泵的防冻循环管道经泵体返回入口管。如图 3-4 所示。

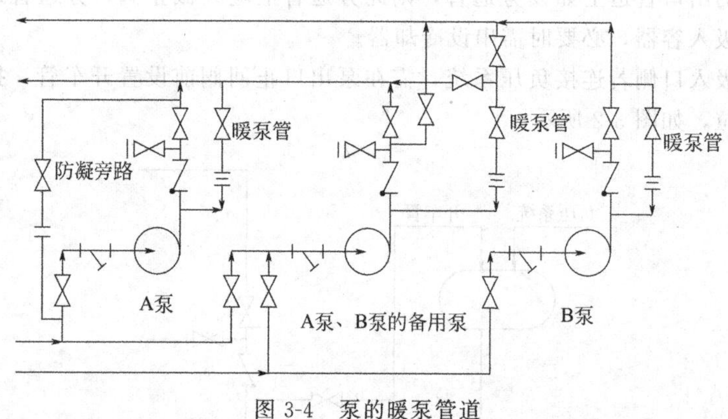

图 3-4　泵的暖泵管道

(10) 高扬程的泵出口切断阀的两侧压差较大、尺寸较大的阀门的阀瓣单向受压太大，不易开启，因而在阀门前后设 *DN*20 旁路，在阀门开启前应先打开旁路，使阀门两侧的压力平衡，如图 3-5 所示。

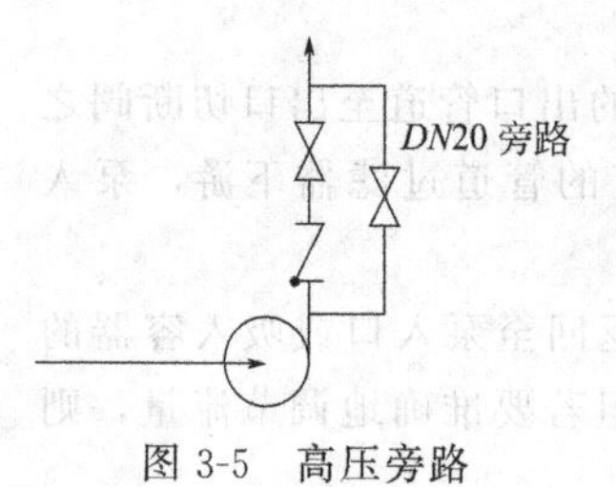

图 3-5　高压旁路

(11) 泵的公用物料、辅助设施和驱动机构　泵本身可能有冷却、加热、密封、冲洗、润滑等设施和缓冲、安全及驱动蒸汽管要求。泵的机械密封或填料密封需用密封、冷却及润滑，应尽可能选择装置内的工艺物料作密封液。当被输送物料较干净、无颗粒、有一定润滑性且温度在 100℃以下或不能用外来密封油时，则采用自身物料循环，否则用外来密封油密闭循环。当泵输送含有固体颗粒的液体或泄漏后易结冰或结晶的物料，其填料需采用冲洗液冲洗。

三、泵的仪表控制

1. 泵的控制

泵的控制是指测定压力和调节流量。

2. 压力测定

所有泵的出口都必须至少设有就地指示压力表，其位置应在泵出口和第一个阀门之间。对于离心泵，压力表的量程应大于泵的最大关闭压力。对于容积式泵，压力表量程应大于该泵出口安全阀（或爆破片）的设定压力。

3. 流量测定和调节

由于泵进口侧不允许大的压力降，并且通常一台泵可有数个用户，所以泵的流量测定系统设在泵出口侧。若只要求测定流量，则只设指示仪表，可为累计流量（FIQ）或瞬时流量（FI），如图 3-6 所示。

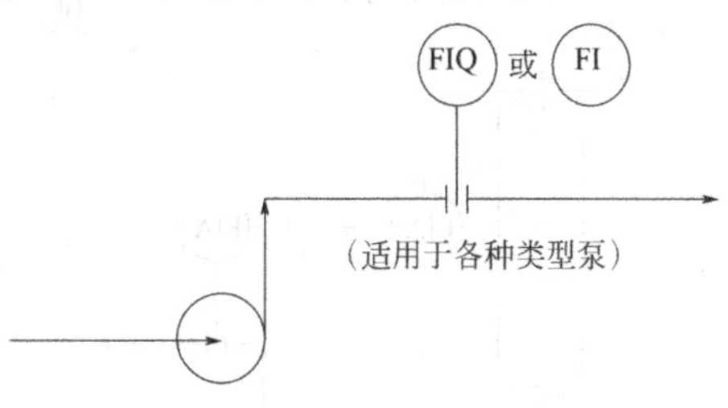

图 3-6 泵的流量测定

若需稳定或调节流量，则需与其他参数关联，通常有下列各种方式。

（1）要求流量按设定值稳定操作 在泵出口侧测定流量，而将控制阀设于不同位置来调节泵出口流量，如图 3-7 所示。

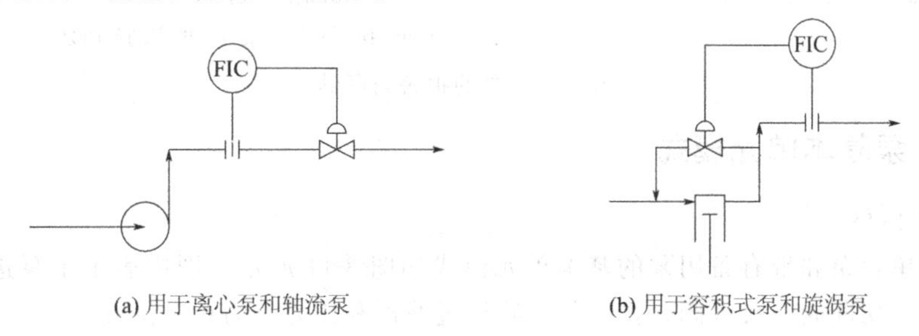

图 3-7 泵的出口流量调节方法和流量测定

（2）对流量要求不很严格，但需维持容器的液位，则应按液位调节流量。此容器可以在泵进口侧，也可以是泵出口侧，如图 3-8 所示。

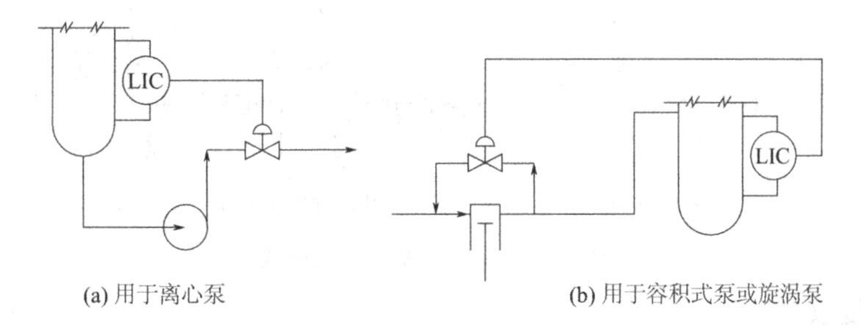

图 3-8 维持容器的液位的泵出口流量调节

（3）既要维持容器的液位、又需保持一定流量，则将泵出口流量与容器液位串级控制，如图 3-9 所示。

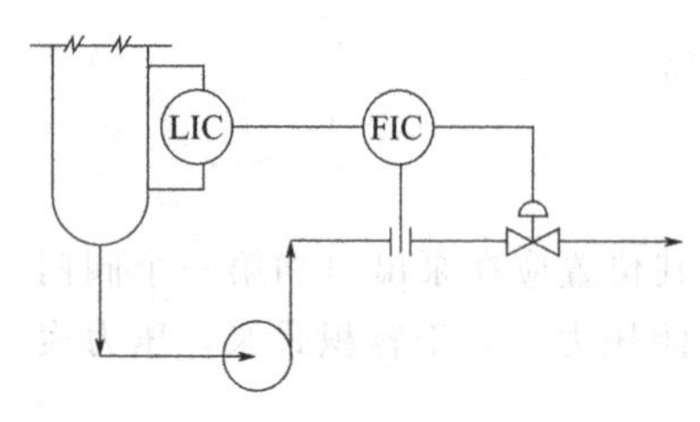

图 3-9　泵出口流量与容器液位串级

（4）报警与联锁　在要求严格的场合，例如流量中断会引发工艺、设备或人身事故时，应根据参数变化的灵敏程度，选择低压或高液位、低液位或其他参数报警。更重要的场合还应与泵的动力源（包括蒸汽或电机）联锁、自动停泵或启动备用泵，如图 3-10 所示。由于所涉及的因素较多，图 3-10 只表示了容器低液位（泵低流量报警）和泵体高温报警联锁，泵电机温度高联锁停运行泵、启动备用泵的情况。

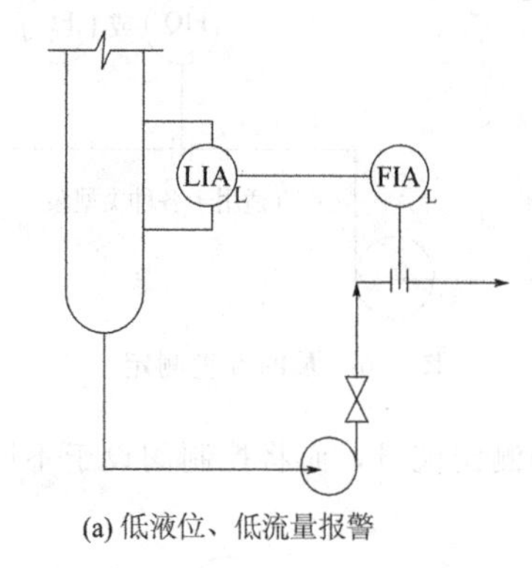

(a) 低液位、低流量报警

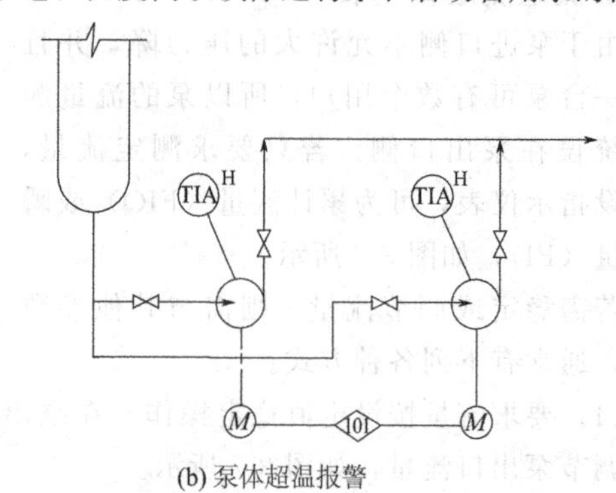

(b) 泵体超温报警

由 ◇01◇ 执行系统停泵或立即启动备用泵

图 3-10　泵的报警与联锁

四、泵基本单元模式

1. 离心泵

（1）单台泵和带有备用泵的基本单元模式如图 3-11 所示。图中表示了泵进、出管上异径管、切断阀、排气阀、排净阀、管道过滤器和压力表的相对位置。

（2）为防止气阻或长时间低流量运行中所产生的过热，需要循环时，应从出口管处设旁路（图 3-11 中“A”管）引出物流。

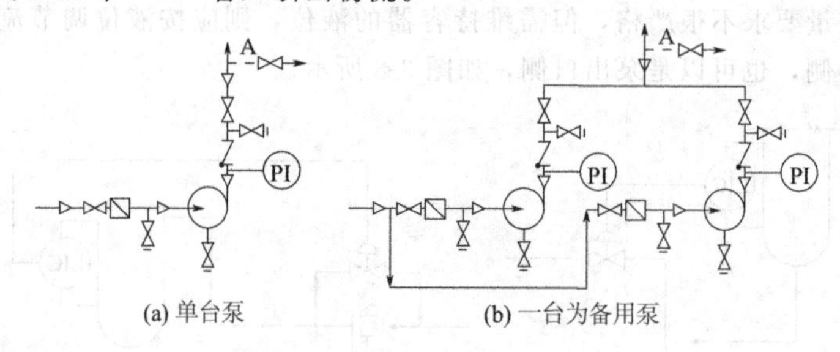

(a) 单台泵　　(b) 一台为备用泵

图 3-11　离心泵基本单元模式

2. 往复泵

容积式的回转式泵（齿轮泵、螺杆泵）的基本单元模式如图 3-12 所示。

单台泵和带有备用泵的基本单元模式如图 3-12 所示。图中表示了泵进、出管上异径管、切断阀、排气阀、排净阀、管道过滤器和压力表的相对位置。

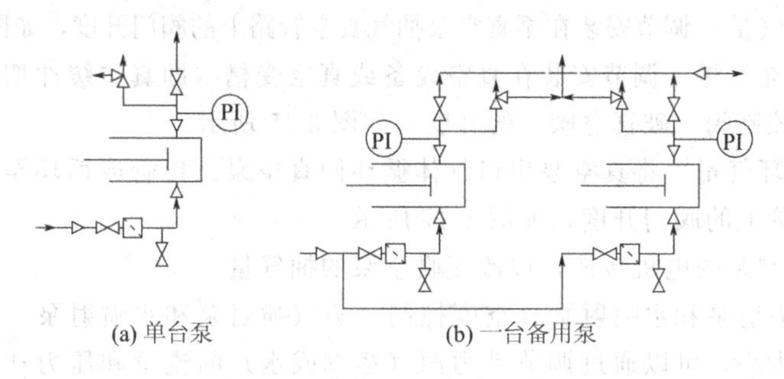

(a) 单台泵 (b) 一台备用泵

图 3-12 往复泵基本单元模式

第二节 真空泵基本单元模式

一、真空泵管道

真空泵系统是采用机械方式来产生真空，包括水环式真空泵、往复式真空泵、罗茨式真空泵和喷射式真空泵，范围是与真空泵相关的水箱、冷却器、液封槽、真空受槽和一般性辅助物料系统。

1. 阀门设置

真空管道的切断阀采用球阀、闸阀和真空蝶阀，需要调节的采用截止阀，排气阀、排净阀为球阀。破真空阀的功能有两类，一类是当真空系统停车时，需消除真空，从外界引入气体，阀门采用球阀；一类是真空系统工作时，引入气体来调节真空度的，可采用截止阀或自动控制阀。

消除真空（与大气接通）的阀门，应根据操作、停车、仪表复位等需要，在真空系统的多处设置，如真空泵入口管道上、设备上、控制阀阀组管道上和有关仪表上等。

2. 真空系统的排液管

大气腿靠重力连续排液。排液装置的大气腿高度，理论上应根据工作中可能达到的最低绝压来计算，通常大气腿高度在 10m 以上，大气腿上不设阀门。

采用复式受槽排液或两台并联受槽切换交替操作方式排液，均为连续进料、间歇排液。应在受槽进、出管上设置切断阀，在受槽上设排气阀、排净阀，在真空连接管上设切换阀。

3. 止回阀

止回阀设在真空泵进口管道上，在泵进口切断阀的上游。当有备用泵时，总管上可互用一个止回阀。

二、真空泵仪表控制

1. 真空系统的控制参数及调节

真空系统中需要调节的参数（被调参数）是真空设备的真空度和抽气量（气体负

荷），可调参数是真空泵的动力源和系统的抽气量、补充气量及循环气量。

（1）机械式真空泵对真空设备的真空度和抽气量的调节，通常采用以下方式：

① 调节抽气量　调节安装在至真空泵抽气真空管路上的阀门开度，如图 3-13 所示。

② 调节补充气量　调节安装在真空设备或真空受槽（即真空缓冲槽）上或旁接在真空管路上的控制阀（破真空阀）的开度，如图 3-15 所示。

③ 调节循环气量　将真空泵出口气体循环回真空泵入口管或循环至真空受槽，调节安装在循环管上的阀门开度，如图 3-17 所示。

④ 调节真空泵的电机转速，以改变真空泵的抽气量。

（2）蒸汽喷射泵和水喷射泵真空度控制　蒸汽喷射泵和水喷射泵产生真空度（即抽吸能力）的大小，可以通过调节动力源（蒸汽或水）的流量和压力达到，同时可采用设置在真空管路上的破真空阀开度得到进一步控制。

蒸汽喷射泵有一个最佳工作条件，即对一定型号、规格的蒸汽喷射泵有个相应的蒸汽压力和蒸汽流量，在此条件下喷射泵能产生最大的抽气量，造成真空设备有较低的剩余压力。工作蒸汽的蒸汽压力若低于某一临界值，系统将不能稳定工作。水喷射泵的工作情况与蒸汽喷射泵相似。

2. 仪表的设置

（1）指示仪表　指示仪表指示由真空泵作用形成的真空系统真空度。每台真空状态下工作的容器、设备均应设置真空度指示，真空度指示对每个系统应该是独立的。真空泵的动力工作介质（蒸汽、水等）的总管应设置温度和压力指示。需保持液面的排液槽和液封槽，应设有液面计或液封管。

（2）控制仪表

① 真空度控制　根据真空设备的绝对压力值来调节真空系统中控制阀门开度和动力源。

② 过真空保护

a. 真空条件下工作的带衬里设备，为了不破坏衬里，规定一个真空值；或由于工艺过程的化学反应、相平衡或产品质量收率的要求，可能对真空度有一个限制值，即过真空保护。

b. 过真空保护措施　需要过真空保护设备上或真空泵吸入管口上设置旁路控制阀门（破真空阀），与需要过真空保护设备的压力指示联锁，并设置过真空报警。采用真空度与真空泵自动停车的联锁装置，并设置过真空报警。采用真空度与真空泵吸入管上切断阀自动切断的控制装置，并设置过真空报警。

三、真空泵基本单元模式

1. 水环式真空泵

水环式真空泵亦称为液环式真空泵，工作介质通常采用水。

（1）水环式真空泵工程设计要求　在泵的进出口应设置切断阀，止回阀设置在水环式真空泵吸入管切断阀的上游。为防止泵内水温过高（不宜超过 40℃）及水的损失，应连续向泵内补充新鲜水。水环泵作为真空泵使用时，通常不使用水箱，直接将补充水连续加到水环泵中，并由真空泵将水排走。

水环式真空泵采用水箱的情况。水环式真空泵排出管接通水箱，在水箱中进行气、水分离，水再返回水环式真空泵。当水环式真空泵抽吸气体温度较高时，需要将水经冷却器冷却，就需要有水箱。排出气在水箱中气、水分离，水由水箱流经冷却器冷却后回水环式真空泵，以确保水环式真空泵工作温度。

(2) 单台水环式真空泵基本单元模式

① 不带水箱的单台水环式真空泵基本单元模式如图 3-13 所示。当直接排大气时，真空泵排出口不设切断阀。水直接进水环式真空泵，排放气含水排出。真空度控制方案是根据真空受槽的真空度要求，调节真空管上的控制阀开度（抽气量调节）。

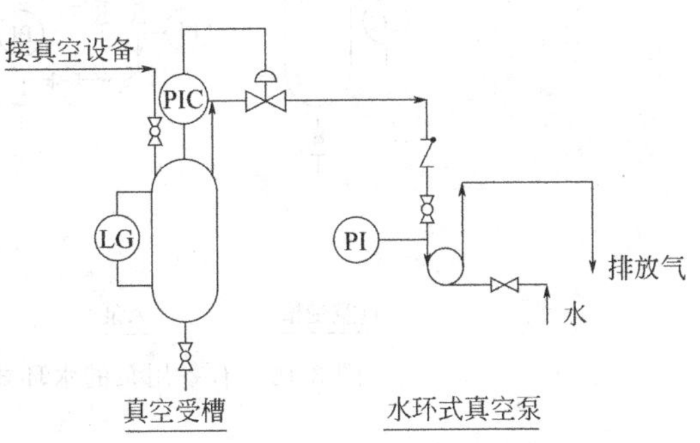

图 3-13　不带水箱的单台水环式真空泵基本单元模式

② 带水箱的单台水环式真空泵基本单元模式如图 3-14 所示。单台水环式真空泵出口至水箱的连接管上不装出口切断阀，水直接至水环式真空泵，本图中水箱的水在分离出气体后不返回泵，排至下水道。

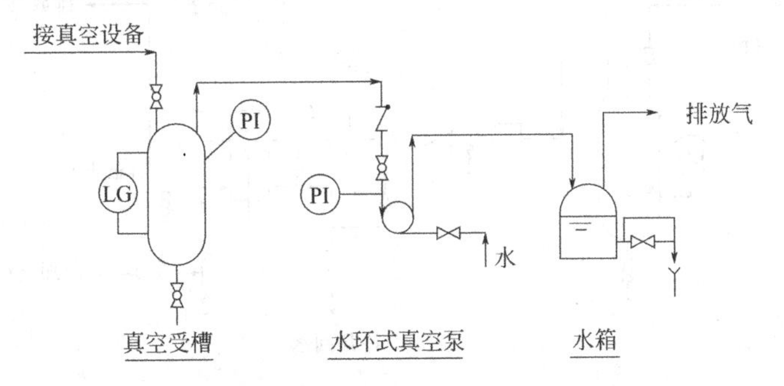

图 3-14　带水箱的单台水环式真空泵基本单元模式

(3) 有备用泵的水环式真空泵基本单元模式　有备用泵的水环式真空泵基本单元模式如图 3-15 所示。真空泵带水箱和冷却器，水箱和冷却器只需一台，补充水在冷却器前与水箱分离出来的水一起由同一根管道进入冷却器，冷却后进入水环式真空泵。不带水箱的水环式真空泵，通常也不用冷却器，水直接进入水环式真空泵，由真空泵排放气将水带出并排放。图中表示的真空度控制方案为：根据真空受槽的真空度要求，采用外界补充气（空气）的控制阀开度来调节真空度。

2. 往复式真空泵

(1) 往复式真空泵工程设计要求　往复式真空泵进出口应设切断阀。被抽吸的气体中，当含有尘粒时，需要在入口管切断阀前设置过滤器；当含有液体时，需在入口管切断阀前设置分离器，分离出液滴；当含有大量的蒸气时，需在入口管切断阀前设置冷凝器，分离出冷凝液。

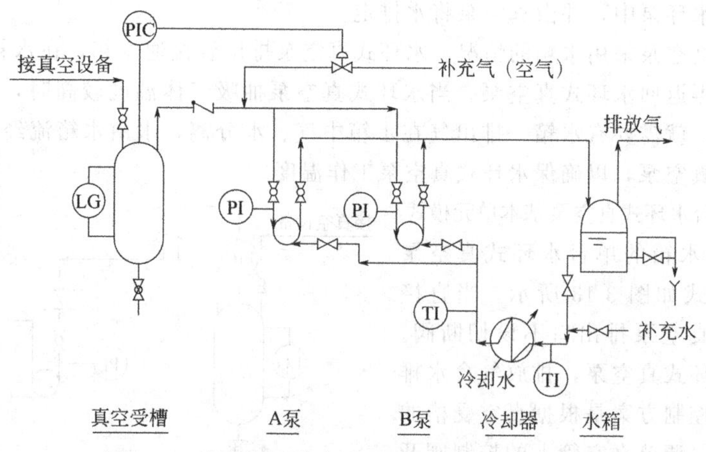

图 3-15 有备用泵的水环式真空泵基本单元模式

（2）单台往复式真空泵基本单元模式　单台往复式真空泵基本单元模式如图 3-16 所示。当直接排大气时，真空泵出口不设切断阀。泵抽气管上的过滤器（或分离器、冷凝器）设置在止回阀的上游。

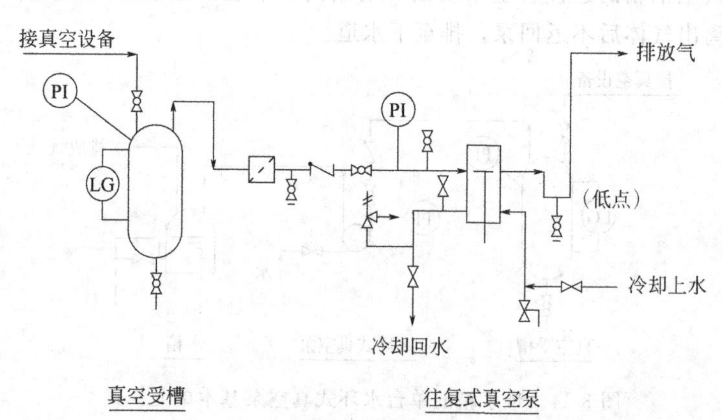

图 3-16 单台往复式真空泵基本单元模式

（3）有备用泵的往复式真空泵基本单元模式　有备用泵的往复式真空泵基本单元模式，如图 3-17 所示。往复式真空泵对真空系统真空度的调节，通常采用真空泵排出气循环回真空泵入口的循环气控制阀开度的方法来调节。图 3-17 表示了排出循环气经冷却后返回吸入管的控制方案，当真空泵电机停止运转时，即切断真空管路的联锁控制。

3. 罗茨式真空泵

（1）说明　罗茨式真空泵不能单独地把气体直接排入大气，因为气体增压后尚达不到大气压，通常罗茨式真空泵排出气进入下游的真空设备内。罗茨式真空泵再串联一台其他型式的真空泵后，被抽气体通过这台串联的真空泵排入大气。

（2）单台罗茨式真空泵的基本单元模式　单台罗茨式真空泵的基本单元模式如图 3-18 所示。罗茨式真空泵进口设切断阀，排出气体经出口切断阀至下游真空设备。

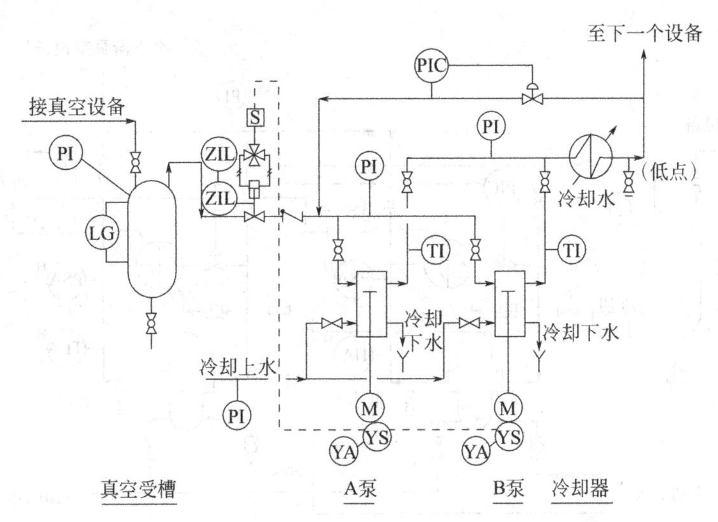

图 3-17　有备用泵的往复式真空泵基本单元模式

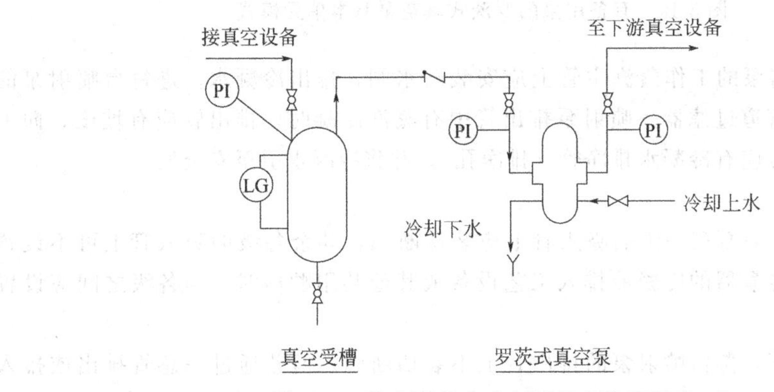

图 3-18　单台罗茨式真空泵基本单元模式

（3）有备用泵的罗茨式真空泵基本单元模式　有备用泵的罗茨式真空泵基本单元模式如图 3-19 所示。罗茨式真空泵对真空系统真空度的调节，通常采用真空泵排出气循环回真空泵入口的循环气控制阀开度的方法来调节。图 3-19 表示了排出气经冷却后循环返回吸入管的控制方案。

4. 蒸汽喷射式真空泵

本单元仅适用于产生真空的蒸汽喷射泵，通常不设置备用泵。水喷射泵参照蒸汽喷射泵。蒸汽喷射泵工程设计要求如下。

（1）管道设计要求

① 蒸汽管道

a. 供各级喷射泵的工作蒸汽管道应为独立的管路，不与其他用汽点相连，以免互相影响造成蒸汽压力的波动，工作蒸汽管道亦不能与蒸汽吹扫管道相连。

b. 每台蒸汽喷射泵的工作蒸汽总管上需设置切断阀，每台多级蒸汽喷射泵的每一级蒸汽支管上，亦应设置切断阀。

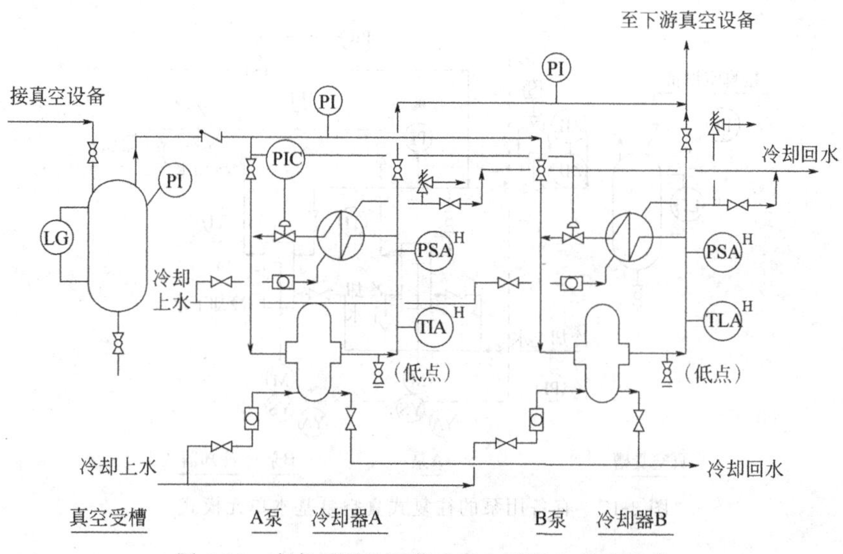

图 3-19　有备用泵的罗茨式真空泵基本单元模式

c. 进每台喷射泵的工作蒸汽主管上应安装疏水阀，排出冷凝水。进每台喷射泵的蒸汽管上要设置管道过滤器。喷射泵排出管中有蒸汽冷凝时，排出管应有坡度，向上排气管的最低部位应有冷凝水排净管（排净孔），并将冷凝水引至安全处。

② 真空管道

a. 多级蒸汽喷射泵第一级的吸入管上应装切断阀，其余各级的吸入管上可不设置切断阀。当级间冷凝器的冷凝液排入工艺设备或其他共用贮槽时，则各级之间应设置切断阀。

b. 一般情况下，蒸汽喷射泵的排出管上不装切断阀，但若通过一总管排出或排入工艺设备时，则应设置排出管切断阀，以利于下游工艺设备的检修或临时停车。

c. 排出管排至大气或排入水井、液封槽时，在排出管上不装止回阀，若排出管排入大气会造成系统中漏入空气，并引起工艺物料质量变化，则应在排出管上设置止回阀。

d. 最后一级气体直接排入大气时，放空管要短，内径应大于喷射泵的气体排出口直径。排出管的管道布置设计应压力降小，在排放管上安装消声器。

③ 排液管和防冻　排液的大气腿不宜共用，每台真空设备应有各自的大气腿，大气腿管道避免弯曲和出现水平段。当多根大气腿共用一个水封槽而大气腿又不能垂直插入液封槽时，大气腿管道与垂直线角度应小于45°，大气腿垂直高度通常不小于10m，插入液封槽内液面下的距离不小于54mm。寒冷地区蒸汽喷射泵应有防冻保护措施。

（2）仪表控制设计要求

① 蒸汽管道　当工作蒸汽是高压蒸汽或蒸汽供气压力经常有波动时，才需要在供汽总管上设置蒸汽压力调节的控制阀。每台蒸汽喷射泵工作蒸汽的供汽总管上应设置现场压力指示表。

多级蒸汽喷射泵的每级喷射泵的工作蒸汽管上亦应设压力表。当供汽是稳定的，则只在蒸汽总管上设压力表，并在每级泵的蒸汽供汽管上装一带有阀门的压力测试短管，可用于现场测试压力。

② 真空管道　进入第一级蒸汽喷射泵的真空管道上设置入口压力表。多级蒸汽喷射泵的第二级及以后各级的吸入真空管（或喷射泵泵体）上只装一带阀门的压力测试短管。蒸汽喷射泵中间冷凝器和后冷凝器的冷凝液管道上设温度指示，通常，冷凝器的冷却水排出管道上不需设测温点。

当采用通空气（或通入惰性气体及其他气体）来调节蒸汽喷射泵的真空度时，气体通入管道应在工艺气进蒸汽喷射泵的上游加入，控制阀前后设有切断阀、旁路阀，大气中来的空气或有尘粒的气体，应设进口气体过滤器和相应阀组。

(3) 蒸汽喷射泵基本单元模式　一台单级蒸汽喷射泵基本单元模式，如图 3-20 所示。一台多级蒸汽喷射泵基本单元模式，如图 3-21 所示。

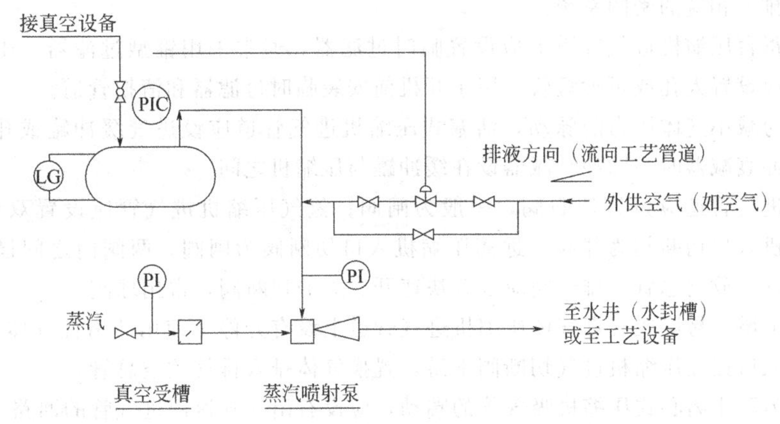

图 3-20　一台单级蒸汽喷射泵基本单元模式

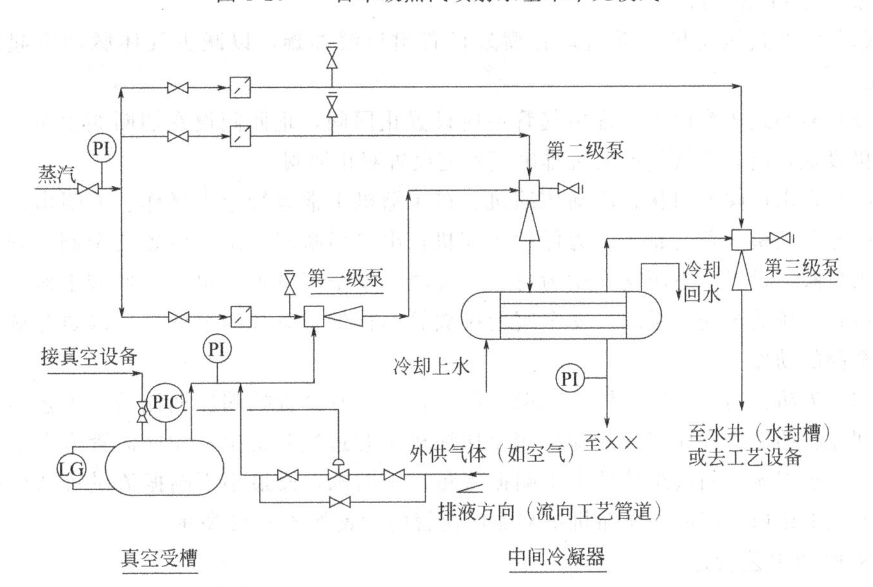

图 3-21　一台多级蒸汽喷射泵基本单元模式

第三节　压缩机基本单元模式

一、压缩机管道

用来提高气体压力与输送气体的机械称为压缩机。压缩机按其工作原理分为两大类型：容积型和速度型。容积型压缩机通常使用的有活塞式、螺杆式、水环式；速度型压缩机通常用的有离心式、轴流式。

1. 工艺进气管

（1）为防止管道内冷凝液带入压缩机，压缩机入口前必须设置气液分离器，除去冷凝液，易产生冷凝液的进气管道应采用伴热管保温。当冷凝液为可燃或有害物质时，冷凝液应排入相应的密闭系统。

（2）每台压缩机进气管道上应设置临时过滤器，通常采用锥型过滤器。压缩机进气管道上应设置人孔或可拆短管，用于开机前安装临时过滤器和清扫管道。

（3）为减小气体压力的脉动，活塞式压缩机进气管道应设进气缓冲罐或孔板，当需要设脉冲衰减器时，脉冲衰减器设在缓冲罐与压缩机之间。

（4）进气管道应设置切断阀，一般为闸阀；氢气压缩机进气管应设置双切断阀，靠近压缩机入口切断阀为球阀，远离压缩机入口切断阀为闸阀，两阀门之间设置排气阀，接至排气放空总管。排气阀应设置快速开、关的切断阀，常用球阀。

（5）可燃、易爆或有毒气体压缩机进气管道上设有开停车使用的惰性气体接管口。惰性气体入口接在压缩机进气切断阀下游，置换气体排入排气放空总管。

（6）为防止离心式压缩机吸气管的喘动，应设有出气管返回进气管的回路。

2. 工艺排出气管

（1）活塞式压缩机靠近出口管嘴处设置出口缓冲罐，以减少气体脉冲引起管道振动。

（2）离心式压缩机工艺排出气管道应设置止回阀，止回阀设在切断阀上游，靠近压缩机设置，离心式氢气压缩机排出气管道设置双止回阀。

（3）在出口阀关闭状态启动压缩机、在压缩机正常运行中误操作、关闭出口阀门都会引起压缩机和管道超压。为保护压缩机，出口切断阀上游应设置安全阀，安全阀靠近出口阀门设置。当压缩介质为可燃气体时，安全阀设置在出口止回阀上游，安全阀出口管道排放至安全系统。安全阀的排放管不得低于系统的最低点，以防存液而影响安全阀的动作。

（4）为防止离心式压缩机的喘振，在出口阀上游设置抗喘振回流管。工艺气体抗喘振回流管的返回气体需经冷却后接至压缩机工艺进气管道上，在回流管道上设置控制阀组。抗喘振控制阀维持最小不喘振流量，压缩机每段最小不喘振流量可从压缩机工作曲线上读取。离心式压缩机抗喘振回流管的设置如图 3-22 所示。

3. 段间工艺管道

段间应设置中间冷却器、气液分离器、缓冲罐及排放管，以减少气体的振动和脉

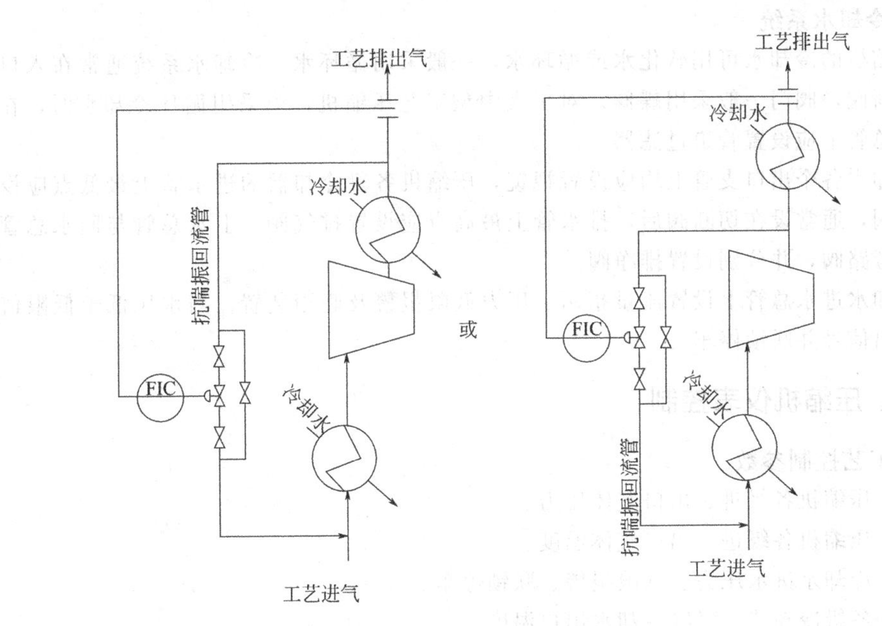

图 3-22 离心式压缩机抗喘振回流管的设置

冲。当脉冲衰减器设在段间管道上时，应设在第一段的出口。各段间的气液分离器均应设置安全阀。对可燃气体放空，应集中排放到合适系统。

离心式压缩机各段应设置回流管路，控制最小回流量（即最小抗喘振流量）。一般多级叶轮的高压机，各段最小流量不得低于正常流量的 80%；单级叶轮的压缩机，各段最小回流量不低于正常流量的 50%。活塞式压缩机各段应设置回流管路，以便调整各段间的压力。

4. 润滑油系统

为保证润滑油的质量，供油、回油管道、阀门、管件均应采用不锈钢或紫铜材质。各供油支管上应设流量检测器（孔板）和压力表，压力表设于流量检测器的下游。为保证供油压力的稳定，供油总管上应设压力控制阀。在回油支管易于观察的部位应设置视镜，以观察回油的情况，回油管上不设置切断阀。

机组调速器用的高压调节油，应从油泵出口管上压力控制阀前接出。供、回油总管和支管的连接采用可拆卸式连接。回油管道应保证油在管内 1/2 截面内流动，并畅通无阻地流入油箱。

5. 密封油系统

密封油系统及其管道设计与润滑油系统基本一致，但密封油系统应为一独立系统，回油应回到密封油污油罐，被污染的密封油需经处理合格后，才可重新使用。密封油脱气槽应高于密封油油箱，以便经脱气后的油自流到密封油油箱。

为防止压缩气体窜入密封油内，前后轴封上的密封惰性气体应自总管上分别引出，并设调压阀，阀后设压力表，调节惰性气体压力略高于被压缩气体压力。

6. 冷却水系统

压缩机的冷却水可用软化水或循环水，一般采用循环水。冷却水系统通常在入口设置切断阀，阀门一般采用蝶阀。对于大中型工艺压缩机，当采用循环冷却水时，在其进水总管上应设置管道过滤器。

冷却水各个出口支管上均应设置视镜，压缩机各段冷却器的进水管上最低点应设置排净阀，通常设在切断阀后，排水管上最高点应设置排气阀。上水总管与回水总管应设置旁路阀，并分别设置排净阀。

冷却水进水总管上设置流量指示、压力低限报警及联锁装置，当水压低于低限值时，发出信号并联锁停车。

二、压缩机仪表控制

1. 工艺控制参数

(1) 压缩机各级进、出口气体压力。

(2) 压缩机各级进、出口气体温度。

(3) 冷却水进水压力、低限报警、联锁停车。

(4) 各级冷却器、气缸冷却水出口温度。

(5) 润滑油进口压力低限报警并联锁停车。

(6) 气液分离器油位。

(7) 油箱油位。

(8) 压缩机进气流量。

(9) 压缩机入口压力低限报警，出口压力高限报警，并与前后工序联锁，超限时停车。

(10) 排出气体的温度高限报警。

(11) 压缩气体为易冷凝气体时，压缩机出口气体温度应设低限报警。

(12) 冷却水流量。

2. 可调参数

(1) 压缩机的工艺进气流量控制

① 活塞式压缩机的进气流量控制　一般活塞式压缩机设有自动调压系统，压缩机自动调节系统可使压缩机进入半负荷或无负荷运转状态，使压缩机输气量减少，节省压缩机的功率消耗，常用两种调节方法。

a. 由压力控制阀、减荷阀组成自调系统。

b. 由负荷调节器、顶开吸气阀装置进行排气量调节。

② 活塞式压缩机工艺排气流量控制

a. 调节气缸余隙。

b. 工艺进气管道上顶开进气阀控制。

c. 设置旁路控制，调节返回进气口的气体流量，以控制工艺进气气体流量。

(2) 离心式压缩机的流量控制　离心式压缩机各段的流量不能过低，如果太低将产生喘振现象，为防止喘振的产生，须设置抗喘振控制系统。常用以下方法来控制流量，维持工艺进气或工艺排气压力稳定，防止喘振。

① 改变转速。

② 工艺排气管节流调节。

③ 工艺进气管节流调节。

④ 工艺进气口装导向片。

⑤ 抽气调节。

(3) 压缩机工艺排气压力调节　为防止压缩机的出口压力过高，工艺出口排气管上设有超压控制阀，控制回流或放空的气量来维持出口压力恒定。

3. 压缩机配备的仪表

压缩机通常随机至少配备的仪表如下。

(1) 各级工艺进气温度指示。

(2) 各级工艺排气温度指示。

(3) 压缩机轴承温度指示。

(4) 各级冷却水排水温度指示。

(5) 各级工艺进、出口压力指示。

(6) 一段工艺进气压力低限报警、联锁。

(7) 最终段工艺排气压力高限报警、联锁。

(8) 冷却水进口压力低限报警、联锁。

(9) 润滑油进口压力低限报警、联锁，油箱液位指示。

(10) 最终段工艺排气温度高限报警、联锁。

三、压缩机基本单元模式

1. 活塞式压缩机

活塞式压缩机的基本单元模式，如图 3-23 所示。

2. 离心式压缩机

离心式压缩机的基本单元模式如图 3-24 所示。

离心式压缩机除按通用的基本单元模式的管道和仪表控制设计要求外，还应在压缩机工艺气体入口设置吸入罐、孔板或流量计。为防止离心式压缩机的喘振现象，各段均设有最小流量控制系统，以维持压缩机工艺排气压力稳定。多级叶轮的压缩机最小流量不得低于正常流量的 80%，单级叶轮的压缩机最小流量不得低于正常流量的 50%。离心式压缩机工艺气体出口可不设缓冲罐。各段吸入罐的液位设置液位控制阀或信号联锁系统。

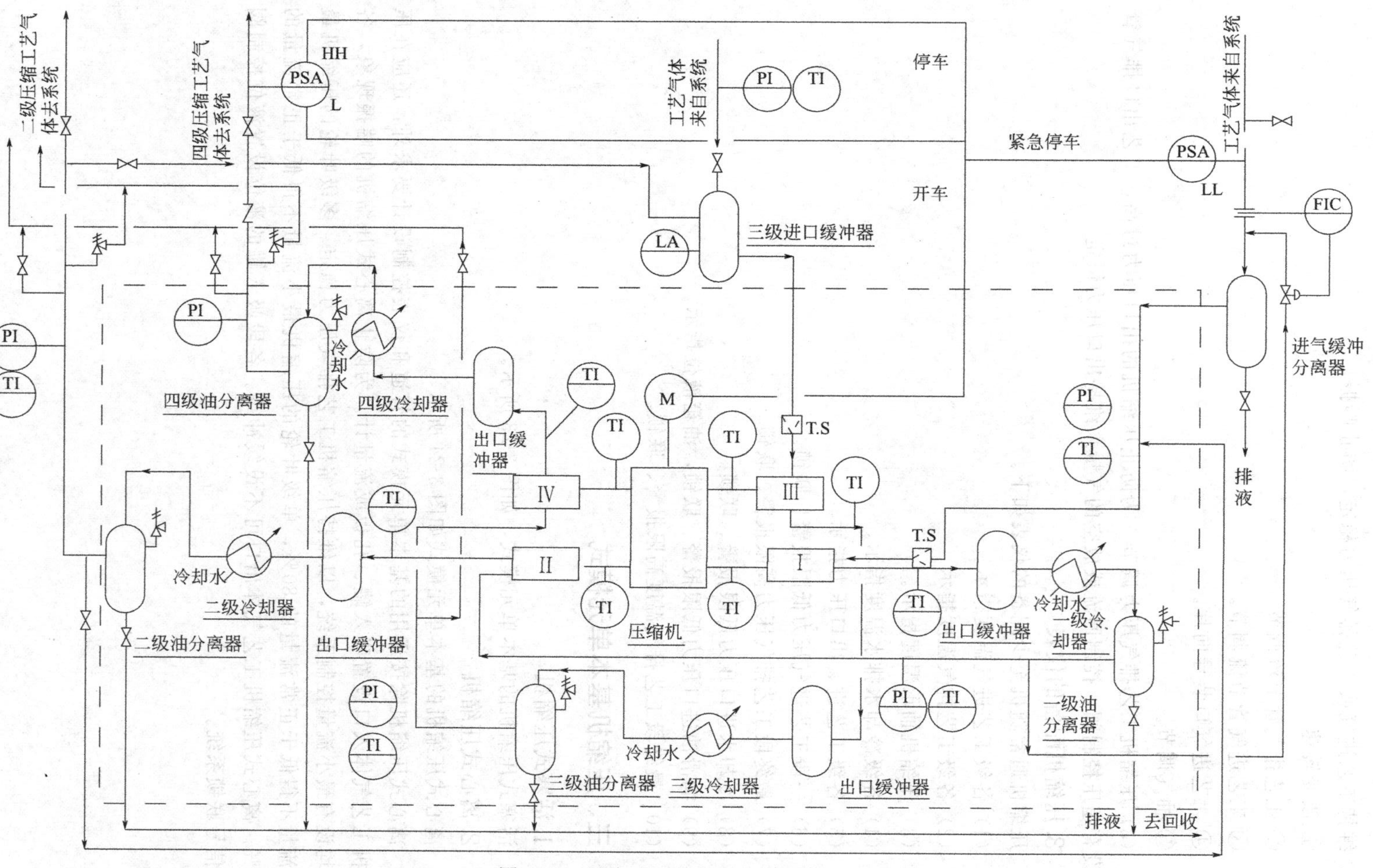

图 3-23 活塞式压缩机基本单元模式

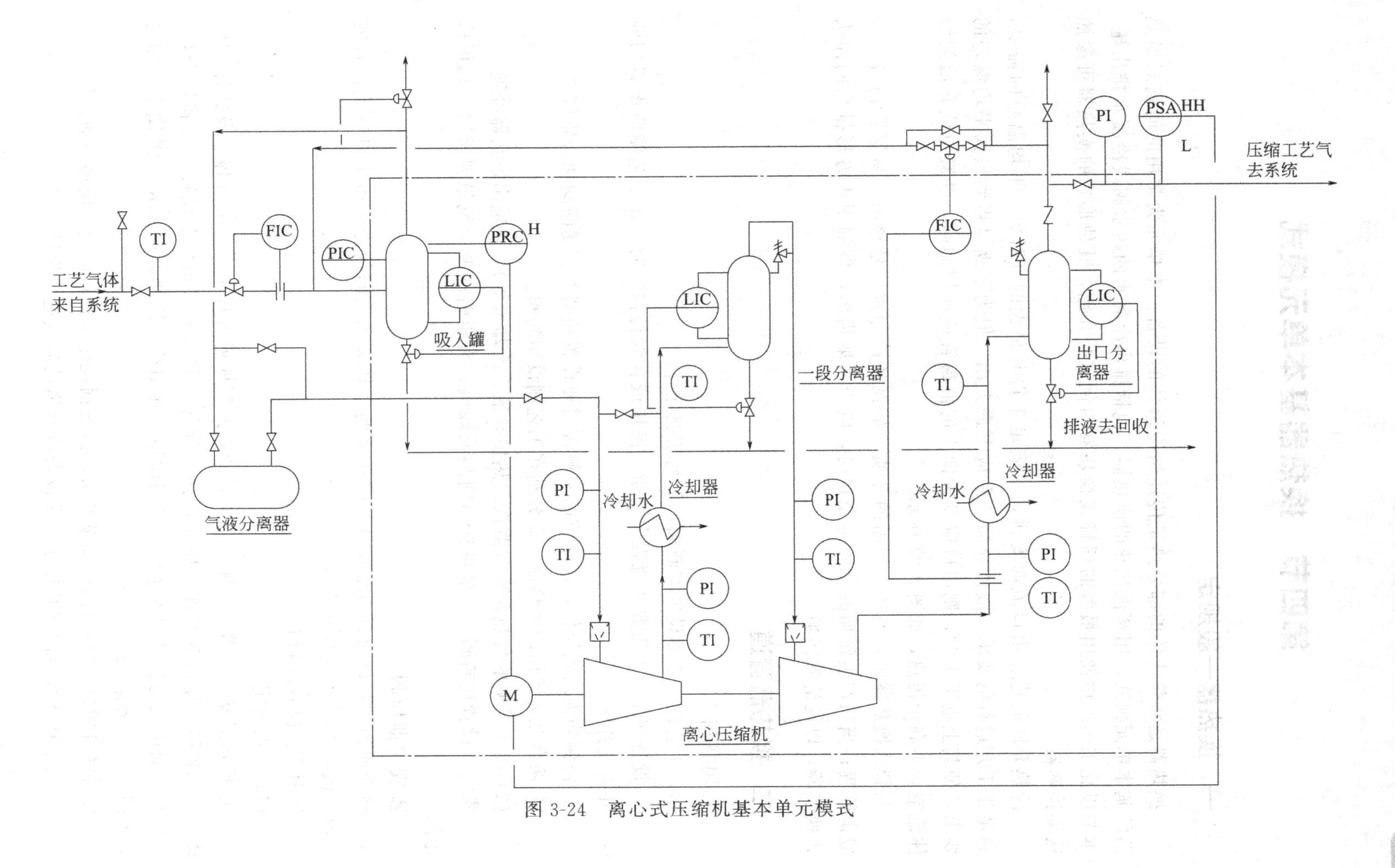

图 3-24　离心式压缩机基本单元模式

第四节　换热器基本单元模式

一、换热器一般规定

换热器是将热流体的部分热量传递给冷流体的设备。本单元为常用的间壁式换热器的基本单元模式，用蒸汽加热的换热器，包括排出冷凝水的疏水阀或冷凝水排出罐。本节以化工生产中使用最多的列管式换热器为例进行介绍，其他形式的换热器可参照这类换热器。

冷热介质的进、出口流向安排，应满足于得到最大的（对数）平均温差的需要，满足于工艺过程的要求。液体介质一般应下进上出，但为了满足得到最大平均温差的要求，使其上进下出时，则出口应设置向上的液封管或加控制阀，以避免该介质侧液体流空，不利于传热，如图 3-27 所示。

列管式换热器中，易产生污垢的介质（如循环冷却水、悬浮液、易聚合物料）一般走管程；当易产生污垢的介质走壳程时，应当采取措施，例如用正方形排列的浮头式换热器，以便清除污垢。

二、换热器管道

1. 切断阀

（1）工艺侧一般不设置切断阀，下列情况除外。

① 设备在生产中需要从流程中切断（停用或在线检修）时，在工艺侧应设置切断阀，并需设旁路。

② 两侧均为工艺流体，需调节的一侧按需要设置控制阀、切断阀和旁路管道。

③ 两台互为备用的换热器，需分别在工艺侧设切断阀。

（2）非工艺侧的传热介质（蒸汽、热传导液、冷却水等），在进出换热器处通

常需要设置切断阀。一般可选用闸阀或蝶阀；有粗略的调节流量要求时，选用截止阀。

2. 安全泄压阀

冷介质的进出口均有切断阀时，应在这两个切断阀之间的冷介质出口管上设置安全泄压阀，如图 3-38（a）所示。

3. 排气口和排净口

（1）一般规定

① 换热器操作，需将气体（开工时的置换气体或过程中产生的气体）及排净的液体，全部置换、排放和排净，应在换热器筒体（封头和管箱）上设置排气和排净口。在换热器筒体上的排气和排净口一般用丝堵，并用堵头堵塞，不表示在 PI 图上，如需装阀门，应表示在 PI 图上。

② 排气口与排净口设阀门或设丝堵，需根据操作频繁程度及介质种类而定。

③ 为了换热设备的顺利排净，在设备或管道的高点也应设排气口。

（2）液体

① 液体走立式换热器壳程时，上管板排气口要装阀，如图 3-25 所示。

② 倾斜式（向下倾或向上倾）换热器的壳程走液体，上管板排气口应装阀，如图 3-26 所示。

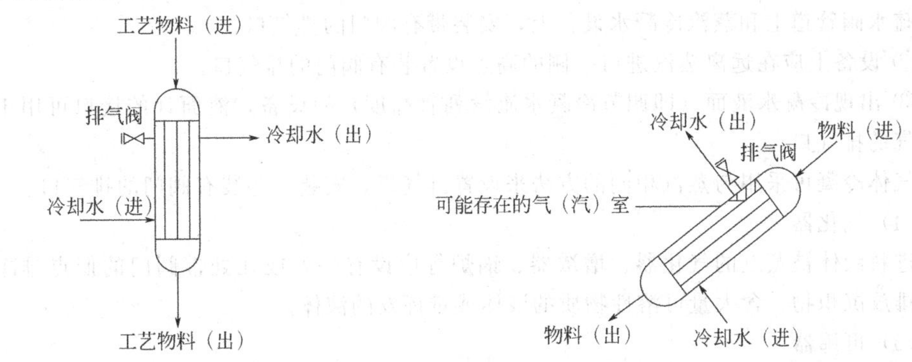

图 3-25　立式换热器壳程走液体　　图 3-26　倾斜式换热器壳程走液体

③ 如果液体的流向是向下的，装有阀门的排气口，应设在靠近出口接管处的合适高度上，如图 3-27 所示。在流向向下的液体侧，如需设置安全阀，其位置如图 3-27 所示。

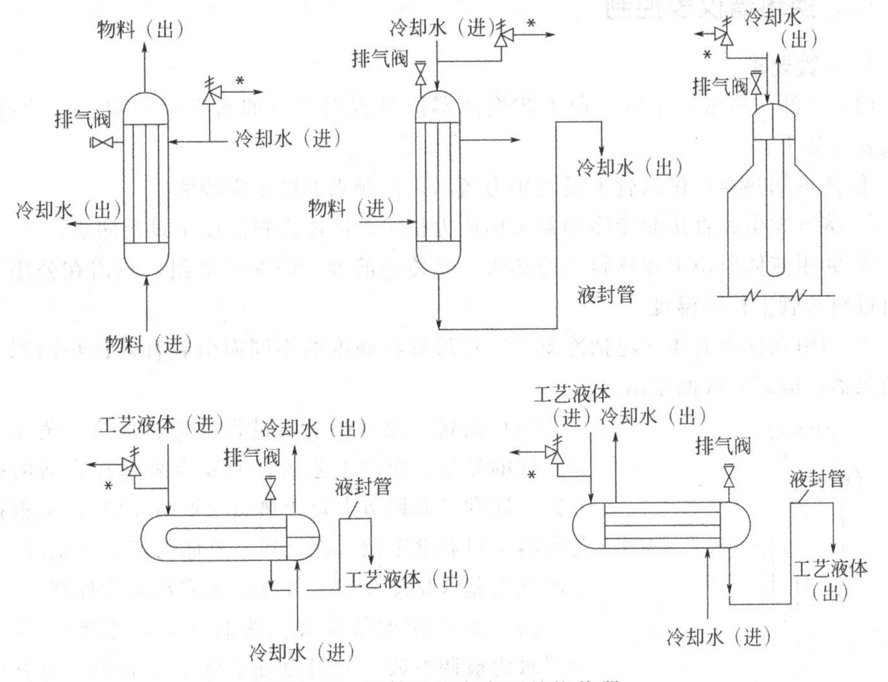

图 3-27　液体的流向向下的换热器

* 在流向向下的液体侧，如需设置安全阀的推荐位置

④ 液体流向是向上的换热器，如需装安全阀，则装在液体出口侧，如图 3-38（a）所示。

（3）蒸汽冷凝和气体冷凝

通常不凝气的分子量比蒸汽要大，因此不凝气将积聚在蒸汽相的底部，低分子量的不凝气（如在多效蒸发器内），应当设置高点排气口。

① 根据所选用的蒸汽疏水阀类型即疏水阀排放不凝气的能力，来决定是否在疏水阀管道上和蒸汽冷凝水设备上，安装带有阀门的排气口。

② 设备上应在远离蒸汽进口一侧的高点设置装有阀门的排气口。

③ 出现冷凝水液面（即调节冷凝水淹没列管高度）的设备，液面计的接口可用于不凝气的排气口。

气体冷凝可采用与蒸汽相同的方法来设置排气口，安装一些装有阀门的排气口。

（4）气化器

进料液体被蒸发的气化器、增浓器、锅炉等应设有一处或几处带阀门的低点排净口，排放沉积物、含大量可溶性物质的液体或难挥发的液体。

（5）再沸器

立式再沸器顶部封头上不设排气口，如需要设置，通常采用丝堵。

（6）防冻管道

寒冷地区的水冷却设备，应在冷却水进出口管道之间设防冻管道，如图 3-38（a）所示。

三、换热器仪表控制

1. 一般要求

（1）检测　通常对于每一台工艺换热器应设置温差（即对数平均温差）的检测，一般要求如下：

① 蒸汽加热器在供汽管上设置压力指示，冷凝水温度不需检测。

② 蒸汽发生和直接制冷冷却器采用压力指示，液体进料温度不设检测点。

③ 共用液体公用工程物料（冷却水、热传导液等）的换热器组，只需在公用工程物料进料总管上检测温度。

④ 利用壳程内液体（包括冷凝水）淹没管程高度的不同而引起有效传热面积变化的换热器，应设置液面指示。

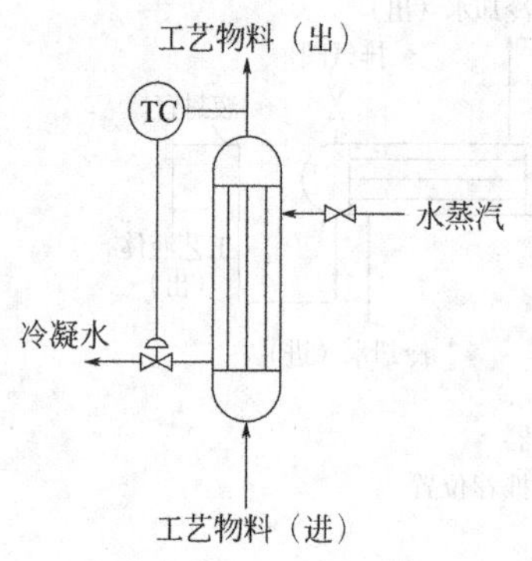

图 3-28　调节有效传热面控制模式

（2）控制　通过换热器进行冷却、加热、蒸发等换热过程的控制，应以工艺物料的要求来选择合适的控制方案，通常采取调节有效传热面（见图 3-28），或根据工艺物料出口温度来调节冷（热）载体的流量（见图 3-30）和改变温差（见图 3-31）等方法来实现温度控制。

图 3-28 所示的管壳式换热器（及再沸器），以蒸汽冷凝水为被调参数，采用冷凝水管上节流阀调节有效传热面，通常不用于蒸汽和冷凝水走管程的情况。

2. 常用控制模式

（1）冷却器

① 温度检测、指示　冷却器冷却水出口及被冷却的

工艺物料出口均应设温度检测，根据重要性分别采用不同的测温措施，例如只设温度计套管、就地温度计，在控制室显示的温度计及可调控其他参数或报警的温度计，如图 3-29 所示。

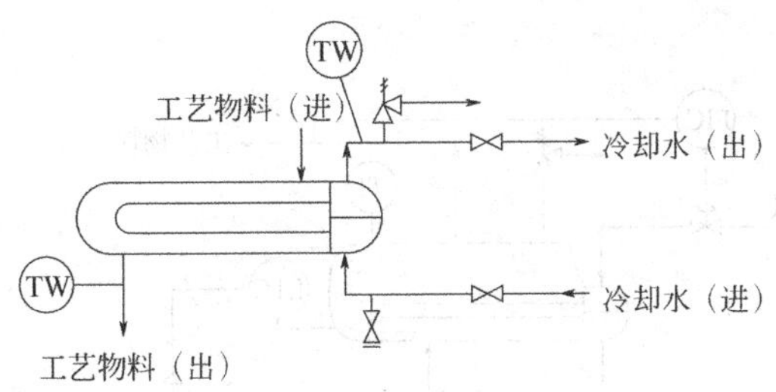

图 3-29 冷却器温度指示

② 温度控制 根据被冷却的工艺物料出口温度来调节冷载体（冷却水）的流量，如图 3-30 所示。图示控制方案为比较复杂的温度控制模式，冷却水出口只设测温点，被冷却的工艺物料除流量控制外，工艺物料出口设有温度报警和工艺出口温度对冷却水量调节，这里假定被冷却物料压力高于水侧（例如液化气），当换热器内漏时，水侧压力升高可通过压力（PI）监视，可由（PSA）进行报警并切断冷却水管道。

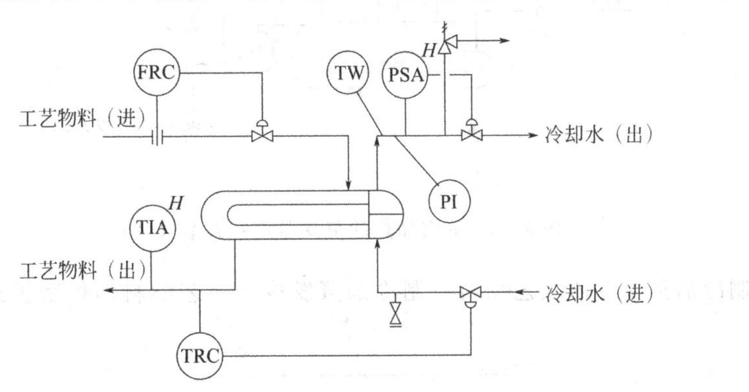

图 3-30 冷却器温度控制模式

（2）蒸发器

① 工艺物料被热载体加热蒸发 以蒸汽加热的蒸发器为例，如图 3-31 所示。

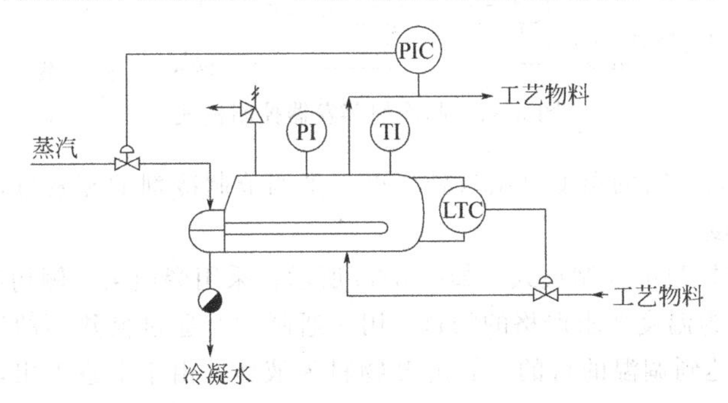

图 3-31 蒸汽加热的蒸发器控制方案（一）

工艺物料侧为在压力下蒸发，采用蒸发压力（蒸发量）来调节加热蒸汽量，如工艺有要求，可在物料侧增加压力和温度报警（PIA，TIA）（图中未表示）。若为常压蒸发，则加热的蒸汽量可由工艺物料的出料量来调节，如图 3-32 所示；或由液面来调节，如图 3-33 所示。

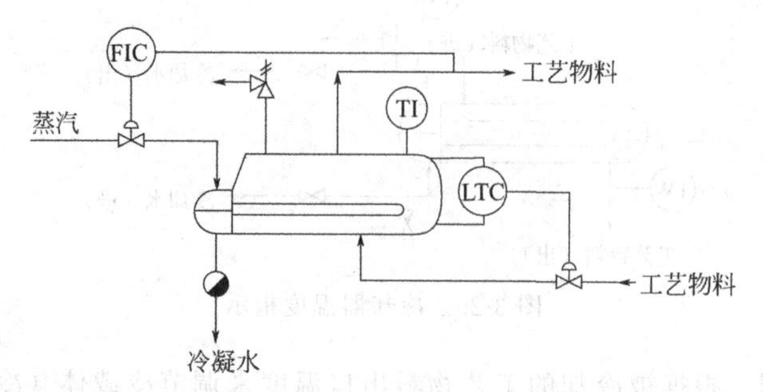

图 3-32　蒸汽加热的蒸发器控制方案（二）

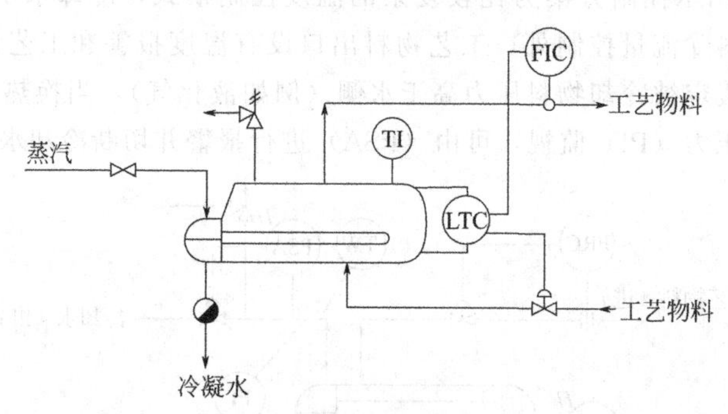

图 3-33　蒸汽加热的蒸发器控制方案（三）

② 制冷剂蒸发冷却工艺物料　制冷剂蒸发冷却工艺物料的控制模式，如图 3-34 所示。

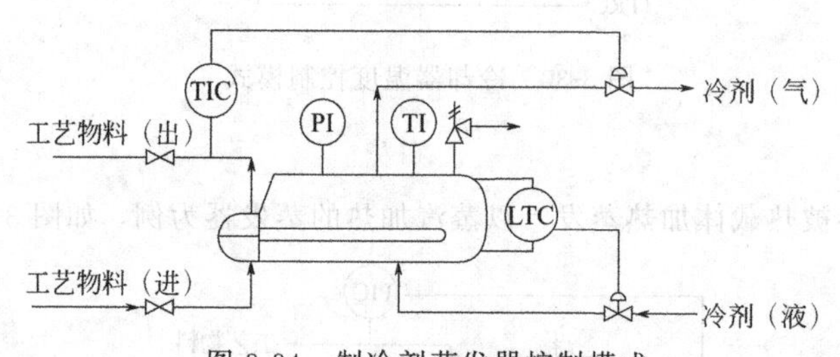

图 3-34　制冷剂蒸发器控制模式

根据工艺物料所需的温度（出口处温度）来调节制冷剂的蒸发量，确保被冷却的工艺物料出口温度。

③ 冷热物料换热的控制模式，如图 3-35 所示，采用旁通某一侧物流的方法。

图中 A 物料为温度要求严格的物料，用三通阀调节通过换热器的流量或调节装在旁路上的控制阀达到调温的目的。假定 B 物料为液体，由于上进下出，在出口处设置向上的液封管。

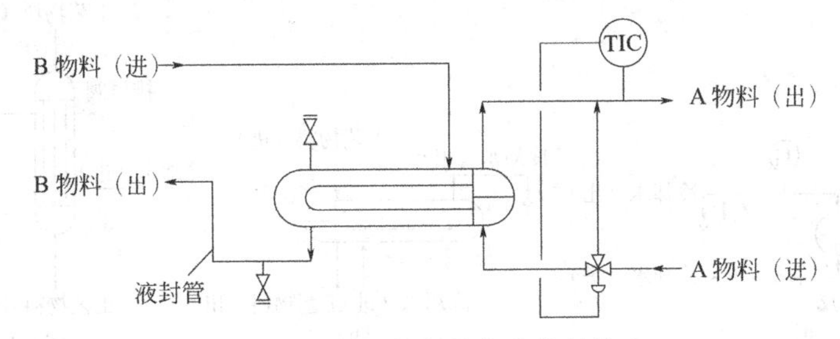

图 3-35　冷热物料换热的控制模式

四、换热器基本单元模式

1. 水为冷却介质的冷却器、冷凝器

（1）水冷却器的一般要求

① 参照液体流向向下的换热器排气阀设置。

② 当换热器安装高于 10m 时，注意回水管的设计（设置背压调节器或限流孔板或采取其他措施），防止冷却水在换热器中气化或破坏设备。

③ 寒冷地区，冷却水应设防冻管道。

④ 回水管出口阀上游应设安全泄压阀。

⑤ 设排净阀。

⑥ 冷却水进、出管上是否设压力表应根据工艺要求和总管安排来决定。

（2）闭路回水（压力回水）的水冷却器。

① 闭路回水的水冷却器的基本模式，如图 3-36 所示。

② 在图 3-36 中，模式（a）为管程走冷却水的换热器基本单元模式。模式（b）、（c）为壳程走冷却水的换热器基本单元模式，其中冷却水系统的检测点和阀门组合同模式（a）。

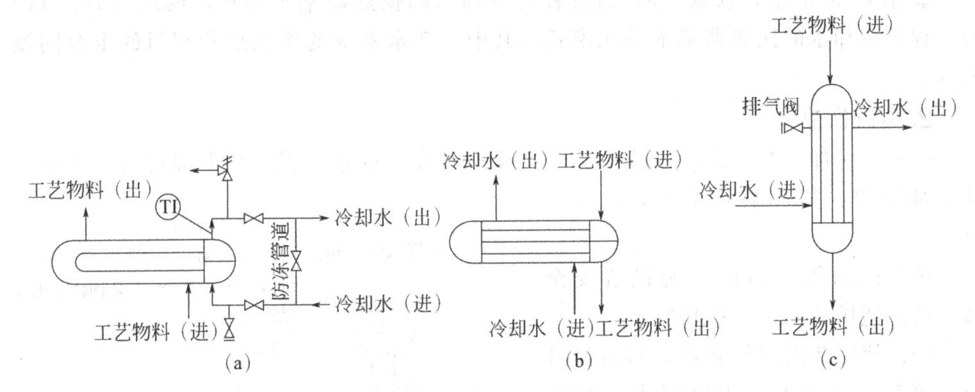

图 3-36　闭路回水的水冷却器基本单元模式

（3）开放式回水（自流回水）的水冷却器　开放式回水的水冷却器基本单元模式如图 3-37 所示。

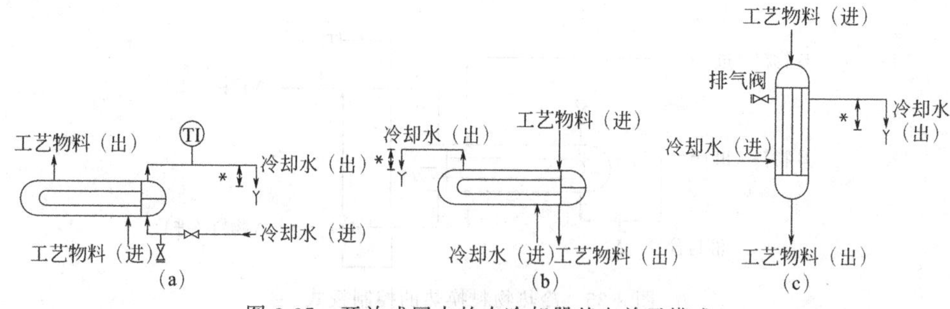

图 3-37　开放式回水的水冷却器基本单元模式

* 小于 10m

在图 3-37 中，模式（a）为管程走冷却水的换热器基本单元模式；模式（b）、（c）为壳程走冷却水的换热器基本单元模式，其中冷却水系统的检测点和阀门组合同模式（a）。

（4）调节回水量的水冷却器

① 调节回水量的水冷却器基本单元模式如图 3-38 所示。

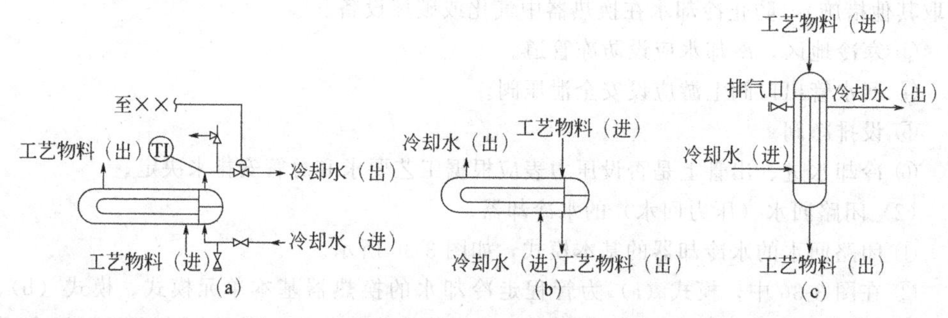

图 3-38　调节回水量的水冷却器基本单元模式

② 在图 3-38 中，模式（a）为管程走冷却水的换热器基本模式，模式（b）、（c）为壳程走冷却水的换热器基本单元模式，其中冷却水系统的检测点和阀门的组合同模式（a）。

2. 蒸汽换热器

（1）蒸汽加热的立式或卧式换热器，蒸汽走壳（或管）程，从上部进入，冷凝水从下部排出，基本单元模式如图 3-39 所示。

蒸汽进口管切断阀上游设置安全阀，防止超压蒸汽进入换热器。

（2）使用蒸汽的加热器，每台设备应设单独的疏水阀。当冷凝水量较大时，使用数个（2～3 个）疏水阀并联；当所需疏水阀数更多时，改用冷凝水排出罐的方案，如图 3-40 所示。

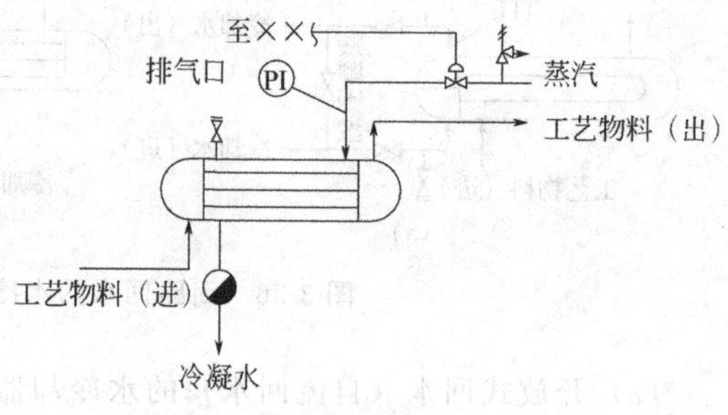

图 3-39　蒸汽换热器基本单元模式

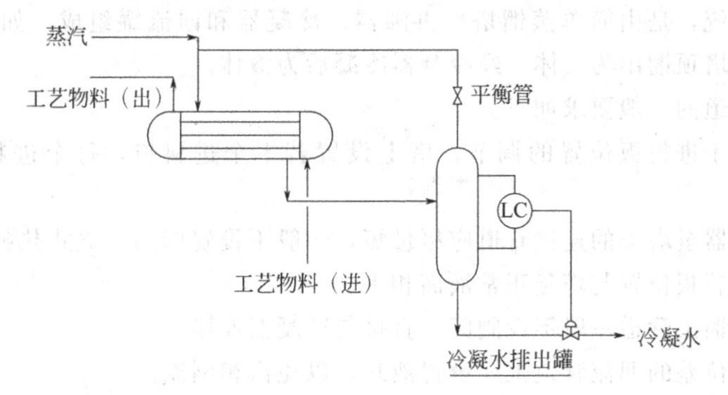

图 3-40　冷凝水排出罐基本单元模式

（3）套管式换热器用蒸汽加热时，各程的冷凝水通常分别引至冷凝水集合管，再经疏水阀排出，如图 3-41 所示。

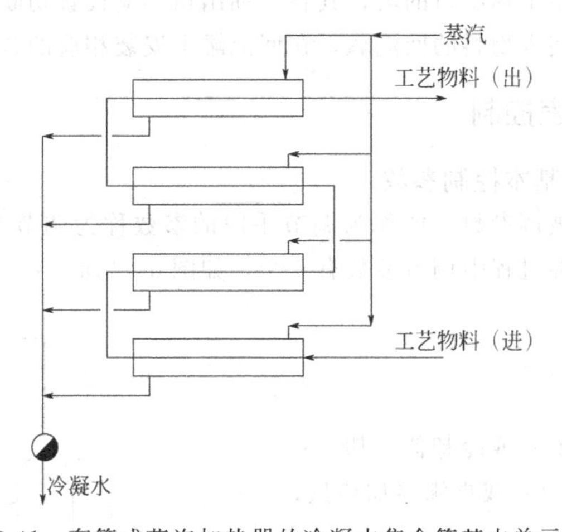

图 3-41　套管式蒸汽加热器的冷凝水集合管基本单元模式

3. 再沸器

再沸器是换热器，应符合换热器基本单元模式要求。再沸器作为蒸馏塔系统的一部分，器内液体沸腾产生气体，有其特殊的管道设计要求，并应根据蒸馏塔系统的总的工艺要求来决定控制方案和仪表设置。蒸馏塔与再沸器的组合、管道和仪表控制设计要求及基本单元模式，见“第五节　蒸馏塔系统基本单元模式”。

第五节　蒸馏塔系统基本单元模式

一、蒸馏塔管道

简单蒸馏塔，是只有一股连续进料（双组分或多组分）、塔顶和塔釜各有一股连续出料的蒸馏塔。

蒸馏塔系统，是由简单蒸馏塔、再沸器、冷凝器和回流罐组成，如图 3-42 所示。塔釜为液体，塔顶馏出为气体，经冷凝器冷凝后为液体。

蒸馏塔管道的一般要求如下。

(1) 为便于进料板位置的调节，塔上设置若干个进料口，每个进料口处应设置阀门。

(2) 再沸器至塔釜的连接管道应尽量短，一般不设置阀门。立式热虹吸式再沸器，其列管束上端管板位置与塔釜正常液面相平。

(3) 塔顶馏出管道一般不设阀门，直接与冷凝器连接。

(4) 依靠位差的回流管道上要设置液封，以免汽相倒流。

(5) 防止塔因超压而损坏，需设置安全阀。安全阀设在塔顶或者塔顶汽相馏出管道上。

(6) 回流管道在塔管口处不设置切断阀。

(7) 同一产品有多个抽出口的塔，其各个抽出口均应设置切断阀。

(8) 开工前需先装入物料的回流罐，在回流罐上安装相应的装料管道。

二、蒸馏塔仪表控制

1. 蒸馏塔系统的基本控制参数

(1) 调节参数和被调参数　能作为调节手段的参数称为调节参数，通常在该参数之点设置控制阀。蒸馏过程中调节参数有 6 个，如图 3-42 所示：

① 进料量（F）；

② 馏出量（D）；

③ 釜液量（B）；

④ 冷却介质量（C）或冷却器冷却量；

⑤ 加热介质量（H）或再沸器加热量；

⑥ 回流量（L）。

前三个称为质量调节参数，后三个称为能量调节参数。

(2) 不采用进料预热时，蒸馏过程中被调节参数有 6 个：

① 压力（p），合适的调节参数为 H 或 C；

② 回流罐液位（LD）；

③ 塔釜液位（LB）；

④ 进料量（F）（不考虑进料预热）；

⑤ 产品分布（D/F），（B/F），（D/B）；

⑥ 回流比（R），即（L/D）或再沸比（H/B）。

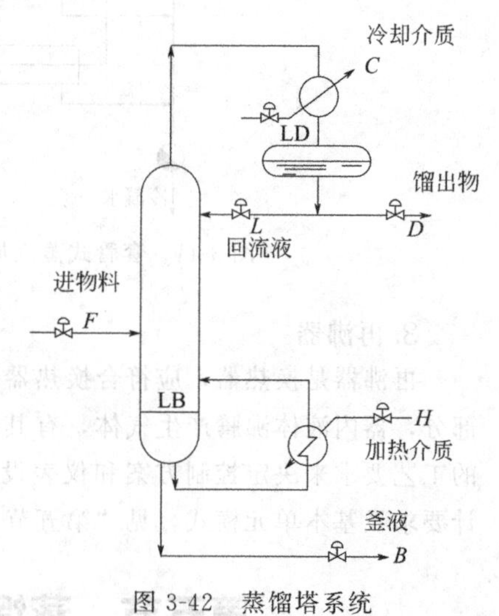

图 3-42　蒸馏塔系统

2. 蒸馏塔系统仪表控制的一般要求

(1) 控制方案

① 蒸馏塔系统中，要控制的目标为质量指标、产量指标和能量消耗。主要是控制

质量指标，在达到质量指标的前提下，尽可能使产量高一些，能耗低一些。

② 蒸馏塔控制方案很多，一个被调参数在不同方案中可用不同的调节参数进行控制。为制订合适的控制方案，首先要从塔的静态特性出发，选取静态响应较大的参数作为调节参数，使每个调节系统的被调参数对调节参数的变化比较灵敏，即静态增益较大。调节系统的静态灵敏度愈高，该调节参数克服外界影响的效果也就愈好。

③ 从静态响应关系和动态出发（即调节系统动态响应要快速），制订合适的控制方案，选择距离近、反应快、时间短的调节回路。

④ 蒸馏过程中一般均有多个调节系统，应选用调节系统之间相关影响较小的回路组成控制方案，协调上下游工序的关系，使整个工艺过程稳定操作。

（2）检测点

① 需要从蒸馏塔塔顶馏出符合规格的物料，检测点定在塔的顶部；釜液要符合规格，检测点定在塔的底部。当塔顶部或底部产品纯度相当高时，产品的组分变化和温度变化就很小，在这种场合建立检测点，就要求检测装置具有很高的精度和灵敏度。合适的检测点位置应选择在最敏感的塔板上，此时温度或组分的变化在外界扰动或调节作用下最大，即具有最大的静态影响。

② 要避免在回流罐和塔釜及其下游的管道上取样的滞后影响。对于顶部，合适的取样点，宜选择在冷凝器与回流罐之间的管道上。同样，底部合适的取样点，对于板式塔来说，宜选择在最下一块塔板降液管的液封处。

三、设备基本单元模式

（一）蒸馏塔

1. 管道设计要求

（1）为便于进料位置调节，塔上可设置若干进料口，每个进料口处应设置阀门。

（2）再沸器至塔釜连接管道应尽量短，一般不设置阀门，停工检修时，用8字盲板切断。

（3）塔顶馏出管道一般不设阀门，直接与冷凝器连接。

（4）在依靠位差的回流管道上要设置液封，以免汽相倒流。同时，液封的底部要设置能返回蒸馏塔的排净液管道。

（5）塔底馏出管道前的塔内出料管上方设置破涡流器。

（6）进料管道切断阀之前设置取样阀。

2. 仪表控制设计要求

（1）塔进料设置进料流量控制阀，调节塔的进料流量，需要时调节进料罐的液位，在进料管道上设置温度检测。

（2）塔釜应设置塔釜就地指示液面计，按需设置自控液位计，通过液位调节器调节塔釜液位和釜液泵流量。

（3）塔釜上设置温度和压力检测点。

（4）按需在塔中部合适的位置设置温度和压力的检测点。

（5）塔顶设置温度和压力检测点。

(6) 塔顶和塔釜之间设置压差检测点，压差管口要开在汽相区。

(7) 压力计管口设在塔板下的汽相区，必须保证在汽相区。

(8) 温度计管口设在塔板上的液相区，温度计套管应与液体接触。

3. 蒸馏塔的基本单元模式

蒸馏塔基本单元模式如图 3-43 所示。

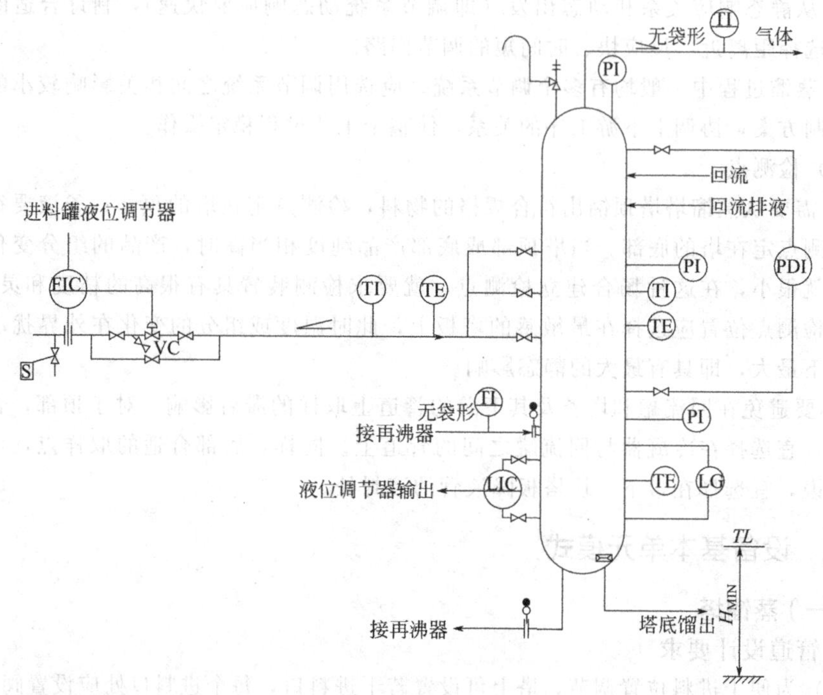

图 3-43　蒸馏塔基本单元模式

TL—塔的切线高度；H_{MIN}—满足泵吸入高度要求的塔釜的安装高度

(二) 再沸器

1. 简述

再沸器有釜式再佛器、热虹吸再沸器和强制循环再沸器等。

(1) 釜式再沸器　由扩大部分的壳体和可抽出的换热管束组成。壳侧扩大部分空间作为汽、液分离空间。管束末端有溢流堰，使管束全部浸没在液体中。各类再沸器中，釜式再沸器的汽化率最大，为 50%，最高可达 80%。

(2) 热虹吸再沸器　是利用被加热液体密度下降和连通器内压力平衡作用原理，促使液体由低温的塔釜不断向高温的再沸器流动，并不断被加热。由于再沸器与塔之间产生静压差，使物料循环，物料被虹吸入再沸器，加热汽化后返回塔，不需采用泵。热虹吸再沸器的汽化率一般为 20%左右。

(3) 强制循环再沸器　是用泵将釜液抽出来再注入再沸器底部，使其通过再沸器被加热后返回塔釜，其目的有两个，一是加速流动改善传热；二是减少釜液在再沸器里的停留时间，降低结垢量，冲走垢物，保持传热面常新，适于黏度大或热敏物料。

2. 各类再沸器

（1）立式热虹吸再沸器

① 蒸汽加热立式热虹吸再沸器

A. 管道设计要求

a. 再沸器列管束上端管板位置一般与塔釜正常液面相平。

b. 根据工艺需要，可在再沸器上封头设置视镜，以观察沸腾情况。视镜的位置通常与再沸器上封头的切线方向升气管相平。

c. 再沸器壳层设置排气阀和排净阀。

d. 再沸器下部循环管道最低处设置排净阀。

e. 再沸器至塔连接的管道尽量短，最好直接连接。

f. 加热蒸汽进入切断阀之前，在支管上设置疏水阀。

g. 在蒸汽冷凝水疏水阀上游设置过滤器。

h. 加热蒸汽进气管道的切断阀上游设置安全阀。

B. 仪表控制设计要求

a. 再沸器的加热蒸汽管道上设置温度控制阀或蒸汽流量控制阀，通过改变加热蒸汽量来调节釜温。立式列管式再沸器，当蒸汽和冷凝水走壳程时，亦可采用在蒸汽冷凝水出口管上安装控制阀，用蒸汽冷凝水在再沸器壳程内的液面高低（调节有效传热面），来调节加热蒸汽量，以调节釜温。

b. 蒸汽加热管道上应设压力检测点。

c. 再沸器升气管上设置温度检测点。

d. 蒸汽加热立式热虹吸再沸器的基本单元模式，如图 3-44 所示。

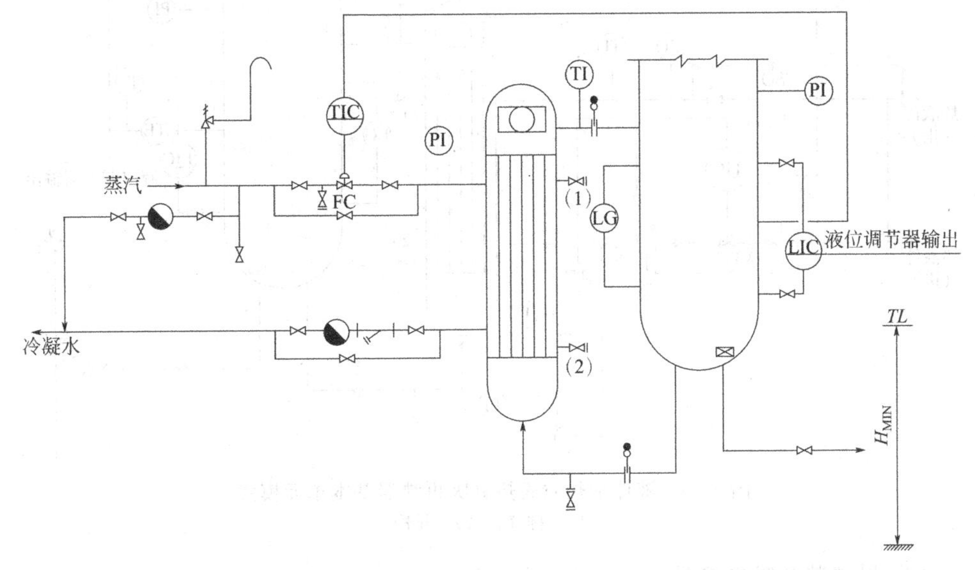

图 3-44　蒸汽加热立式热虹吸再沸器基本单元模式

(1)—排气；(2)—排净

② 液体加热立式热虹吸再沸器　加热液体应设有循环回路及热液体补充和返回管道。

A. 管道设计要求

a. 再沸器列管束上端管板位置一般与塔釜正常液面相平。

b. 再沸器上封头处可根据工艺需要来设置视镜。

c. 再沸器下部循环管道最低处设排净阀。

d. 再沸器壳体上设排气阀及排净阀。

e. 加热液体回液管的切断阀上游设置安全阀。

f. 热液体进、出口管道设切断阀。

g. 热液体管道上，控制阀之前设过滤器及排净阀。

B. 仪表控制设计要求

a. 由于热液体温度高，通常在热液体出口管道上设置温度控制阀或流量控制阀，通过改变加热液体量来调节釜温。当工艺控制需要时，可将控制阀设在热液体进口管道上，如图3-45所示。控制采用了塔釜温度和进再沸器的热液体温度串级调节热液体进量。

b. 在热液体循环管道上设置温度检测点。

c. 再沸器升气管上设温度检测点。

C. 热液体采用泵循环的液体加热立式热虹吸再沸器的基本单元模式，如图3-45所示。热液体通过泵循环，经设有止回阀的连通管大量循环，进行加热，用适量的热液体经控制阀补充热量。

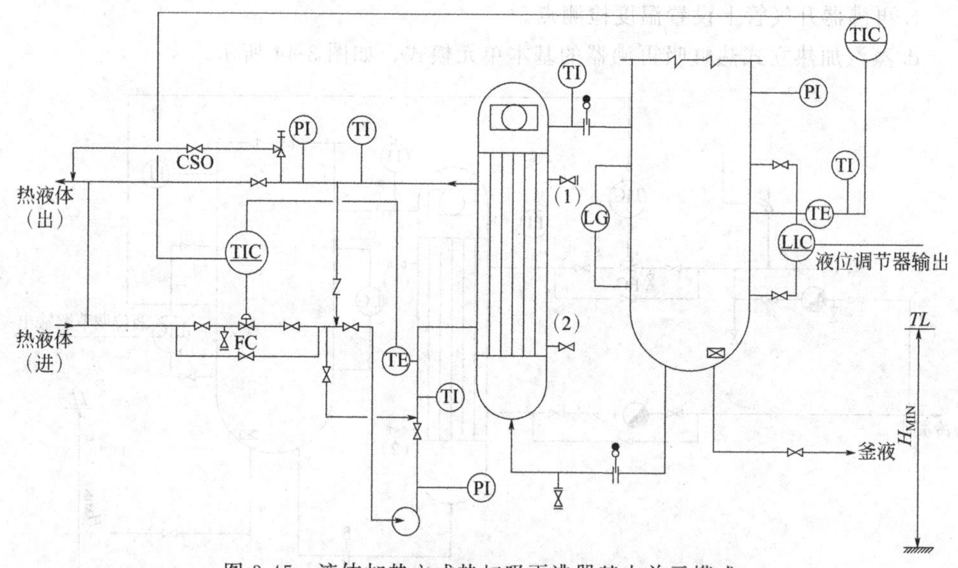

图3-45　液体加热立式热虹吸再沸器基本单元模式

(1)—排气；(2)—排净

(2) 卧式热虹吸再沸器

① 蒸汽加热卧式热虹吸再沸器　蒸汽加热热虹吸再沸器传热面积大，且塔裙座高度可降低。

A. 管道设计要求　卧式列管式再沸器，管程走蒸汽和冷凝水，壳程为工艺物料。

a. 卧式再沸器的工艺物料液面应浸没全部传热管，通常与塔釜正常液面相平。

b. 再沸器壳层设置排气阀和排净阀。

c. 再沸器下部循环管道最低处设置排净阀。

d. 升气管道无袋形。

e. 卧式再沸器升气管如有两个出口时，管道要对称布置。

f. 卧式再沸器的管道，在热膨胀允许条件下，应尽量短而直。

g. 加热蒸汽管道和冷凝水管道上的阀门、管件设置和工程设计要求，同“蒸汽加热立式热虹吸再沸器”的加热蒸汽管道和冷凝水管道。

B. 仪表控制设计要求

a. 再沸器的加热蒸汽管道上设置温度控制阀或蒸汽流量控制阀，通过改变加热蒸汽量来调节釜温。卧式列管式再沸器（以及立式列管式再沸器，当管程走蒸汽和冷凝水时），不采用在蒸汽冷凝水出口管上设控制阀来控制加热量的方法。

b. 蒸汽加热管道上应设压力检测点。

c. 再沸器升气管道上设置温度检测点。

C. 蒸汽加热卧式热虹吸再沸器的基本单元模式如图 3-46 所示。

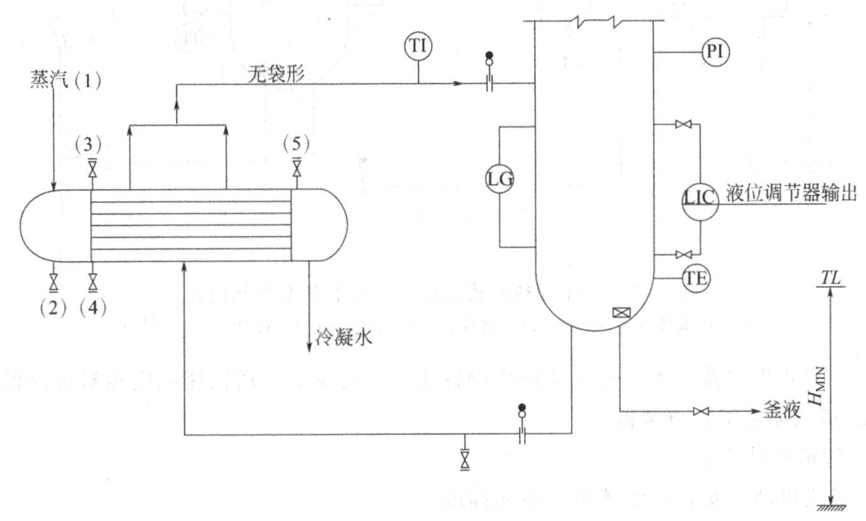

图 3-46　蒸汽加热卧式热虹吸再沸器基本单元模式

(1)—再沸器蒸汽加热及冷凝水模式；

(2)—排净；(3)—排气；(4)—排净；(5)—排气

② 液体加热卧式热虹吸再沸器

A. 管道设计要求

a. 卧式再沸器的工艺物料液面应浸没全部传热管，通常与塔釜正常液面相平。

b. 升气管道无袋形。

c. 再沸器与塔釜之间管道上，一般不设阀门。停工检修时，采用 8 字盲板切断。

d. 再沸器下部循环管道最低处设排净阀。

e. 再沸器壳体上设排气阀及排净阀。

f. 加热液体应设有循环回路及热液体补充和返回管道。热液体进、出口管道、上的阀门、管件设置和工程设计要求，同“液体加热立式热虹吸再沸器”的热液体进、出口管道。

B. 仪表控制设计要求

a. 热液体出口管道上设置温度控制阀或流量控制阀，通过改变加热液体量来调节釜温。

b. 在热液体循环管道上应设温度检测点。

c. 再沸器升气管上设温度检测点。

C. 液体加热卧式热虹吸再沸器基本单元模式如图 3-47 所示。

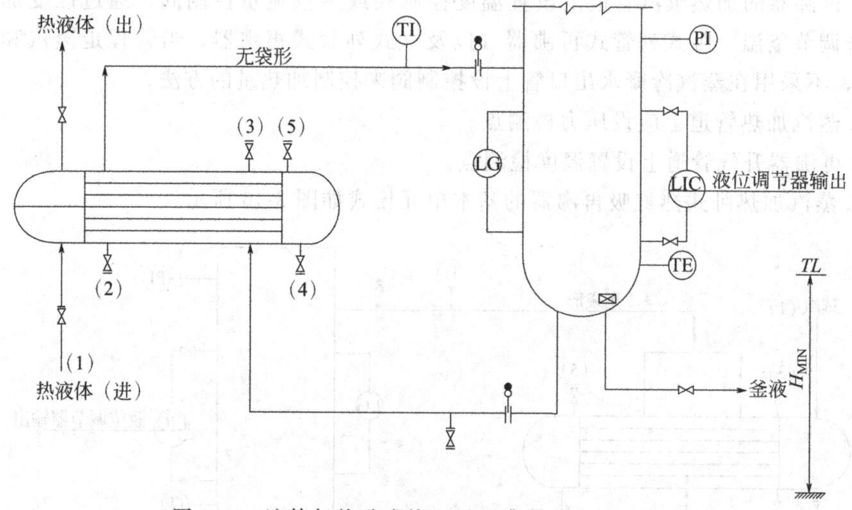

图 3-47　液体加热卧式热虹吸再沸器基本单元模式

(1)—热液体加热模式；(2)—排净；(3)—排气；(4)—排净；(5)—排气

(3) 釜式再沸器　釜式再沸器操作弹性大，汽化率高，塔裙座高度相对可降低。

① 蒸汽加热釜式再沸器

A. 管道设计要求

a. 釜式再沸器安装高度满足泵吸入高度。

b. 釜式再沸器下部循环管道最低处应设排净阀。

c. 釜式再沸器外壳底部设置排净阀。

d. 釜液管道设置取样点。

e. 再沸器与塔釜连接之间无阀门。管口上安装 8 字盲板，供检修切断用。

B. 仪表控制设计要求

a. 釜式再沸器上直接安装液面计和自控液位计，通过液位调节器调节再沸器液位和釜液泵流量。

b. 釜式再沸器的加热蒸汽管道上设置温度控制阀或蒸汽流量控制阀，通过改变加热蒸汽量来调节釜温。

c. 蒸汽加热管道上设置压力检测点。

d. 在釜式再沸器升气管上和釜液循环管道上设置温度检测点。

e. 釜液出料管道上设温度检测点。

C. 釜液从加热釜式再沸器中，由釜液泵抽出。蒸汽加热釜式再沸器基本单元模式如图 3-48 所示。

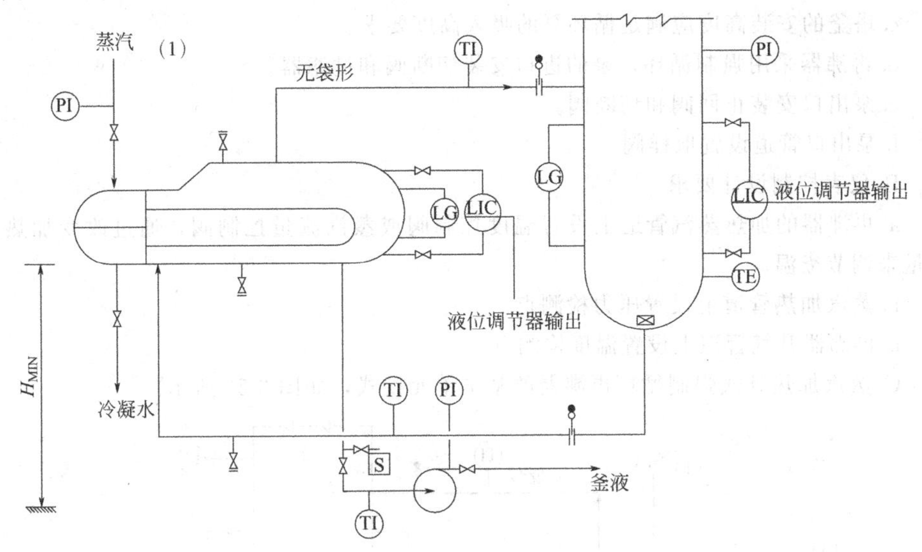

图 3-48　蒸汽加热釜式再沸器基本单元模式

(1)—再沸器蒸汽加热及冷凝水模式

② 液体加热釜式再沸器单元模式　与蒸汽加热釜式再沸器基本单元模式相似，如图 3-49 所示。

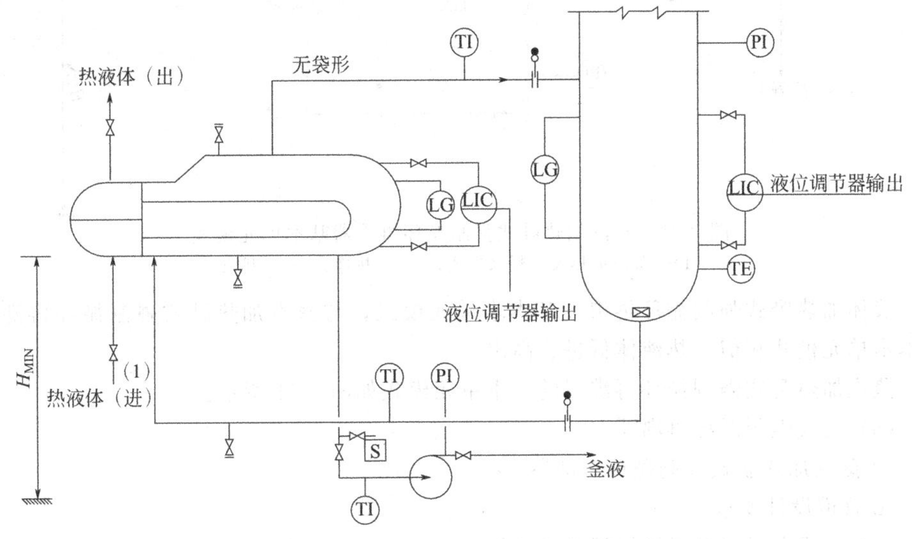

图 3-49　液体加热釜式再沸器基本单元模式

(1)—热液体加热模式

(4) 卧式强制循环再沸器

① 蒸汽加热卧式强制循环再沸器

A. 管道设计要求

a. 再沸器壳层设置排气阀和排净阀。

b. 升气管道无袋形。

c. 塔釜的安装高度应满足循环泵的吸入高度要求。

d. 再沸器采用强制循环，泵的进口安装切断阀和过滤器。

e. 泵出口安装止回阀和切断阀。

f. 泵出口管道设置取样阀。

B. 仪表控制设计要求

a. 再沸器的加热蒸汽管道上设置温度控制阀或蒸汽流量控制阀，通过改变加热蒸汽量来调节釜温。

b. 蒸汽加热管道上设置压力检测点。

c. 再沸器升气管道上设置温度检测点。

C. 蒸汽加热卧式强制循环再沸器的基本单元模式，如图 3-50 所示。

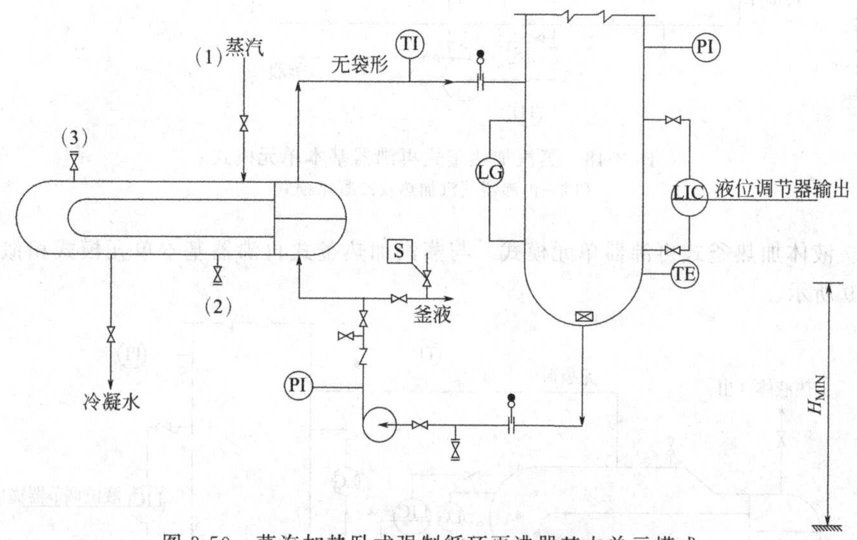

图 3-50　蒸汽加热卧式强制循环再沸器基本单元模式

(1)—蒸汽加热及冷凝水模式；(2)—排净；(3)—排气

液体加热卧式强制循环再沸器基本本单元模式，与蒸汽加热卧式强制循环再沸器基本本单元模式相似，热液体低进、高出。

蒸汽加热卧式强制循环再沸器的基本单元模式如图 3-51 所示。

(5) 立式强制循环再沸器

① 蒸汽加热立式强制循环再沸器

A. 管道设计要求

a. 再沸器壳层应设置排气阀和排净阀。

b. 升气管道无袋形或无升气管，使再沸器与塔管口直接连接。

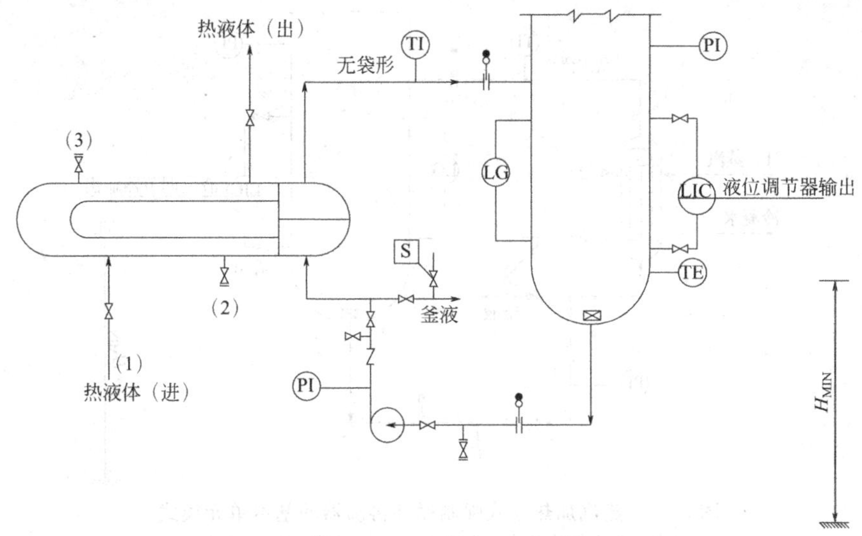

图 3-51 蒸汽加热卧式强制循环再沸器的基本单元模式

(1)—热液体加热模式；(2)—排净；(3)—排气

c. 通常再沸器的管程上管板与塔釜正常液位相平。

d. 再沸器上封头处可按工艺需要来设置视镜。

e. 泵的出口管道设置取样阀。

f. 塔釜的安装高度应满足离心泵的吸入高度要求。

g. 加热蒸汽管道和冷凝水管道上的阀门、管件设置和工程设计要求，同"蒸汽加热立式热虹吸再沸器"的加热蒸汽管道和冷凝水管道。

B. 仪表控制设计要求

a. 再沸器的加热蒸汽管道上设置温度控制阀或蒸汽流量控制阀，通过改变加热蒸汽量来调节釜温，同蒸汽加热立式热虹吸再沸器"仪表控制设计要求"。

b. 蒸汽加热管道上设置压力检测点。

c. 再沸器升气管道上设置温度检测点。

d. 蒸汽加热立式强制循环再沸器的基本单元模式如图 3-52 所示。

② 液体加热立式强制循环再沸器基本单元模式 与蒸汽加热立式强制循环再沸器基本单元模式相似，热液体低进、高出，如图 3-53 所示。

3. 冷凝器

冷凝器基本的管道和仪表控制设计要求，按"换热器基本单元模式"设计。

(1) 调节冷却水量的冷凝器

A. 管道设计要求

① 升气管无袋形。

② 冷凝液管道有坡度要求。

③ 冷却上水管道设止回阀。

④ 冷却水出口管的切断阀上游设安全阀。

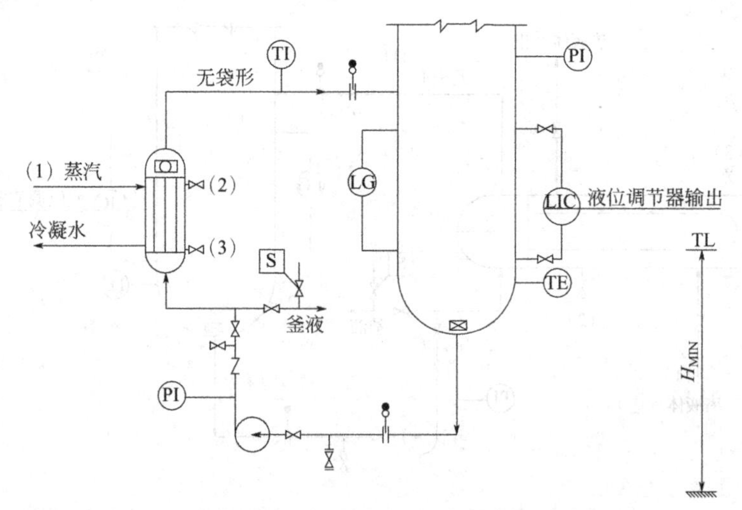

图 3-52 蒸汽加热立式强制循环再沸器的基本单元模式
(1)—蒸汽加热及冷凝水模式；(2)—排净；(3)—排气

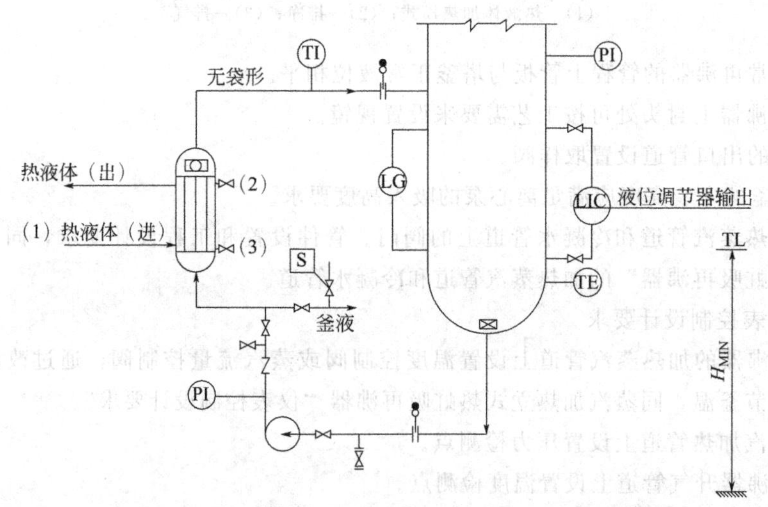

图 3-53 液体加热立式强制循环再沸器的基本单元模式
(1)—热液体加热模式；(2)—排净；(3)—排气

⑤ 寒冷地区冷却水进出口阀前设防冻管道，并根据需要采用伴热管保温。

⑥ 控制阀前设排净阀。

⑦ 冷却下水管道最高处设排气阀放空。

⑧ 冷凝器物料侧需设置排气管道，以排除不凝性气体。

B. 仪表控制设计要求

① 升气管设温度检测点。

② 冷凝液管设温度检测点。

③ 冷却水管上设置流量控制阀，用物料出口温度控制冷却水控制阀的开度。

④ 冷却下水管道设置温度和压力检测。

⑤ 对于加压蒸馏系统，冷凝器物料侧放空管道上设置压力调节系统。

C. 采用调节冷却水量的冷凝器的基本单元模式如图 3-54 所示。

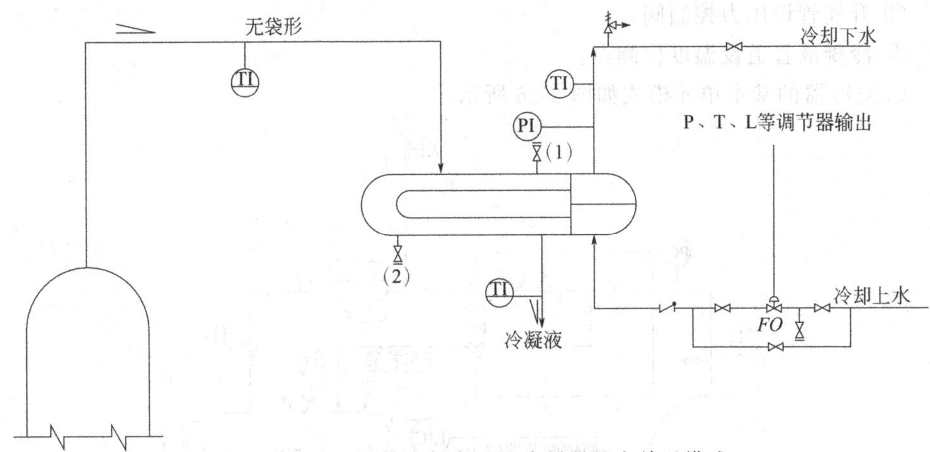

图 3-54　采用调节冷却水量的冷凝器基本单元模式

(1)—排气；(2)—排净

(2) 不调节冷却水量的冷凝器　参见“采用调节冷却水量的冷凝器基本单元模式”，对于加压蒸馏系统，冷凝器物料侧排气管道上设置压力调节系统。不调节冷却水量的冷凝器的基本单元模式如图 3-55 所示。

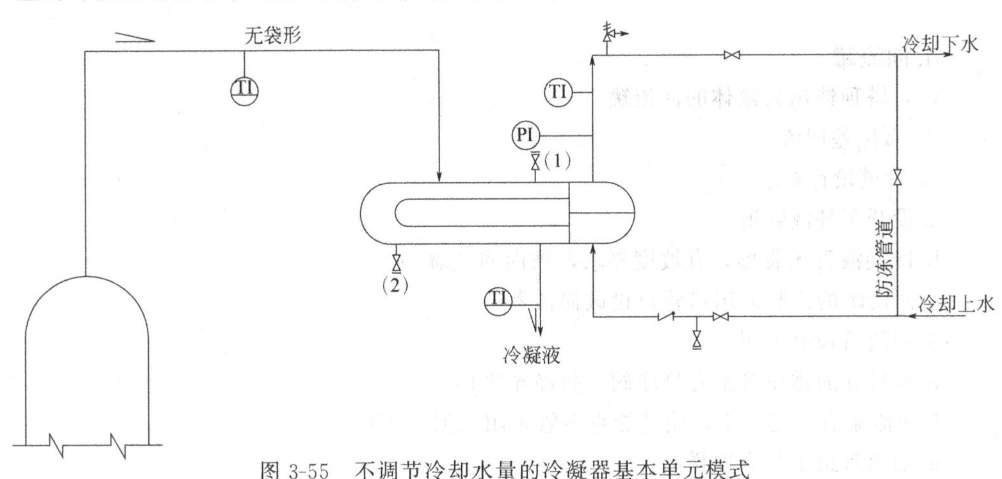

图 3-55　不调节冷却水量的冷凝器基本单元模式

(1)—排气；(2)—排净

(3) 空冷器

A. 管道设计要求

① 升气管无袋形。

② 升气管有坡度要求，坡向空冷器及回流罐。

③ 升气管上一般不设切断阀，如空冷器需不停车抢修时，则应设切断阀、排气阀及吹扫管道。

④ 空冷器由多组构成，管道应对称布置。

B. 仪表控制设计要求

① 升气管上设温度检测点。

② 升气管设压力控制阀。

③ 冷凝液管道设温度检测点。

C. 空冷器的基本单元模式如图 3-56 所示。

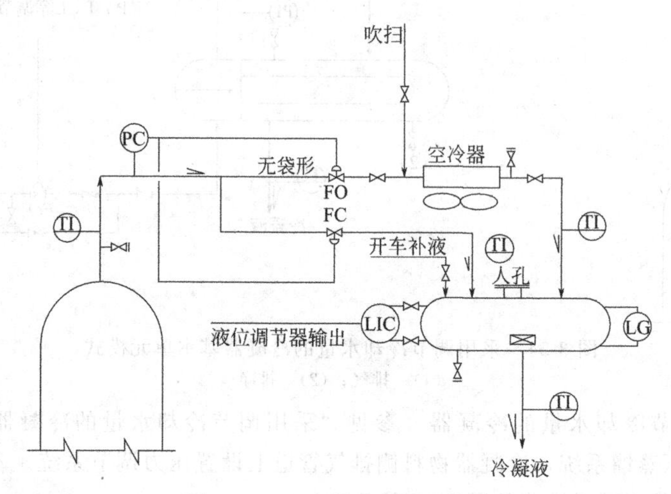

图 3-56 空冷器基本单元模式

4. 回流罐

（1）塔顶馏出为液体的回流罐

① 靠位差回流

A. 管道设计要求

a. 设开车补液管道

b. 冷凝液管无袋形，有坡度要求，坡向回流罐。

c. 回流罐的冷凝液出口管口设破涡流器。

d. 回流管设有液封。

e. 液封管的排净管上有排净阀，排净至塔内。

f. 回流罐有高度要求，使其能克服管道阻力回流至塔内。

g. 馏出管道上装有取样阀。

h. 回流罐应有排净阀、排气阀。排气阀后设置放空管道，放空管道可与冷凝器物料侧排气管道相连。

B. 仪表控制设计要求

a. 回流罐上安装玻璃液面计。

b. 回流罐上安装自控液位计，用回流罐液位控制回流或馏出量。

c. 回流管道设置回流液控制阀。

d. 馏出管道设置馏出物控制阀。

C. 位差回流的回流罐基本单元模式如图 3-57 所示。

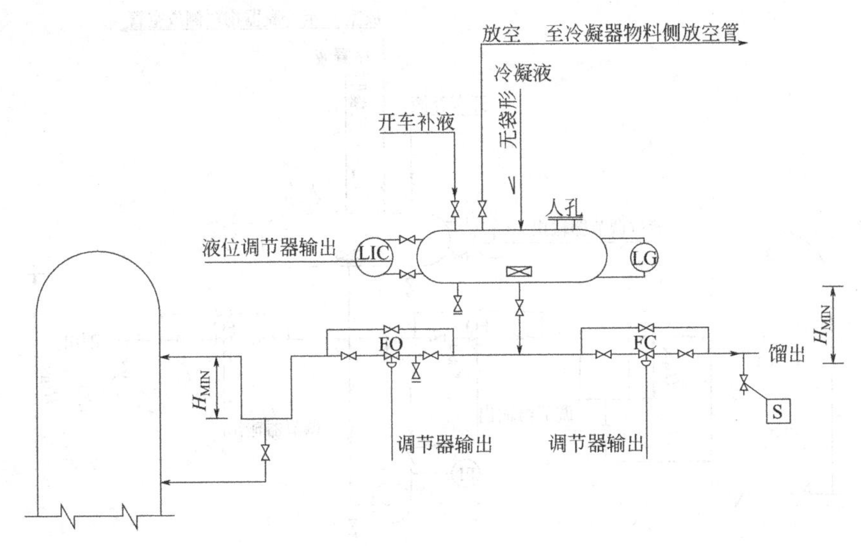

图 3-57 位差回流的回流罐基本单元模式

② 强制回流

A. 管道设计要求

a. 设开车补液管道。

b. 冷凝液管无袋形，有坡度要求，坡向回流罐。

c. 回流罐冷凝液出口管口设破涡流器。

d. 回流罐的安装高度应满足泵的吸入高度要求。

e. 馏出管道上装有取样阀。

f. 回流罐有排净阀、排气阀。排气一阀后设置放空管道，放空管道可与冷凝器物料侧排气管道相连。

B. 仪表控制设计要求

a. 回流罐上安装玻璃液面计。

b. 回流罐上安装自控液位计，用回流罐液体控制回流或馏出量。

c. 回流管道设置回流液控制阀。

d. 馏出管道设置馏出物控制阀。

C. 强制回流的回流罐基本单元模式如图 3-58 所示。

(2) 塔顶馏出有气体的回流罐

A. 管道设计要求

a. 设开车补液管道。

b. 冷凝液管无袋形，有坡度要求，坡向回流罐。

c. 回流罐冷凝液出口管口设破涡流器。

d. 强制回流时，回流罐的安装高度应满足泵的吸入高度要求。

e. 馏出管道上装有取样阀。

f. 回流罐上设有排净阀和排气阀。排气阀后一般设置放空管道，并与冷凝器物料

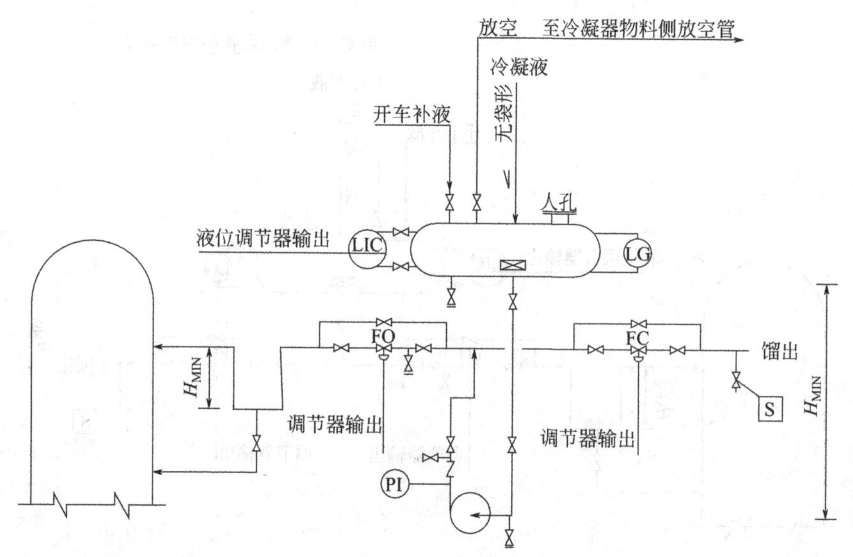

图 3-58 强制回流的回流罐基本单元模式

侧排气管相连。

B. 仪表控制设计要求

a. 回流罐上安装玻璃液面计。

b. 回流罐上安装自控液位计。

c. 回流管道上设置回流液控制阀。

d. 如有液体馏出，管道上设置馏出物控制阀。

e. 气体馏出管道上设置流量控制阀。

f. 气体馏出管道上装流量检测和压力检测。

C. 塔顶馏出有气体时回流罐的基本单元模式如图 3-59 所示。

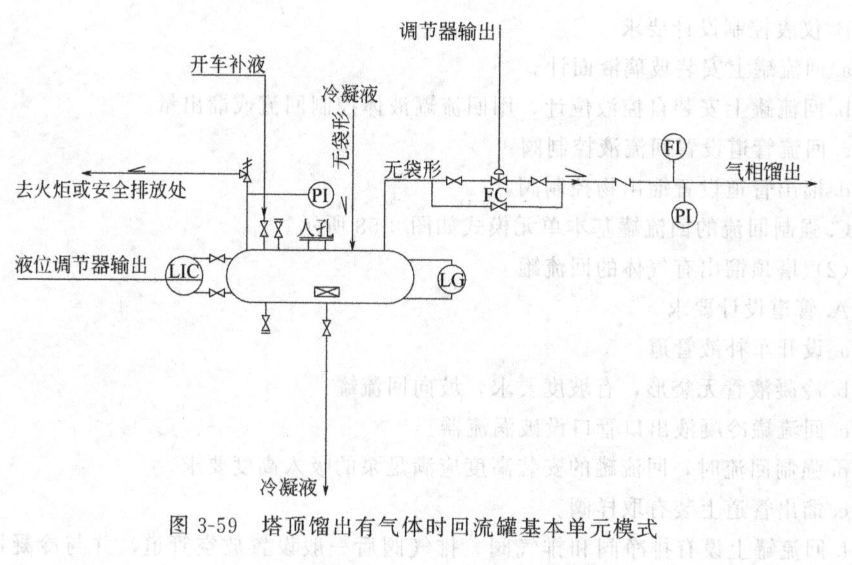

图 3-59 塔顶馏出有气体时回流罐基本单元模式

第四章 化工生产基本操作技术

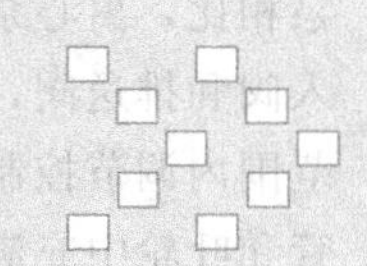

第一节 流体输送机械操作技术

一、流体输送机械的种类和工作原理

化工生产是将原料经过一系列加工处理制成产品的过程，生产中所处理的物料，大多是液体和气体，具有流动性，统称为流体，流体输送机械就是将物料从一个设备输送到另一个设备。液体输送机械主要有各种泵类，气体输送机械主要有压缩机和风机。

1. 液体输送机械的种类

泵的作用是为液体提供外加能量，提高液体的压力，使液体由低处送往高处或远处，因此，习惯上把泵称为液体输送机械。化工生产使用的泵，按其工作原理和结构可分为容积式、叶片式和其他形式泵三类，其中离心泵应用最广。

① 容积式泵　它是利用泵内工作室容积的周期性变化而提高液体压力，达到输送液体的目的。如往复泵、隔膜泵、齿轮泵、螺杆泵等。

② 叶片式泵　依靠泵内高速旋转的叶轮把能量传递给液体，进行液体输送。如离心泵、轴流泵、旋涡泵、混流泵等。

③ 其他形式泵　利用流体静压或动能来输送液体。如旋涡泵、喷射泵、水锤泵等。

选用泵要依据流体的物理化学特性，一般溶液可选用任何类型泵输送；悬浮液可选用隔膜式往复泵或离心泵输送；输送黏度大的液体、胶体溶液、膏状物和糊状物时，可选用齿轮泵、螺杆泵或高黏度泵；毒性或腐蚀性较强的液体，可选用屏蔽泵；输送易燃易爆的有机液体时，可选用防爆型电机驱动的离心式油泵等。

2. 各种泵的工作原理和特点

（1）离心泵　离心泵主要是依靠离心力作用来输送液体。离心泵在运转之前必须先在泵内灌满液体，并将叶轮全部浸没。当泵运转时，电机带动叶轮高速旋转，叶轮中的叶片带动液体一起旋转，产生离心力，在此离心力作用下，叶轮中的液体沿叶片流道被甩向叶轮外沿，经蜗壳送入排出管，而叶轮中间的吸入口却形成了低压，使进口管中液体经吸液室不断进入叶轮中心。这样，在叶轮旋转过程中，不断吸入液体，同时不断给吸入的液体一定能量，将液体排出。

离心泵在化工生产中应用最广，是因为它转速高，可以直接和电机连接，与往复泵相比，离心泵重量轻、占地面积小、运转稳定、设备费用低廉；由于离心泵没有吸入阀和排送阀，因而运行可靠性强；离心泵运行流量均匀，还可以利用调节阀在很宽范围内调节控制。但离心泵也有一些缺点，如：因无自吸作用，启泵前一定要将吸入管和叶轮中充满液体；由于无自吸作用，所以少量气体进入吸液管时易使泵产生气蚀现象；适用于流量大而扬程不变的液体，不适用于黏性大的液体。离心泵按叶轮吸入方式分类，分为单吸式、双吸式；按级数分类，分为单级离心泵、多级离心泵；按扬程分类，分为低压离心泵、中压离心泵、高压离心泵。

(2) 往复泵　往复泵是利用活塞在液缸中的往复运动，从而对液体直接施加压力来输送液体的。

往复泵的排出压力取决于管路特性，最大压力取决于泵的强度、密封和配备的电机功率；流量与排出压力无关，取决于液缸的结构尺寸、活塞行程及每分钟往复的次数；适用于输送高压、小流量和黏度高的液体；因活塞瞬时速度是变化的，不均匀的，因此，往复泵的瞬时流量也是不均匀的、脉动的；具有自吸能力，启动前可以不用灌液。

① 活塞泵　活塞泵的主要部件是泵缸、活塞、活塞杆、单向开启的吸入阀和排出阀。泵缸内活塞与阀门间的空间为工作室。

② 计量泵　计量泵又称比例泵，其装置特点是通过改变柱塞的冲程大小来调节流量，当要求精确输送流量恒定的液体时，可以方便而准确地借助调节偏心轮的偏心距离，改变柱塞的冲程来实现。有时，还可通过一台电机带动几台计量泵的方法将几种液体按比例输送或混合。

③ 隔膜泵　当输送腐蚀性液体或悬浮液时，可采用隔膜泵。隔膜泵实际上就是柱塞泵。隔膜式计量泵可用来定量输送剧毒、易燃、易爆和腐蚀性液体。

(3) 转子泵　转子泵又称回转泵，属正位移泵，它们的工作原理是依靠泵内一个或多个转子的旋转来吸液和排液的。石油化工中较为常用的有齿轮泵和螺杆泵。

① 齿轮泵　外啮合双齿轮泵的结构泵壳内有两个齿轮，其中一个为主动轮，它由电机带动旋转；另一个为从动轮，它是靠与主动轮的相啮合而转动。两齿轮将泵壳内分成互不相通的吸入室和排出室。当齿轮旋转时，吸入室内两轮的齿互相拨开，形成低压而将液体吸入；然后液体分两路封闭于齿穴和壳体之间随齿轮向排出室旋转，在排出室两齿轮的齿互相合拢，形成高压而将液体排出。此种泵的流量和压头有些波动，且有噪声和振动。齿轮泵的流量小而扬程高，适用于黏稠液体乃至膏状物料的输送，但不能输送含有固体粒子的悬浮液。

② 螺杆泵　螺杆泵由泵壳和一根或多根螺杆所构成。双螺杆泵的工作原理与齿轮泵十分相似，它是依靠互相啮合的螺杆来吸送液体的。当需要较高压头时，可采用较长的螺杆。螺杆泵的压头高、效率高、运转平稳、噪声低，适用于高黏度液体的输送。

转子泵的操作特性与往复泵相似。在一定转速下，泵的流量不随泵的扬程而变，有自吸能力，启动前不需要灌泵，采用旁路调节流量。由于转动部件严密性的限制，回转泵的压头不如往复泵高。

（4）其他类型泵

① 旋涡泵　是一种特殊类型的离心泵，其工作原理与离心泵相似。旋涡泵是结构最简单高扬程泵，与叶轮、转速相同的离心泵相比，它的扬程比离心泵高 2～4 倍。旋涡泵具有自吸能力，可以输送气液混合物，常用于易挥发液体。旋涡泵不适用于输送高黏度液体。

② 屏蔽泵　也是离心泵的一种特殊类型，其工作原理与离心泵相同，依靠叶轮的离心力来输送液体，但与普通离心泵有一些区别：泵壳轴与电机连为一体，消除了轴与泵壳之间间隙泄漏问题，因此，常用于输送对泄漏有严格要求的有毒有害液体；壳体上带有一根冷却液循环管，取代了原有的润滑系统。屏蔽泵在要求无泄漏生产环境中得到广泛应用。

③ 真空泵　工作原理是从设备中抽出气体，使设备内部达到真空。真空泵从结构上可分为往复式、回转式和射流式等。

a. 往复式真空泵　其结构和工作原理与往复压缩机基本相同，适用于抽送不含固体颗粒、无腐蚀性的气体，具有抽气速率大，真空度较高的特点，在化工厂中广泛使用。

b. 水环式真空泵　是回转式真空泵的一种。工作原理是泵的圆柱形缸体内注入一定量的水，星形叶轮偏心安装在泵缸内，当叶轮旋转时，水受离心力作用被甩向四周，形成一个相对于叶轮的封闭水环。被吸入的气体由进口进入水环与叶轮之间的空间，并随叶轮旋转，由于叶轮是偏心旋转，所以此空间逐渐缩小，气体被压缩，其压力随之升高，气体与部分水从泵排气管进入气液分离器，气液自动分离后，气体再从泵出口送出。水环式泵结构紧凑、工作平稳可靠、流量均匀，被用来输送或抽吸易燃、易爆或有腐蚀性的气体。操作中应避免进口形成负压，防止空气漏入。

c. 蒸汽喷射泵　由蒸汽喷嘴、扩散管和混合冷凝器组成。按形成的真空度要求不同，可分为单级和多级蒸汽喷射泵。其每级的结构基本相同，相互连接。当工作流体如高压蒸汽，经过直径很小的喷嘴时，流速增加，蒸汽的静压能大部分转变为动能，形成了负压，从而将系统中的流体吸入，被吸入的流体又被高速的工作流体夹带排至混合冷凝器。多级喷射泵是经第一段扩散管后，蒸汽和被抽吸流体进入混合冷凝器，用冷却水将混合气流冷凝，未冷凝的气体则从二级喷嘴侧面进入第二级扩散管。蒸汽喷射泵由于没有运动零部件，因此与其他类型泵相比，既不易损坏，也不需维修。

二、化工机械的单机试车

化工装置的运转设备，如各种泵、风机、压缩机、搅拌机、干燥机等在原始启动或检修后都要进行单机试车。单机试车的目的是对运转机械，在接近或达到额定转速的情况下试运行，检验该机械的制造与安装质量，尽早发现其存在的各种缺陷并加以消除，为试车或开车做好准备。

（1）单机试运的条件

① 主机及其附属设备（含电机）的就位，找平、找正、检查及调整试验等安装工作，包括单机有关的电气、仪表安装调校工作均全部结束。

② 二次灌浆层已达到设计强度，基础抹面工作已结束。

③ 现场环境符合必要的安全条件。

④ 动力条件已经具备。

⑤ 组织工作已经完成。

⑥ 安全措施已落实。

（2）单机试车的三个阶段

① 电机的单试　拆除电机与联轴节的连接机构，对电机单独启动试运转。首先对电机点试，检查电机转动方向是否正确，如果反向运转应迅速停机调整相位。

② 机组无负荷试运　电机单试后，将联轴节重新连接，进行盘车检查，再进行无负荷试运行。所谓无负荷试运，是指机组在最低负荷载下启动。例如，往复泵在出口压力最低的条件下（出口阀全开、冲程为0）启动和试运转；而对于离心泵，则应在流量最低（出口阀关闭）的条件下进行试运。其目的是逐步增加机组的负荷，一是对某些机组和部件需要一定的无负荷或低负荷的磨合期，二是尽早地暴露机组缺陷。无负荷试运行中出现重大故障，应该停止试运，待故障消除后再进行第二次无负荷试运。

无负荷试运的工作介质最好是设计介质，但在很多情况下，装置尚未投料，往往用水、空气、氮气等介质代替。

③ 有负荷试运　无负荷试运达到质量标准之后，机组转入有负荷试运。按照试运规定，由最低负荷逐渐增加机组负荷。主要通过增加转速、增大流量，提高出口压力操作，将负荷提高到额定工艺条件。试车时应注意检查轴承（瓦）和填料的温度、机器振动情况、电流大小、出口压力及密封泄漏情况等。

在编制有负荷试运方案时，应将与泵相关联的设备、仪表进行联试。例如高压锅炉给水泵的自启动试验、锅炉液位低联锁试验等。需注意的是，以其他介质代替的带负荷试验，要按照重新计算后的条件执行。

（3）单机试运的一般规定及通用原则

① 单机试运时间见表4-1。

表4-1　单机试运时间

机械种类		连续运转时间/h	
		无负荷	有负荷(额定)
压缩机	大型活塞式	8	≥48
	中小型活塞式	4	24
	活塞式制冷	2	4
	离心式	8	≥24
	离心式制冷	2	8
	螺杆式	2	4
风机	离心式		2
	轴流式		2
	罗茨		4

续表

机械种类		连续运转时间/h	
		无负荷	有负荷(额定)
泵	离心式	>15min	4
	往复式	>15min	4
	三螺杆	>15min	4
其他	干燥机	2	2
	搅拌器	4	4
	过滤机	4	
	离心机	4	

② 单机试运的介质　使用替代介质时要注意两个问题。

a. 液体输送机械　如离心泵运转所需功率和工作介质的密度直接有关，在使用临时介质时要进行简单的估算。

例如，泵的电机功率是已知的，仅需要对比一下不同介质的功率差别。可以用下述公式计算：

$$N_2=N_1\times(d_2/d_1)$$

式中　N_1——使用原规定介质1时的电机功率，kW；

N_2——使用代用介质2时的电机功率，kW；

d_1——介质1的相对密度；

d_2——介质2的相对密度。

在有负荷试运时，泵的扬程和流量都是可以控制的。在单机试运时只要注意控制电机电流不超过额定指标（通常短时间超出5%～10%仍是允许的，但要注意电机温升）。

b. 气体输送压缩机械　由于气体的性质和液体差别很大，其密度、比热容均远低于液体，压缩前后体积变化很大，大量能耗转化为气体的温升。在使用代用介质时，应进行详细核算并征求制造厂家意见后再行实施为宜。

（4）单机试运设备质量要求

① 轴承的温度。滑动轴承的温度不应超出35℃，最高温度不超过65℃；滚动轴承的温升应不超过40℃，最高不超过75℃，往复压缩机金属填料函在压盖处测量的温度应不超过60℃。

② 离心机械的振动值应符合相关要求。

③ 机器的电机应工作正常。电机无异常声响，电机的振动、电流、温升等各项指标均应符合标准。

④ 机器的辅助系统应工作正常。

⑤ 泵的密封泄漏量在规定标准内。对一般液体的软填料型密封，允许有5～20滴/min的均匀成滴泄漏。对于机械密封应按其专门规定。对于输送有毒、易燃等物料的泵，严格控制其泄漏量不允许超过设计允许值。

⑥ 计量泵应进行流量测定，分别在其额定流量的1/4、1/2、3/4和全流量下测定其实际流量应符合设计值。

三、离心泵的操作技术

1. 离心泵的启动操作

（1）离心泵启动前的准备工作

① 检查机泵、电动机，确认离心泵安装结束，电机单体试车合格，工艺条件具备，离心泵处于正常试车状态，相关人员到达现场。

② 检查机泵、电动机的地脚螺栓是否牢固，拆下联轴节罩，按泵的运转方向盘车三圈，检查联轴器是否同心，是否有卡死，异常声响等现象存在。

③ 检查泵的润滑油是否到油标1/2～2/3处，如有乳化现象应换润滑油。

④ 有机械密封的开启机械密封冲洗液阀，有冷却水的开启冷却水阀，且畅通无泄漏。

⑤ 关闭进出口管线及泵体的导淋，检查进出口阀门是否严密灵活，压力表是否灵敏。

⑥ 以上检查均正常时，现场对泵短时间试运（点试），检查泵旋转方向是否正确，回装联轴节罩。

（2）离心泵的启动

① 打开泵体排气阀，打开泵的进口阀，泵的出口阀处于关闭状态，待排气阀出水后，关闭排气阀，同时打开压力表阀门。

② 联系总控准备启泵，按下启动按钮，使泵启动，同时注意倾听有无杂音。

③ 待达到额定转速、出口压力稳定后，慢慢打开泵出口阀，调节出口流量调节阀的开度，使压力、电流值在工艺指标范围内。

注意：

a. 在渐渐打开泵出口阀的同时，注意观察电机电流、泵出口压力和流量变化，如发现压力指示值突然下降，应关闭出口阀，待压力正常后再渐渐打开出口阀。

b. 如泵出口用调节阀调节流量，其出口截止阀应全开。

c. 应避免泵在截止阀关闭的情况下长时间运转（时间不能超过3min）。

d. 新泵初次启动，需逐次增加负荷到额定电流；

e. 在泵的运转状态下，进口阀门应完全打开，决不允许用吸入口的阀门调节泵的流量，以避免发生气蚀。

f. 日常离心泵启动前的准备和启动也应按以上程序操作。

（3）离心泵的运行监控

① 检查泵、电机运行是否平稳无杂音，做到勤摸、勤听、勤看、勤检查。

② 检查冷却水循环是否正常，要求投入适当流量、无泄漏。

③ 检查机械密封冲洗液是否正常，要求投入适当流量。

④ 注意油杯应保持能看到油位，防止出现假液位，保持油位在液位计的1/3～2/3处。润滑油系统，要求无泄漏；检查润滑油的质量，发现乳化变质，应立即更换。

⑤ 泵房或泵周围有无异常气味。

⑥ 检查各仪表（真空表、压力表、电流表）显示指标是否正常、稳定，特别注意电机电流是否超过额定电流，电流过大或者过小都应立即停车检查。

一般引起电流过大的原因有：轴承损坏，叶轮被脏物卡住或者叶轮盖板与泵壳、泵盖发生摩擦，泵轴向力平衡装置失效等。

引起电流过小的原因有：出口阀没完全打开，泵发生气蚀或者进气，泵流道堵塞等。

压力表读数过低，可能是泵内泄漏，如密封环磨损严重等。

⑦ 泵的运行按规定做好记录。

2. 离心泵的停车操作

（1）离心泵的停车

① 联系总控做好停运准备工作。

② 关闭泵的出口阀，将电机开关按钮旋至“O”位置，观察泵均匀减速，停运。泵停运后，根据需要进行如下三种操作，使泵处于备用、长期停运和检修状态：

a. 若停运后作为备用泵，进口阀应全开，冷却水保持循环，关闭密封液阀。

b. 若泵长时间不用，关闭泵的入口阀、压力表阀，待轴承温度下降至正常后，切断冷却水、密封液。

c. 若泵体需要检修，应关闭进口阀，打开泵体排放阀及其自密封排放阀，将液态排尽，然后关闭冷却水，并通知电气切断电源，泵体进行清洗置换。

（2）离心泵的切换操作

① 按照开车程序，对备用泵进行全面检查，做好启动前的准备工作。

② 启动备用泵，待达到额定转速、压力稳定后（时间不能超过 3min），缓慢打开备用泵出口阀，通过调节阀调节流量，待泵压力表、电流表数值在规定范围内并稳定后，逐渐关小原运行泵的出口阀，尽量保持出口总管的流量稳定，严禁抽空、抢量等现象发生。

③ 待备用泵正常运转后，关闭原运行泵出口阀，按正常停泵程序停泵。

④ 备用泵正常运转后，巡检检查按离心泵的运行监控要求执行。

（3）离心泵的维护保养

① 巡回检查润滑油的质量，发现乳化变质，应立即更换；新泵运行的最初阶段，润滑油容易变脏，一般运行三个月更换，或者按厂家的维修手册进行。

② 冬季泵冷却水应保持长流水或倒空，防止冻坏泵。

③ 备用泵应按时盘车。冷泵每天盘车一次，每次盘车角度 180°；热泵在停车后 1h 之内，每 30min 盘车一次，以后每 8h 盘车 180°。

④ 备用泵定期短时间运转一次，或进行切换运行。

⑤ 泵不应在低于 30%的标定流量的工况下连续运转，如果必须在该工况下运转，则应在泵出口接旁通管路，以满足使用工况的要求。

3. 离心泵操作中异常现象及处理方法（见表 4-2）

表 4-2 离心泵操作中异常现象的原因及处理方法

异常现象	原因	处理方法
泵体振动有杂音	1)泵与电机轴中心不正 2)地脚螺丝松动 3)产生气蚀现象 4)轴承损坏 5)泵轴弯曲 6)叶轮磨损或阻塞,造成叶轮不平衡	1)停泵校正 2)拧紧地脚螺丝 3)降低吸液高度,排除产生气蚀原因 4)停泵检修,更换轴承 5)停泵检修 6)清洗叶轮并进行平衡找正
轴承发热	1)泵轴与电机轴不同心 2)润滑油不良或油量不足 3)冷却水不足 4)轴承损坏 5)轴承弯曲或联轴器不正	1)停泵校正 2)更换或添加润滑油 3)给足冷却水 4)停泵更换轴承 5)矫正或更换泵轴,找正联轴器
机械密封或填料密封泄漏	1)使用时间过长,动环磨损或填料失效 2)输送介质有杂质,动环磨损	1)停泵检修,更换机械密封或填料 2)停泵检修,更换机械密封,泵吸入管道加滤网
电机温度过高	1)绝缘不良 2)超负荷,电流过大 3)电压太低,电流过大 4)电机转轴不正	1)停泵检修 2)停泵检修 3)泵降运转 4)停泵检修
电流过大	1)超负荷,泵流量过大 2)电机潮湿,绝缘不好	1)降量,换电机 2)停泵检修
泵抽空,不上量	1)启动时泵未灌满液体 2)泵轴反向转动 3)泵内漏进气体 4)吸入管路堵塞或仪表漏气 5)吸入容器液面过低 6)底阀漏水	1)重新灌泵 2)重新接电机导线,改变旋转方向 3)停车检修,重新灌泵 4)停车检查,排除故障 5)提高吸入液面 6)修理或更换底阀
流量下降	1)转速降低 2)叶轮堵塞 3)密封环磨损 4)漏进气体 5)排出管路阻力增大	1)检查电压是否太低 2)停泵检修,清洗叶轮 3)停泵检修,更换密封环 4)检查管路,压紧或更换填料 5)检查所有阀门及管路中可能堵塞之处
泵出口压力过高	1)输出管路堵塞 2)压力表失灵	1)检查管路,排出故障 2)更换压力表

四、压缩机的操作技术

在化工生产中，气体的输送和压缩是一种常见的操作，例如，输送原料气、压缩气体、提高操作气体压力等。用来提高气体压力与输送气体的机械称为压缩机。按其工作原理和结构的不同，则可分为往复式、离心式和轴流式等类型，目前往复式压缩机广为采用，离心式压缩机也越来越多地被应用于化工生产中。

1. 往复式压缩机的操作技术

(1) 往复式压缩机实际工作循环　往复式压缩机主要由汽缸、活塞、吸气阀、排出阀和联动机构（曲柄、连杆等）等部件组成，如图 4-1 所示。

单级单动往复式压缩机的工作循环过程是经过吸气、压缩、排气和膨胀四个阶段。当活塞向右移动时，汽缸的工作容积逐渐增大，缸内压强随之下降，当压力稍低于进气管中的气体压强时，则进气管中的气体顶开吸气阀，气体从缸外经吸气阀被吸入汽缸。活塞不断移动，气体不断吸入，直到活塞移至右边末端（称右死点）为止。这一过程为吸气阶段。

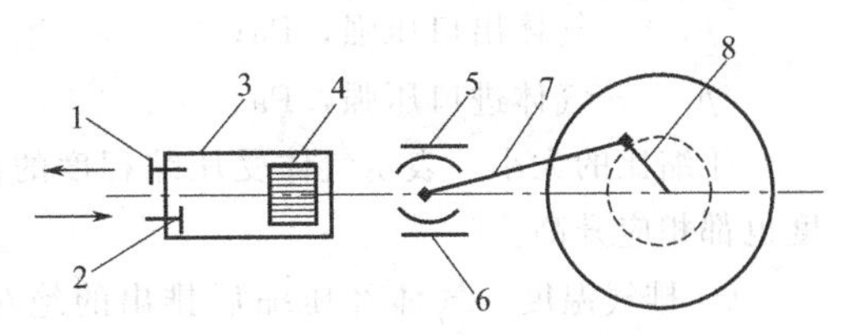

图 4-1 单动往复式压缩机示意图

1—排气阀；2—吸气阀；3—汽缸；4—活塞；5—滑道；6—十字头；7—连杆；8—曲柄

当活塞由右死点向左移动时，缸内气体被压缩，随着活塞继续向左移，缸内气体体积不断缩小，气体压强不断升高，直到汽缸内气体压强等于排气管内气体压强为止。此过程为压缩阶段。

当活塞再继续向左移动，汽缸内的气体压强升高到稍大于排气管中的气体压强时，排气阀被顶开，缸内气体开始进入排气管中，活塞继续左移，缸内气体继续排出，体积减小，而压强保持不变，直到活塞达到左边末端（称左死点）为止。此过程为排气阶段。

当活塞达到左死点时，汽缸内体积就是活塞汽缸盖之间的余隙。余隙内残留高压气体，随活塞的向右移动而逐渐膨胀，同时压强也逐渐下降，直至等于进气管中的压强为止。这一过程称为气体膨胀阶段。在膨胀阶段里，吸气阀处于关闭状态。

由于活塞在汽缸内不断地往复运动，气体便不断循环地被吸入与排出。活塞在汽缸中往复 1 次，称为一个循环，每往返 1 次所移动的距离称冲程。

(2) 往复式压缩机的主要参数

① 排气量　压缩机的排气量就是在单位时间里汽缸排出的气体量。压缩机的排气量就是它的生产能力或送气量，其单位为 m^3/s。

压缩机规定的吸入状态下的气体量，一般标在铭牌上，若实际操作时的气体吸入量不符合铭牌上标出量时，则需进行校正。理论吸气量可按式 (4-1) 计算。

$$Q_{理}=0.785D^2sf \tag{4-1}$$

式中 $Q_{理}$——理论吸气量，m^3/s；

D——活塞直径，m；

s——活塞的冲程，m；

f——活塞往复运动的频率，Hz 或 s^{-1}。

在实际生产中，压缩机的实际排气量要比理论排气量小，应为理论排量乘以小于 1 的系数，即

$$Q_{实}=\lambda Q_{型} \tag{4-2}$$

式中 $Q_{实}$——实际排气量，m^3/s；

λ——送气系数，一般为 0.7～0.9。对于新压缩机，终压<981kPa 时，λ＝0.85～0.95；终压>981kPa 时，λ＝0.8～0.9。

② 压缩比　气体的出口压强（即排气压强）与进口压强（即吸气压强）之比叫压缩比，即

$$\varepsilon = p_2 / p_1 \tag{4-3}$$

式中 ε——压缩比；

p_2——气体出口压强，Pa；

p_1——气体进口压强，Pa。

压缩比的大小，表示气体受压缩程度的高低。压缩比越大，汽缸出口压和排气温度也都相应升高。

③ 排气温度　气体经压缩后排出的绝对温度称为排气温度。它总是高于吸气温度，其升高的程度，不仅与压缩比有关，而且与过程的性质有关。

压缩机的排气温度不能过高，否则会使润滑油黏度降低，导致传动部件间的磨损加剧，严重时，会使润滑油因受热分解以至碳化，迫使压缩机停止转动。

④ 功率　物体在单位时间内所做的功称为功率。气体被压缩时，由于外力做功而使气体温度和压力都相应得到增高。气体的温度、压力升得越高、压缩比越大，所耗的功也越大，反之，压缩比越小，消耗的功越小。

实际生产中，为了降低功耗，采用冷却压缩机的汽缸和压缩气体，冷却效果越好，压缩机的功耗也就越少。

⑤ 多级压缩　所谓多级压缩，就是由若干个汽缸将气体分级逐渐压缩到所需的压力。每压缩1次，称为1级，在每台机器里连续压缩的次数，就是级数。在每级汽缸后设有中间冷却和油水分离器，以冷却每级压缩后的气体和分离气体夹带的润滑油和水，从而降低压缩过程的动力消耗。

在生产中采用多级压缩，可以降低压缩机所需的功率；可以避免压缩后气体温度过高；可以提高汽缸的容积系数，提高压缩机的生产能力；可以节省设备部件的制造费用，降低成本和制作上的困难。一般往复式压缩机为2～5级，不超过7级。

(3) 往复式压缩机的装置操作技术　往复式压缩机装置流程（以L2-10/8-Ⅰ型为例）如图4-2所示。

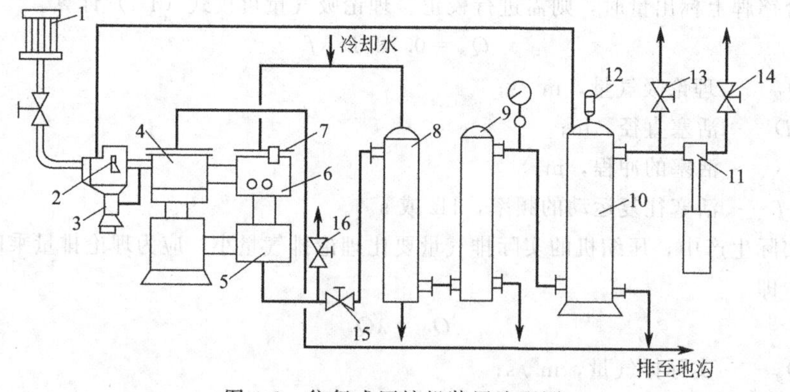

图4-2　往复式压缩机装置流程图

1—空气滤清器；2—压力调节器；3—减荷阀；4—一级汽缸；5—二级汽缸；6—中间冷却器；7—一级安全阀；8—气体冷却器；9—油水分离器；10—贮气罐；11—锐孔流量计；12—二级安全阀；13—排气阀；14—放空阀；15—止逆阀；16—止逆阀前放空阀

① 装置工作过程　L2-10/8-Ⅰ型空气压缩机为二级双缸复动式压缩机，主要由机身、曲柄连杆机构、活塞和两汽缸等部件组成。两个汽缸互成直角，一级汽缸4垂直于地面，二级汽缸5与地面平行，每个汽缸内有两个吸入阀和排出阀，活塞每往复1次，有两次吸入和两次排出过程。两汽缸中的活塞是靠十字头、连杆与曲轴连接，当电动机旋转时，联轴器带动曲轴，使活塞作往复运动而压缩气体。

空气经过空气滤清器1，除去灰尘后由吸入阀进一级汽缸4，被压缩到182～222kPa的空气进入中间冷却器6，冷却后气体进入二级汽缸5，继续压缩到额定压力810kPa。此时气温升到120～150℃，经止逆阀15进入冷却器8，使之冷却到40℃以下，而后经油水分离器9，以除去气体中的油水，进入贮气罐10备用。当用气工序用气时，启开排气阀13，气体流量可用锐孔流量计11测定。

贮气罐的作用不仅可以贮存气体，而且起缓冲和分离气液的作用。止逆阀15的作用，是在压缩机临时停车时，防止后系统的气体返回压缩机。

为了确保压缩机安全进行，在每级压缩系统中都安装上安全阀。一级安全阀7安装在中间冷却器6上，启跳压力为233～304kPa，关闭压力≥182kPa，二级安全阀12装在贮气罐10的上部，它的启跳压力为851～932kPa，关闭压力≥729kPa。

② 排气量调节　L2-10/8-Ⅰ型压缩机的排气量调节是靠气量调节机构自动调节的。气量调节机构是由压力调节器2和减荷阀3两部分组成。减荷阀3安装在一级汽缸的进口处，用来控制压缩机的进气量，达到调节排气量的目的。气量调节机构的调节是靠贮气罐10中的气体压力变化实现的。贮气罐10与压力调节器2之间有管道相连，当用气工序的用量减少时，贮气罐10内的气体压力升高，从而高压气体通过联通管进入压力调节器2而压开阀片进入减荷阀3的汽缸，推动减荷阀3的阀芯上移，使之关闭，压缩机停止吸气，进入无负荷运转。当贮气罐10内气体压力降至规定值时，压力调节的阀片在弹簧的作用下而关闭，于时，气体停止进入减荷阀，减荷阀3受弹簧力的作用而打开，空气进入一段汽缸，压缩机重新恢复正常工作。

当压缩机启动或用气工序发生故障时，应旋转减荷阀3的手轮将阀关闭，待故障排除后，再打开减荷阀，使压缩机进入正常工作状态。

此外，还可采用放空阀调节与回流支路调节。当用气工序用量减少时，打开放空阀14，将部分气体放空，达到减少排气量的目的。此法只适用于空气，若是其他气体，则采用回流支路调节，即将末级汽缸排出的气体，部分或全部经回流支路引回一级汽缸入口。

③ 压缩机的冷却与润滑　压缩机是用水进行冷却的，冷却水先进入中间冷却器6，而后分别进入一、二级汽缸进行冷却，最后从排水管排出。

压缩机运动机构的润滑，是用齿轮油泵循环润滑。机身底部油池内的润滑油，经粗滤后进入齿轮泵，并加压到152～304kPa，再经滤油器后，分别从曲轴中央的油孔进入曲柄，连杆中央的油孔送至大头瓦、小头瓦、十字头及滑道的摩擦面。

一、二级汽缸的润滑，则由注油器供油，注油器由曲轴带动，油量用调节杆调节。

(4) 往复式压缩机的开车操作技术

① 开车前的准备工作

a. 检查。检查压缩机各部件（特别是运动部件）、附属设备及全部管道是否完好无误；检查排气管、气体冷却器、油水分离器和贮气罐有无堵塞现象，确保排气系统处于无压力状态。

b. 通水。接通冷却系统水源，并打开水路上的阀门，使冷却水畅通。

c. 加油。30 号机油加入油池中，并保持油面在规定高度；19 号压缩机油加入注油器中，并转动手动注油轮数 10 转，然后拧松油缸进油管接头处的螺母，待有油溢出时再拧紧螺母，将注油器再转几转。

d. 吹净。吹除压缩机进气管道内杂物。

e. 测量电机。先测量电机的绝缘情况，然后断开联轴器，启动电机，检查电机旋转方向是否正确，有无阻碍和异声，检查电流、电压和电机温度是否正常，最后装好联轴器，并盘车数转，检查有无阻碍、撞击、震动或杂声。

f. 调节减荷阀；转动减荷阀手轮，使螺杆上升，关闭减荷阀，以减轻启动负荷。

确认无问题后，方可进行试车。

② 空负荷试车　空负荷试车是指压缩系统在无负载情况下进行，检查、调节压缩机的运动部件、冷却系统、润滑油系统和电仪系统的运转和装配情况的操作。通过试车检查，可以及时发现压缩机的缺陷和各系统所存在的问题，为负荷试车创造条件。空负荷试车步骤如下：

a. 打开排气管路中的阀门，并通向大气。

b. 开冷却系统的阀门，通冷却水。

c. 瞬时启动压缩机数次，并检查有无异常现象。

d. 启动压缩机作空负荷运转。在运转时要认真检查：出口压力是否增高；压缩机运行中音律是否规律，有无杂音；各轴承及轴瓦温度是否超过 60℃；冷却水出口温度是否超过 40℃，冷却水中断后，排水温度是否超过 160℃，电动机是否出现火花，有无叩碰声，温度是否超过 65℃；电流是否波动，且超过 103A 等。若发现上述问题之一，应立即停车检修，检修后再次启动运行，直至一切正常，可进行连续运转。

e. 第二次连续空负荷运转 20min，停车后打开机身侧窗孔和后窗孔，用手检查主轴承、活塞杆、连杆大小头、曲拐颈、滑道等部位是否发热，若温度过高，则检修发热部位，若温度正常，可继续运转。

f. 第二次连续空负荷运转 4～8h，停车后检查，若一切正常，则可进行负荷试车。

g. 在试车过程中，若发现油压表指针震动剧烈，则拧松管接头，排出余气，然后再拧紧螺母。

③ 负荷试车　压缩机的负荷试车是系统在受压情况下，继续检查各连接部位的气密程度、排气量以及工作性能的操作过程。通过检查，进一步消除系统中各种异常现象与缺陷，为正式投产奠定基础。其步骤如下：

a. 关闭排气管路中的阀门，启动压缩机。

b. 打开冷却系统的进水阀和出水阀。

c. 压缩机运转平稳后调节排量（以手轮打开减荷阀，同时调节排气阀），使压缩机在 203kPa 的压力下运行。在无异常现象的情况下，逐渐调节出口压力，405kPa 运行

20min，810kPa运行8h。运行中若出现问题，应立即停车检修。

d. 压缩机装置的气密试验。

e. 认真检查各部件是否工作正常，各部件在运行中有无杂音等。

f. 认真记录各种操作条件及控制指标。指标要求：一级排气压力为182～232kPa；二级排气压力≤810kPa；排气温度≤160℃；冷却水出口温度≤40℃；电机温度≤65℃；电机电流≤103A；油泵油压152～304kPa。

g. 中间冷却器的油水，每8h排放1次。负荷试车合格后，可投入正式使用。

（5）往复式压缩机的停车操作技术

① 正常停车

a. 与有关工序和岗位取得联系。

b. 停止进气与供气。旋转减荷阀手轮，将阀逐渐关闭，使压缩机进入无负荷运转，随后，关闭排气阀，停止对用气工序的送气。

c. 放空。打开放空阀，分别卸去贮气罐内气体和二级排气系统的高压气体。

d. 排污。打开中间冷却器上的排污阀，进行排污。

e. 断电。切断压缩机电源，停止运转。

f. 停水。关闭冷却系统的进水阀，停止对系统的冷却。

g. 清理。打开气缸、中间冷却器、气体冷却器和油水分离器及贮气罐上的放水阀，放掉全部油水，以防设备锈蚀或冬季冻裂。若长期停车，压缩机各部件须涂油，以免锈蚀遭损。

停车操作时，必须注意顺序，阀门不能颠倒搞错，压缩机卸压时，必须从高级到低级缓慢进行，并密切注意各级压力变化情况，以防各部件因受力不平衡而发生冲击或扭转事故。

② 紧急停车

a. 停水、停电和断润滑油。

b. 压缩机缸体、阀门、管路和各连接管口处严重漏气。

c. 电机有“嗡嗡”声，并闻到烧焦气味；汽缸内有异常摩擦声和撞击声。

d. 机身、管路和基础发生强烈的振动，减振后仍无效。

e. 轴承和填料函温度超过规定，并有烟冒出。

紧急停车应首先切断电源（停电例外），停止电机运转，并通知有关工序，然后打开放空阀，卸掉二段压力，随后按正常停车步骤进行操作。

（6）往复式压缩机的正常操作及异常现象与处理方法

① 往复压缩机的正常操作技术

a. 稳定各级压力。压缩机一级缸出口压力为182～233kPa，二级缸出口压力≤810kPa。当生产条件发生变化或压缩机气阀、活塞环及附属设备发生故障时，各级压力便会发生波动或变化。此时，应查明情况，及时处理，将各级压力稳定在规定的范围或停车处理。若出口压力超过指标，可打开放空阀或关闭减荷阀；若压缩机出故障，则停车检修。

在正常情况下，对压缩机检测方法，除用压力表、温度计、电流测量仪表外，还可用观察、倾听及探检等方法，检查机器的运转情况，声响和温度，根据情况判断故障点，及时进行处理。

b. 检查冷却水系统。在正常操作过程中，要保持冷却水系统的良好运行，经常注意调节各气缸水夹套和中间冷却器的冷却效率、排水量和排水温度。若进水量太少，必然导致各级气缸出入口的气温升高和排出水温的升高，用开大冷却水进水阀调节；若增大水量后，仍不能使温度下降，如果气缸部件无故障，则必定是气缸水夹套和中间冷却器工作情况不好或积垢太厚，必须进行停车检查修理。因此，操作中必须经常调节冷却水的水量，控制各级排气温度≤160℃，冷却水排出温度在35～40℃。

c. 检查转动部件。压缩机在正常运动的情况下，各转动部件是不会发生任何杂音，而只是有规律的音律，当操作者听到有不正常的敲击或响声时，则表明转动部件发生了故障，应查找原因，及时处理。检查方法除根据仪表测量结果判断外，还可用看（看运转情况）、听（听有无杂音和响声）、摸（摸表面温度）等办法来确定故障点。如气阀漏气或阀片损坏，有经验的操作者，就根据听到的噪音和摸到的温度升高来判断气阀的故障。

d. 检查循环油泵系统。经常检查油泵出口处油压和油标内润滑油的位置，油压应保持在152～304kPa，但不能低于101.3kPa；油池内油温≤60℃；油标内润滑油高度应在规定的范围内。

在操作中如油压太低，可调节泵体阀门。如果油标内油位逐渐下降，可能是油路泄漏或挡油圈发生故障，使润滑油被活塞杆带入气缸；如果油位上升且混浊起泡，则可能是油冷却器水管泄漏，油中渗入水的缘故。发现上述现象，应立即停车修理并换油。

e. 检查注油器。注油器内注入的是19号压缩机油，切忌加错油品。操作中要经常检查注油器的贮油量和滴油孔的滴油量，防止倒气和油管泄漏。若发现池管堵塞、滤油网太脏或油止逆阀损坏，应及时停车清理或更换。

f. 检查电动机温度。每台电机都有额定的电流指标，即有规定的温度指标，操作过程中应控制电机的电流量，注意电机温度，防止超标现象，若突然发现电流升高或超过指标，应立即减少压缩负荷，随后查明电流升高原因，并及时处理。否则，将会因电机温度升高而烧坏电机内线圈，发生严重的电器事故。

g. 检查仪表和安全阀。仪表不仅是操作者的眼睛，而且是保证安全运行的重要措施。因此，要求操作者按时记录各仪表的指示数据，经常检查压力调节器和减荷阀的工作情况，并调节压缩机排气量在规定范围，同时检查安全阀是否因卡住而失灵或因锈蚀而漏气，如有异常，应立即通报仪表维修人员，及时修理或更换。为确保安全阀灵敏好用，要定期检修和校对。

h. 定期排放油水。每8h要排放1次中间冷却器、油水分离器和贮气罐中的油水。若油水不及时排放，就会影响各级压力的稳定，同时也会因油水被气体带入气缸，使气缸遭到损坏。在操作排放油水时，要缓慢启开油水阀门，绝不可突然开大，否则会有大量气体被夹带冲出，对于易燃爆的气体，容易造成静电着火或爆炸事故。

② 压缩机排气量的调节操作技术　压缩机的排气量是根据生产用气工序确定的，

因此，用气工序的用气量应低于压缩机的额定排气量，这样才能确保生产上的要求。在生产中，由于用气量的波动，致使贮气罐内压力不稳定，操作者应及时地进行在规定范围内的调节。

在生产中压缩机排气量的调节方法有回流支路法、余隙阀调节法、顶开吸入阀法、停止进气法、节流吸入法、改变转数法、减荷阀调节法和放空阀调节阀等。这些方法可根据被压缩介质的性质和经济适用性进行选择，目前应用比较广泛的是余隙阀调节法。

余隙阀调节法是在压缩机气缸中连通一个余隙调节阀（称变容器），利用余隙阀的开度大小，调节气缸的余隙容积。当余隙阀开大时，气缸内的余隙增大，吸入新鲜气体量减少，压缩机的排气量相应下降，反之，若余隙调节阀关小，余隙容积相应减小，吸入新鲜气体量增多，随之排气量增大。

③ 往复式压缩机操作中的异常现象及处理方法　见表 4-3。

表 4-3　往复式压缩机操作中的异常现象及处理方法

异常现象	原　因	处理方法
排气温度高	1)吸入气体温度高 2)冷却水中断或水量不足 3)排气阀损坏 4)压缩比增高 5)排气阀门局部堵塞	1)清理前段冷却 2)检查冷却水系统 3)检查修理 4)查明原因后消除 5)清理检修
排气量不够	1)排气压力不稳定 2)活塞环泄漏 3)安全阀不严 4)减荷阀开口不够大 5)填料箱泄漏 6)空气滤清器堵塞 7)局部漏气	1)修理排气阀 2)检修活塞环 3)修理安全阀 4)修理减荷阀 5)修理填料箱 6)清理空气滤清器 7)密封
冷却水系统漏水或其他故障	1)气缸垫不严,缸内有水 2)中间冷却器水管破裂,气缸内有水 3)管路漏水 4)冷却器内水垢过厚或水量不足	1)更换气缸垫并拧紧气缸连接螺栓 2)修理中间冷却器芯 3)修理或更换漏水管路 4)清理水垢,调整水量
润滑油压力下降	1)油管堵塞或破裂 2)油泵发生故障,打不上油 3)润滑油温度低,黏度大 4)油过滤器堵塞	1)清理或补焊油管 2)检修油泵或换新泵 3)加温或换润滑油 4)清理油过滤器
润滑油温度过高	1)润滑油不符合规定 2)润滑油供应不足 3)润滑油太脏 4)运动机构发生故障	1)更换新油 2)检查油管,添加润滑油 3)清洗运动机构和油池,并更换新油 4)检修故障部位,更换零件
气缸供油不足	1)气缸注油孔堵塞 2)注油器止逆阀失灵 3)润滑油质量低劣 4)注油器给油太少	1)清洗气缸注油孔 2)检修止逆阀 3)更换润滑油 4)拆下清洗

续表

异常现象	原　因	处理方法
轴瓦发热	1)供油不足或太脏 2)轴瓦间隙量小 3)轴瓦同心度较差 4)轴瓦与瓦颈接触不良 5)联轴器对中较差	1)检查供油系统或换新油 2)增大间隙 3)调整曲轴瓦座的同轴度 4)重新刮研 5)重新找正
活塞杆和填料发热	1)供油量不足或冷却水中断 2)气体太脏,填料进入脏物 3)填料与活塞杆的间隙过小 4)活塞杆摆动量大或表面拉毛	1)检查供油、供水系统 2)气体净化,清理脏物 3)调整间隙 4)检查或更换
气缸发热	1)气缸余隙太大 2)注油量不足 3)气缸夹套冷却水不足 4)活塞环装配不当 5)气缸与滑道不同轴	1)调节余隙 2)修理油道 3)调整供水量 4)重新装配 5)调节不同轴度
机内有不正常的声音	1)十字头销松动或连杆小头瓦间隙大 2)活塞螺母或活塞碰到缸盖或缸座 3)气阀松动 4)活塞环磨损或断裂 5)十字头与活塞杆连接松动 6)气缸内有水 7)吸排气阀阀片发出闷声,弹簧损坏或阀片折断 8)气缸磨损严重 9)中间冷却器芯加强筋松脱	1)紧固松动销或调节间隙 2)上下止点间隙不够,进行调节 3)紧固气阀上的顶丝 4)更换新的活塞环 5)紧固并锁死 6)排除后检查冷却系统 7)清理碎片,更换零件 8)检修气缸 9)拆下后焊牢
安全阀出故障	1)开启不及时 2)关闭不严 3)未达到额定压力就放气 4)阀芯升不到应有的高度	1)重新调整 2)清理污垢或重新研磨阀门 3)重新调整 4)清洗、除锈检修
活塞环不正常	1)活塞环开口间隙小,遇热形成咬死 2)材料硬度不够 3)润滑油质量不符合要求	1)拆卸修理 2)更换符合要求的活塞环 3)换符合要求的润滑油
填料箱不严漏气	1)安装不正确,填料在隔圈中轴向间隙太小,受热胀死 2)填料零件间夹有杂物 3)刮油圈磨损,回油路堵塞 4)密封圈磨损,活塞杆磨损	1)检修重新安装 2)清除夹有的杂物 3)修理或更换 4)更换或修理
气阀部件工作不正常	1)进气不清洁 2)阀座、阀片变形或断裂 3)气阀的弹簧力小或不均 4)结炭或锈蚀严重,影响开启 5)弹簧磨损,弹簧不平 6)气阀阀片卡住	1)清洗气阀和空气过滤器 2)研磨或更换 3)更换新弹簧 4)清理、洗涤 5)拆卸后更换新弹簧 6)更换阀片
油压表指针震动严重	油路内有气体	拧开油压表接头,排尽油路内余气

(7) 维护保养方法

① 操作者应经常以“听、看、摸、闻”的方法检查各级气缸的排气压力和温度、冷却水排出温度、轴承与填料函的温度、以及各连接管口和压盖有无渗漏现象，气缸内有无异常摩擦声和撞击声等，并定时（30min）做好各检测点的现场记录。

② 经常保持零部件的完好，保持设备机身干净卫生；经常检查和分析润滑油含水量，如超过指标，应及时换油。

③ 定时切换滤油器，定期检查油水分离器、中间冷却器的效能，如效能降低应停车清理。

④ 按时进行计划检修，认真执行维护保养制度。对备用压缩机要每半月开空车1次，运行约0.5h。

2. 离心式压缩机的操作技术

离心式压缩机又称透平式压缩机。它的工作原理是气体在叶轮的带动下作高速旋转，由于离心力的作用，使气体经过连续压缩，最后达到相当高的排气压强。目前离心式压缩机最大生产能力可达$21\times10^4m^3/h$，最大出口压强可达70MPa（G）。

(1) 离心式压缩机操作的基本概念

① 离心式压缩机的性能曲线　离心式压缩机的性能曲线是通过实验测得的。图4-3为某压缩机在一定的转速下所测得的性能曲线，表示该压缩机的压缩比ε（或出口压强）、效率η和功率N与流量（排气量）Q之间的变化规律，由性能曲线可知，Q-ε（或Q-P）曲线是一条在气量不为零处有最高点的驼峰曲线，在最高点右侧，压缩比随排气量的增大而减少，而功率、功率则随排气量的增加而增大，但增至一定限度后，却随排气量的增大而下降。

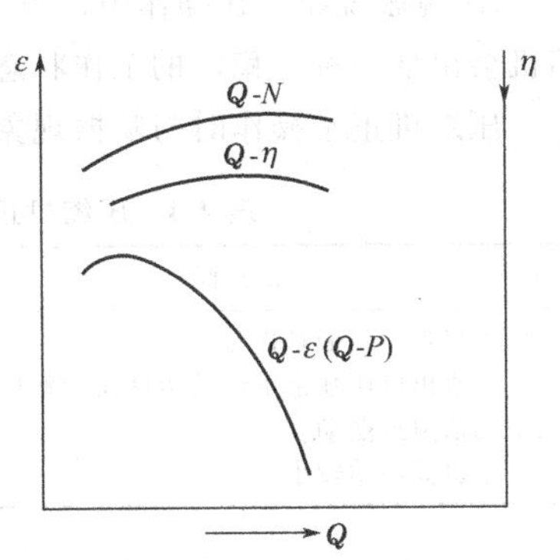

图4-3　离心式压缩机性能曲线

② 工作点的确定　在生产中，压缩机通过管路与后序设备相连形成一个系统，称为管网系统。描述压缩气体通过管网所需的压强P与流量Q之间的关系曲线（P-Q曲线），称为管网曲线，它是通过实验而测得的一条抛物线。如图4-4中的2线。该曲线与压缩机的特性曲线1相交A点，就是该压缩机的工作点。压缩机在该点下工作，就能满足外界管网系统所需的压强和流量，使整个系统处于平衡状态。

③ 气量的调节方法　在操作中，离心式压缩机的气量调节方法有以下几种。

a. 调节进口阀开度。此法是改变压缩机性能曲线Q-P的方法，如图4-5所示。当进口阀关小时，压缩机的原性能曲线1将变为曲线1′，工作点A变为A'，于是，相应的压强与流量也就发生改变。这种操作方法简便，消耗额外功率较少，工作范围大，是气量调节的常用方法。

b. 调节出口阀的开度。这是一种改变管网特性曲线的办法。通过出口阀开度的大小，来改变气体通过管道和设备的阻力损耗，达到调节气量的目的。这种方法操作简便，但压缩比增大，额外功率消耗较大，很不经济。

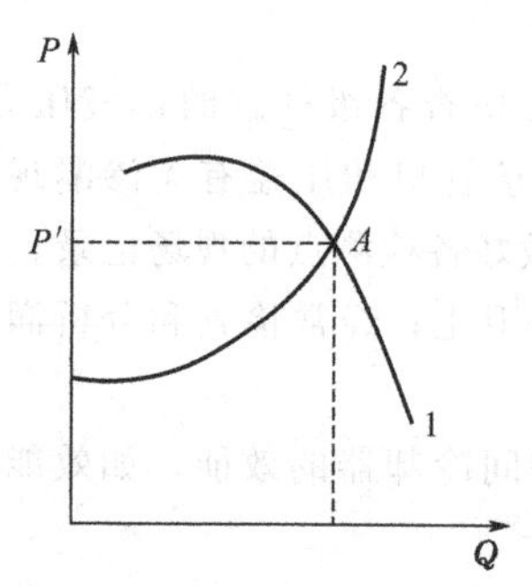

图 4-4 离心式压缩机的工作点
1—压缩机的特性曲线；2—管网特性曲线；A—工作点

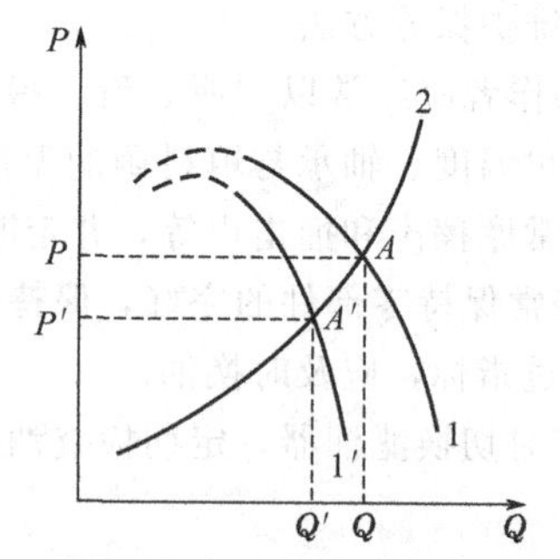

图 4-5 进口阀调节流量
1,1′—压缩机的特性曲线；2—管网特性曲线；A,A′—工作点

c. 改变叶轮的转速。对于已固定转速的压缩机是难以实现的。只有用蒸汽机为动力时，才能应用此法。

④ 喘振现象　在操作中，当实际流量小于性能曲线所表明的最小流量时，离心压缩机会出现一种不稳定的工作状态——喘振。

压缩机正常操作时与喘振现象时运转情况比较见表 4-4。

表 4-4　压缩机正常操作时与喘振现象时运转情况比较

正常操作	喘振现象
压缩机噪声较低且连续 压缩机出口压强指示计的指针摆动幅度不大,仅在平均值附近摆动 整个机器振动较小	压缩机噪声很大,时高时低 压缩机出口压强指示计的指针摆动幅度很大 整个机器强烈振动

在生产中，由于喘振现象常给生产带来危害，为防止此现象发生，在压缩机的管路上装有部分放空或部分放空并回流的防喘振的装置。

(2) 离心式压缩机的使用与维护

① 开车前准备工作

a. 检查电气、仪表，安全防爆装置，确保灵敏、准确、可靠。

b. 检查油路系统。油箱内无积水杂物；油位为油箱高度的 2/3；阀门开关灵活；油泵和过滤器运行正常。

c. 检查水路系统。整个系统畅通无渗漏，压力保持在规定的范围（一般在 294.2kPa）。

d. 检查进气系统。系统无堵塞现象和积水存液，排气系统所有阀门动作灵活。

e. 启动油泵。使各润滑部位充分有油，检查油压油量并处于正常。

f. 检查轴位计是否处于零位，进出阀门是否打开。

② 正常操作

a. 点车启动，空车运行 15min 以上，无异常，即可逐渐关闭放空阀使压力上升，同时打开放气阀，向用户送气。

b. 经常控制柜上的气体压力，轴承温度，电流大小或蒸汽压力，气体流量以及主机转速等，发现问题，立即调整。

c. 经常察看和调节各级气缸的排气温度和压力，防止过高或过低。

d. 经常用“摸、听”的方法，检查压缩机的转动声音和振动情况。

e. 严防压缩机抽空或倒转现象发生，否则会损坏设备。

③ 维护保养

a. 保持设备清洁卫生，表盘干净清晰。

b. 定时巡回检查轴承温度、油压和压缩气体的进出口压力与温度。

c. 保持所有零件整洁，油路系统、水系统无滴漏现象。

d. 经常检查和测听各转动部位的响声和振动情况。

e. 定期清洗油过滤器、滤尘器和冷却器，保持油质合格。

④ 停车操作

a. 切断主机电源，关闭进排气阀门。

b. 主机停稳后，停油泵和冷却水。

c. 盘动转子。停车后气缸和转子温度都很高，为防止转子弯曲，故每隔 15min 将盘动转子 180°，直至温度降到 30℃为止。

d. 遇到下列情况之一时，应紧急停车：

a）突然停电、停油和停蒸汽；

b）轴位计超过指示，大于 0.4mm，保安装置不动作；

c）油压急速下降且超过规定极限，联锁装置不动作；

d）轴承温度超温报警，且仍继续上升；

e）压缩机发生异常响声或发生剧烈振动；

f）电机冒烟和有火花。

⑤ 异常现象及处理方法　见表 4-5。

表 4-5　压缩机操作时异常现象及处理方法

异常现象	原　因	处理方法
剧烈振动	1)发生喘振 2)转子轴承弯曲变形或偏磨 3)轴承间隙量太小 4)轴承损坏 5)轴承或地脚螺栓松动 6)联轴器和机身转子找正误差大 7)转子动平衡破坏	1)增大吸入量或消振 2)校正修理 3)调整瓦垫或换瓦 4)更换轴承 5)紧固螺栓 6)重新找正 7)重新找正平衡
轴瓦温度高	1)轴瓦间隙量小 2)轴瓦来油温度高 3)供油不足,油内带水或太脏	1)调整间隙 2)清理冷却器 3)检查油路系统和油质,加大供油量
转子轴向位移大	1)各级气体压力失去平衡值 2)止推轴承磨损	1)调整或检查 2)检修

续表

异常现象	原　因	处理方法
润滑油压力降低	1)油路堵塞或泄漏 2)过滤器堵塞 3)油箱内油位过低 4)油泵发生故障	1)检查油路,修理泄漏处 2)清扫过滤器 3)增添新油 4)切换检修

第二节　传热装置的操作技术

在化工生产中，为了使某些反应在一定的温度和压力下进行，需要进行加热或冷却。对吸热反应，需外界供热，对放热反应，则需及时移走反应热，进行冷却。此外，生产中的蒸馏、精馏、干燥等操作过程，也都与传热有关，因此，掌握传热过程的基本规律和有关知识，对合理地、有效地进行操作是十分重要的。

一、传热的基本方式

自然界中，热量总是从高温物体自发地传递给低温物体。热量的这种传递过程称为传热过程。根据热量传递的特点，基本方式有：传导传热、对流传热和辐射传热三种。

(1) 传导传热　热量从物体的一部分传到另一部分或一个物体传给与它接触的另一个物体的过程，称为传导或导热。导热是因为物体内部或相接触的两个物体间存在着温度差，温度较高部分的分子，因受热振动加剧而与相邻的分子碰撞，将热量以动能的方式传递给相邻温度较低的分子，直至整个物体温度完全相等为止。固体和静止流体内的热量传递属于热传导。

各种物质的传热本领是不一样的，金属比非金属的导热性能好，因此，常把金属称为热的良导体，一些不易导热的物体称为热的不良导体。用来衡量传热性能好坏的物理量是传热系数，即导热面积为1m^2，厚度为1m，两壁的温差为1K，在单位时间内以导热方式所传递的热量，称为该物质的导热系数。用符号λ表示，单位为$J/(s\cdot m^2\cdot K)$或$W/(m\cdot K)$。可见，导热系数越大，导热性能越好，一般金属导热系数最大，固体非金属次之，液体较小，气体最小。常见物体的导热系数可从有关手册中查得。

在生产中要知道单位时间内的导热量（即导热速率）可用导热速率方程式来确定，即

$$q=\lambda \frac{A(t_1-t_2)}{\delta} \tag{4-4}$$

式中　q——导热速率，J/s或W；

A——导热面积，m^2；

δ——平壁厚度，m；

t_1、t_2——分别为平壁两面温度差，K；

λ——导热系数，$W/(m\cdot K)$。

把式(4-4) 改写成下面形式，即为热流强度：

$$\frac{q}{A}=\frac{t_1-t_2}{\frac{\delta}{\lambda}}=\frac{导热推动力}{导热热阻}$$

则表明单层平壁进行热传导时，其热阻为：

$$R=\frac{\delta}{\lambda} \tag{4-5}$$

由式(4-5) 表明，平壁材料的导热系数越少平壁厚度越厚，则热传导阻力就越大。

在生产中常见的是多层平壁的导热，多层平壁的传热速率为各层平壁导热速率之和。多层平壁导热的总热阻等于各层导热热阻之和。

圆筒壁的导热在化工生产中也很常见，例如，热量在管道和设备壁层上的传递及热力管道和设备的绝热保温等。则导热速率分别为：

单层圆筒壁导热速率：

$$q=\frac{2\pi l\lambda\Delta t}{\ln\frac{r_2}{r_1}} \tag{4-6}$$

若$\frac{r_2}{r_1}<2$，则导热速率又可按下式运算：

$$q=\frac{\lambda}{\delta}A_{均}\ \Delta t \tag{4-7}$$

$$A_{均}=2\pi r_{均}\ l=2\pi l\ \frac{r_1+r_2}{2}$$

式中 q——圆筒壁导热速率，kJ/s 或 kW；

l——圆筒长度，m；

Δt——圆筒壁两面的温度差，K；

$\ln\frac{r_2}{r_1}$——筒壁的对数平均半径，m；

$A_{均}$——筒壁的平均导热面积，m^2；

δ——筒壁的厚度，m；

λ——导热系数，W/(m·K)。

多层圆筒壁导热速率为各单层圆筒壁导热速率之和。

(2) 对流传热　流体质点之间产生宏观的相对位移，将热量由流体内的某一位置传至另一位置的传热过程，称为对流传热。根据流体产生运动的原因不同，对流传热可分为自然对流和强制对流。流体内质点之间的相对位移，如果是由于流体各部位温度不同造成密度的不同而引起的流动，称为自然对流，如果是由于受外界机械力（如泵、搅拌等）作用产生的流动，则称为强制对流。

对流传热只发生在流体内部或流体与固体壁之间的传热。

热量由固体壁传给周围对流着的流体，或者对流着的流体传给固体壁，这种传热方式称为对流给热，如换热器中的传热过程，是属于对流给热。

热流体对平壁面的给热速率为：

$$q=\alpha A(t-t_{壁}) \tag{4-8}$$

式中 q——给热速率，J/s；

A——传热面积，m^2；

α——对流传热膜系数，W/(m·K)；

t——流体主体的平均温度，K；

$t_{壁}$——壁面温度，K。

对流传热膜系数（或给热系数）的物理意义是：$1m^2$ 的固体壁面，壁面和流体主体温差为1K时，单位时间以对流传热方式传递的热量。膜系数与流体的流动状态、传热面积形状及流体种类等因素有关，可从有关手册查得。

(3) 辐射传热　辐射传热是高温物体将热能转化为辐射能，以电磁波的形式发射和吸收后进行的热量传递，称为辐射传热。辐射传热不借任何媒介，其能力主要是发热体的温度，物体的温度愈高，以辐射形式传递热量愈多。在工业锅炉中的辐射传热量要比换热器中的辐射传热量大。

二、换热器中的传热

(1) 换热器中的传热过程　在换热器中，热流体的热量是怎样通过固体壁传给冷流体的呢？设换热器内任一根管子的面积为 A，管子外侧热流体温度为 t_1，内侧冷流体的温度为 t_2，管子内壁、外壁的温度分别为 $t_{内}$ 和 $t_{外}$。换热器中的传热过程见图4-6。

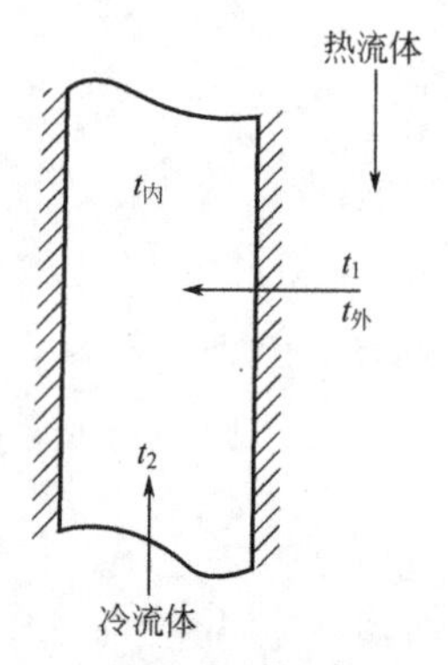

图4-6　换热器中的传热过程

由于冷、热流体存在着温差，所以热流体通过下面三个过程把热量不断传给冷流体：

首先，热流体把热量传给管外壁，传热形式主要是对流给热，其给热速率 q_1 为：

$$q_1=\alpha_1 A(t_1-t_{外})$$

$$\Delta t=t_1-t_{外}=\frac{q_1}{\alpha_1 A} \tag{4-9}$$

其次，热量又以热传导的形式，由管外壁传向管内壁，其导热速率 q_2 为：

$$q_2=\frac{\lambda}{\delta}A(t_{外}-t_{内})$$

$$\Delta t_2=t_{外}-t_{内}=\frac{q_2\delta}{\lambda A} \tag{4-10}$$

最后，热量再以对流给热的形式，由管内壁传给冷流体，其给热速率 q_3 为：

$$q_3=\alpha_2 A(t_{内}-t_2)$$

$$\Delta t_3=t_{内}-t_2=\frac{q_3}{\alpha_2 A} \tag{4-11}$$

在连续稳定的间壁式换热过程中，在单位时间内热流体传给管外壁的热量，等于相同时间内管外壁传给管内壁的热量，也必等于同一时间内管内壁传给冷流体的热量。

即过程传递的热量为：

$$Q=q_1=q_2=q_3 \tag{4-12}$$

冷热流体的温差，等于各部分温差的总和。

$$\Delta t=\Delta t_1+\Delta t_2+\Delta t_3=(t_1-t_{外})+(t_{外}-t_{内})+(t_{内}-t_2)=t_1-t_2$$

将式(4-9)、式(4-10)和式(4-11)相加，并经整理得传热过程的速率为：

$$Q=\frac{A\cdot\Delta t}{\dfrac{1}{\alpha_1}+\dfrac{\delta}{\lambda}+\dfrac{1}{\alpha_2}} \tag{4-13}$$

设

$$K=\frac{1}{\dfrac{1}{\alpha_1}+\dfrac{\delta}{\lambda}+\dfrac{1}{\alpha_2}} \tag{4-14}$$

则上式简化为：

$$Q=KA\Delta t \tag{4-15}$$

式中　Q——间壁式换热器的传热速率，W 或 J/s；

A——间壁的传热面积，m^2；

Δt——冷、热流体的温度差，K；

K——总传热系数，$W/(m^2\cdot K)$。

式(4-15) 是传热过程的一个基本方程式，称为传热速率方程式。从式中可以看出传热系数 K 的物理意义是：当冷热流体的温差为 1K 时，在单位时间内，通过 $1m^2$ 传热面积所传递的热量。可见，传热系数 K 值越大，所传递的热量越多，换热器的传热效果越好，因此，K 值的大小是衡量换热器传热性能的一个重要标志。

将式(4-15) 改写成下式：

$$Q=KA\Delta t=\frac{\Delta t}{\dfrac{1}{KA}}=\frac{\Delta t}{R} \tag{4-16}$$

从式(4-16) 可以看出，间壁式换热器的传热速率与冷热流体的温差 Δt 成正比，与传热阻力 R 成反比。所以，提高换热器的传热速率，必须增大传热的推动力（冷热流体的温度差）和降低传热的阻力。

(2) 传热过程温度差 Δt 的计算　根据两种流体在换热器中温度变化情况，可将其传热过程分为恒温传热和变温传热两种。它们在传热过程中温度差 Δt 的计算方法是不一样的。

① 恒温传热时 Δt 的计算　恒温传热是指两流体在换热过程中，温度始终保持不变的传热。例如，用饱和蒸汽加热某流体，并使其沸腾蒸发，而在换热器的两侧流体，温度恒定不变。若热流体温度为 T，冷流体温度为 t，则冷热流体的温度差 Δt 为：

$$\Delta t=T-t \tag{4-17}$$

② 变温传热时 Δt 的计算　变温是指两流体在换热过程中，冷热流体或其中一种流体的温度不断发生变化的传热。例如，用冷却水冷却某高温原料气或用饱和蒸汽加热某原料，在换热器内各处冷热流体的传热温度差是随流体的温度变化而变化的，计算温度差必须取平均温度差 $\Delta t_{均}$。

在间壁式换热器中，冷热流体的流向可为并流、逆流、错流和折流，对于逆流或并流，由于冷热流体在换热器进出口处温度差不同，如图4-7所示，因此，冷热流体的平均温度差等于传热过程中的较大温度差$\Delta t_{大}$和较小温度差$\Delta t_{小}$的对数平均值。

$$\Delta t_{均}=\frac{\Delta t_{大}-\Delta t_{小}}{\ln\frac{\Delta t_{大}}{\Delta t_{小}}} \tag{4-18}$$

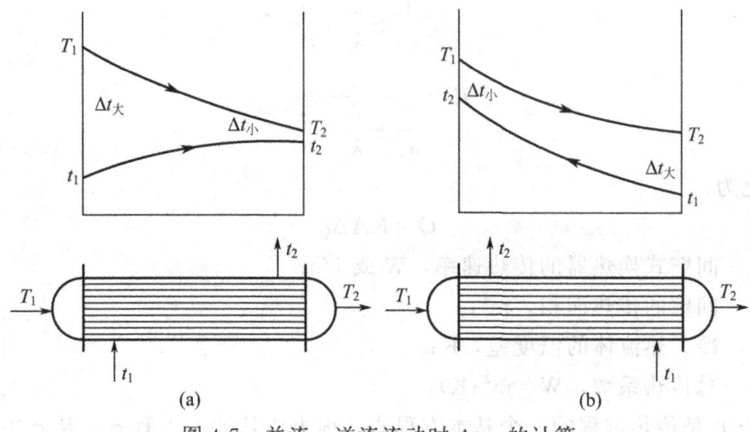

图4-7 并流、逆流流动时$\Delta t_{均}$的计算

(a) 并流；(b) 逆流

当冷热流体进出口两端温差不大时，即$\frac{\Delta t_{大}}{\Delta t_{小}}\leqslant 2$，传热平均温差，可采用进出口温差的算术平均值，即：

$$\Delta t_{均}=\frac{\Delta t_{大}-\Delta t_{小}}{2} \tag{4-19}$$

(3) 换热器中热负荷的计算　在一台换热器内，冷热流体单位时间里所交换的热量，称为换热器的热负荷，单位J/s。一个能满足工艺要求的换热器，其传热速率必须等于或大于热负荷（这只是数值的相等，其含意不同）。

根据工艺条件的不同，热负荷的计算方法有下列几种。

① 有相变过程　当流体在换热过程中有相变发生，如蒸发和冷凝，其热负荷计算公式为：

$$q=W\gamma \tag{4-20}$$

式中　W——冷流体或热流体的质量流量，kg/s；

γ——冷流体或热流体的汽化潜热，J/kg。

② 无相变过程　当流体中无相变，其热负荷的计算公式为：

$$q=WC\Delta t \tag{4-21}$$

式中　C——冷流体或热流体在定性温度下的定压比热，J/(kg·K)；

Δt——冷流体或热流体在换热过程中的温差，K。

③ 不论有无相变过程　流体在换热过程中其热负荷可按下式计算：

$$q = W\Delta i \tag{4-22}$$

式中　Δi——冷流体或热流体在换热过程中的焓差，J/kg。

在化工生产中的许多物料是一些多组分的混合物，它们在蒸发或冷凝时的热负荷可按式（4-23）计算：

$$q = W \cdot \sum X_{wi}\gamma_i \tag{4-23}$$

式中　W——混合物的质量流量，kg/s；

X_{wi}——混合物中某一组分的质量分率；

γ_i——混合物中某一组分的汽化潜热，J/kg；

$\sum X_{wi}$——混合物的平均汽化潜热，J/kg。

三、影响传热速率的因素

从传热速率式(4-15) $Q = KA\Delta t$ 不难看出，强化传热过程，提高传热速率，其途径是增大传热面积，增大冷热流体的平均温度差和提高传热系数 K 值，但究竟提高哪一项，需作具体分析。

（1）增大传热面积　增大传热面积可以提高传热速率，但是，对间壁式换热器而言，增大传热面积，意味着增加金属材料的耗用量，增大设备体积和投资费用，因此，这不是强化办法。若从改进设备结构，设法增加单位体积内的传热面积，这样，气体的膜系数可以提高，传热效果也明显地提高，且金属用量不多，设备体积增加不大，用提高传热速率的有效方法。

（2）增大传热温度差　传热平均温度差是传热过程的推动力。在传热过程中，当其他条件一定时，平均温差越大，传热速率越大，因此，可以采用此法来强化传热过程。例如，用蒸汽作加热剂时，增强蒸汽压力，可以提高蒸汽的温度等。此外，在冷热流体进出口温度一定的情况下，采用逆流操作，也可以得到较大的平均温度差值。

（3）提高传热系数 K 值　提高传热速率最有效的办法就是提高传热系数 K 值。提高 K 值的途径主要是提高对流体传热膜系数和减少垢层热阻。

① 增大流体速度　增大流体速度可以增加流体的湍流程度，减少层流内层厚度，提高传热膜系数，使传热速率增大。但是，随着流体流速的增大，阻力、动力消耗也都随之增加。列管式换热器内，流体常用流速范围见表 4-6。

表 4-6　列管式换热器内常用流速范围

流体种类	管型	流速/(m/s)	
		管内	管外
液体	直管	0.5～8	0.2～1.5
	蛇管	0.3～0.8	
气体	直管	5～30	2～15
	蛇管	3～10	

② 减少垢层　换热器长期使用后，换热面上往往形成一层污垢，它的导热系数很小，从而增大了传热阻力，降低了传热效果。因此，防止结垢和以简便的方法进行除垢，也是强化传热的一个重要措施。

四、换热器的试压及气密性试验

(1) 列管式换热器的试压　列管式换热器在使用前必须进行液压试验，检查其强度。试验压力一般为工作压力的 1.25 倍。试验方法是在壳程内灌满水后，关闭出口阀，然后用水压机对设备进行加压，并检查设备焊缝、列管是否有泄漏处，待加压到所需压力后，要恒压 2h 左右，如压力没有变化，便减压、放水清除杂质。如发现有泄漏处，卸压后进行处理，然后再试压，直至证明无泄漏为止。

(2) 系统的气密试验　为防止气体介质由法兰及焊缝处泄漏出来，开车前必须对系统进行气密性试验，其方法和步骤如下：

① 启开换热器壳层入口阀，关闭出口阀。

② 把压缩空气逐渐送入换热器的壳层内，并提高压力至操作压力的 1.05 倍，关闭入口阀。

③ 用一定浓度的肥皂液涂抹在设备、管线的焊缝处与管件、阀件与法兰的联接处。

④ 检查所涂肥皂液处是否起泡，对起泡处进行记载或做好标记。

⑤ 检查无泄漏，则保压 30min，压力不下降为合格；如有泄漏，则卸压后对漏处进行处置，然后重复进行试验。

五、传热系统的开、停车操作及事故处理方法

(1) 开车步骤

① 检查装置上的仪表、阀件等是否完好、齐全。

② 打开冷凝水排放阀，排放积水。

③ 打开冷流体入口阀并通入流体，而后打开热流体进口阀，再缓慢地通入。若先通入热流体，容易发生管束与壳体因温差过大而引起换热器损坏。通入的流体应干净，以防结垢。

④ 根据工艺要求调节冷、热流体的流量，使之达到所需的温度。

⑤ 经常检查冷、热流体的进出口处的温度、压力变化情况，如有异常现象，应立即查明原因，并消除故障。

⑥ 在操作过程中，换热器的一侧若为蒸汽的冷凝过程，则应及时排冷凝液和不凝气体，以免影响传热效果。

⑦ 定期检查换热器以及管子与管板的连接处是否有损，如发现有漏损应及时修理。

(2) 停车步骤　在停止使用时，应先停热流体，后停冷流体，并将壳程及管程内的液体排净，以防换热器锈蚀。

(3) 异常现象及处理方法　见表 4-7。

表 4-7 传热装置开、停操作的异常现象及处理方法

异常现象	原 因	处理方法
传热效率下降	1)列管结垢或堵塞 2)管道有堵塞 3)不凝气或冷凝液增多	1)清理列管,除垢 2)检查管路或阀门,并清理 3)排放不凝气或冷凝液
列管和胀口渗漏	1)列管腐蚀或胀接质量差 2)壳程与管程温差太大 3)列管被折流板磨损	1)更换新管或补胀 2)焊接或补胀 3)换管或用死堵堵死
振动	1)管路振动 2)流体流速太快 3)机座刚度较小	1)加固管路 2)调节流体流量 3)加固
管板与壳体连接处有裂纹	1)腐蚀严重 2)焊接质量不好 3)外壳歪斜	1)补修 2)清理后补焊 3)找正

第三节 泡罩塔精馏操作技术

液体混合物的蒸馏操作，是提纯物质和分离混合物的一种方法，它广泛应用于化工生产中。

一、塔操作的基本概念

(1) 沸点、泡点、露点　任何液体受热，其饱和蒸气压等于外界大气压时的温度称为该液体的沸点。外界压强越高，液体的沸点就越高；外界的压强越低，液体的沸点也越低。

在一定压力下，将某液体混合物加热至刚刚开始气化（即刚刚出现第一个微小气泡）时保持的平衡温度称为该液体混合物的泡点温度或平衡、一次汽化（蒸发）0%时的温度，简称泡点。继续加热，直至全部汽化并将这种气体混合物在一定压力下，冷却至刚刚出现第一滴液珠所保持平衡时的温度，称为露点温度或平衡、一次汽化（蒸发）100%时的温度，简称露点。显然，处于泡点状态和露点状态下的气体都是饱和的。对纯物质，在一定压力下，其泡点和露点相等，也就是它的沸点。但沸点不同的混合液体，其泡点温度要低于露点温度，因为混合物在沸腾过程中，沸点低的先汽化，使残留液体组分逐渐变高。

(2) 精馏基本原理　精馏是把液体混合物在传质设备（塔）中，进行多次部分汽化，同时把产生的蒸汽多次部分冷凝，达到完全分离混合物，获得所要求纯度的组分的操作。

精馏的操作过程，是在逆流作用的塔式设备中进行的。被塔釜加热的液体，所产生的蒸气在塔内自下而上地流动，而送入塔顶的回流液体，则与上升蒸气相迎，自上而下地流动。由于气液两相在塔中不断地相互接触，进行热和质的交换，使两相在热交换过程中，易挥发组分不断地从液相中向气相扩散，气相中易挥发组分增浓；液相

中易挥发组分逐渐减少，难挥发组分逐渐增浓；两相处于不平衡情况下，则存在推动力，产生质的传递，直至两相达到平衡时，这种传质过程停止。

通过整个精馏过程，最终由塔顶得到纯度较高的易挥发组分（塔顶馏出物）的产品，由塔釜排出不易挥发的物质。

（3）雾沫夹带、液泛、泄漏　在精馏操作过程中，塔内两相不断地相互接触，塔内上升蒸气穿过塔板上的液层鼓泡而出，当上升蒸气的动能大于被夹带液滴质量时，则液滴便被上升蒸气带到上层塔板。这种液滴被上升蒸气带至上层塔板的现象称为雾沫夹带。正常操作中允许夹带量不能超过10%。

当上升蒸气速度超过某一速度（液泛速度）时，塔内上升的蒸气将阻止液体沿塔下流，使下层塔板上的液体漏至上一层塔板（即物料上冲或冲料），导致操作破坏，这种现象称为液泛。在精馏操作中，也会因塔板降液管被堵塞，使塔内回流液流不到下层塔板，造成“淹塔”现象，它也是一种液泛。

在精馏操作中，当上升蒸气速度过慢时，穿过升气孔的动能低于塔板于液体静压能，即上升蒸气动能不足以阻止塔板上的液体时，塔板上的液体就会从升气孔往下流，这种现象称为泄漏。它影响着气液在塔板上的充分接触，使塔板效率明显下降。

一般，筛板、浮阀板和斜孔板等板式塔，操作不慎就会产生泄漏现象，正常操作时，要求泄漏量不大于液体流量的10%。

（4）湍动、脉冲、返混　在精馏操作中，当上升蒸气压力足以克服塔板上液体层的阻力时，气体连续不断地鼓泡上升，呈湍动状态。此时，气液两相接触面大，传质效率好，塔板效率高。但是，若蒸气压头过大，蒸气上升速度超过允许限度，湍动过于激烈时，便又会产生雾沫夹带现象。

液流量过大或蒸气量过小，蒸气压头不足以克服塔板上液层的阻力而无法通过液层，仅当憋到一定压头后，蒸气才能穿过液层而上升。此时，蒸气压头立刻下降，又要待片刻再建立起一定压头并鼓泡上升。这种蒸气间断地脉冲式的鼓泡上升现象称为脉冲。脉冲时气液接触很不激烈，塔板效率下降。

在有降液管的塔板上，液体横过塔板与蒸气呈错流，液体组成将沿着液体流通逐渐变化，塔液体由于液层中气体鼓泡的扰动而形成涡流，使液体沿流动方向的浓度梯度遭到破坏的现象称为返混，它导致塔板效率下降。

返混现象的发生，受多种因素，如停留时间的分布、流道的长度、塔板水平度、水力梯度、气泡浓度和湍流等的影响。

（5）塔的自由截面积和塔的操作弹性　在精馏塔内，流动着的物质是上升的蒸气和下流的液体同时通过每层塔板。蒸气通过塔板的通道称升气孔道。升气孔道的断面，称为自由截面积。

自由截面积是根据生产负荷的大小和许可蒸气速度确定的，通常所说的开孔率，就是选定的自由截面积和塔总断面之比。

塔的操作弹性是指最大允许负荷（负荷上限）至最小允许负荷（负荷下限）的范围。

精馏塔的负荷上限，是用雾沫夹带控制（允许夹带量不大于10%），以能引起“液泛”现象为止，两者界限下的最大负荷；负荷下限，是以漏液量接近10%为准的最小负荷。

一般，浮阀塔操作弹性较大，可达9左右；泡罩塔约为5；筛板塔较小；填料塔最小。

二、影响精馏操作的因素

影响精馏操作的因素是多方面的，除了被分离组分的性质及其组成外，还表现在工艺条件。

（1）塔釜温度　在操作压力不变的情况下，改变塔釜操作温度，对蒸气速度、气液相组成的变化，都有着一定的影响。

提高塔釜温度时，则使塔内液相中易挥发组分减少，同时，并使上升蒸气的速度增大，有利于提高传质效率。如果由塔顶得到产品，则塔釜排出难挥发物中，易挥发组分减少，减少损失；如果塔釜排出物为产品，则可提高产品质量，但塔顶排出的易挥发组分中夹带的难挥发组分增多，从而增大损失。因此，在提高温度的时候，既要考虑到产品的质量，又要考虑到工艺损失。一般，操作习惯于用温度来提高产品质量，降低工艺损失。

在平稳操作中，釜温突然升高，来不及调节相应的压力和塔釜温度时，必然导致塔釜液被蒸空，压力升高。这时，塔内气液相组成变化很大，重组分（难挥发组分）容易被蒸到塔顶，使塔顶产品不合格。

（2）操作压力　在操作温度一定的情况下，改变操作压力，对产品质量、工艺损失都有影响。提高操作压力，可以相应地提高塔的生产能力，操作稳定。但在塔釜难挥发产品中，易挥发组分含量增加。如果从塔顶得到产品，则可提高产品的质量和易挥发组分的浓度。

操作压力的改变或调节，应考虑产品的质量和工艺损失，以及安全生产等问题。因此，在精馏操作中，常常规定了操作压力的调节范围。当受到外界的因素影响而使操作压力受到破坏时，塔的正常操作就会完全破坏，例如真空精馏，当真空系统出故障时，塔的操作压力（真空度）因发生变化而迫使操作完全停止。一般精馏也是如此，塔顶冷却器的冷却剂突然停止时，塔的操作压力也就无法维持。

（3）加料温度　进料情况对精馏操作有着重要的意义。常见的进料情况有沸点进料、冷液进料、饱和蒸气进料、气液混合进料和过热蒸气进料。不同的进料情况，都显著地直接影响提馏段的回流量和塔内的气液平衡。

如果是冷液进料，且进料温度低于加料板上的温度，那么，加入的物料全部进入提馏段，使提馏负荷增加，塔釜消耗蒸汽量增加，塔顶难挥发组分含量降低。若塔顶为产品，则会提高产品质量。如果是饱和蒸气进料，则进料温度高于加料板上的温度，所进物料全部进入精馏段，提馏段的负荷减少，精馏段的负荷增加，会使塔顶产品质量降低，甚至不合格。精馏塔较为理想的进料情况是沸点进料，它较为经济和最为常用。

（4）加料量的变化　加料量的变化直接影响蒸气速度的改变。后者的增大，会产生夹带，甚至液泛。当然，在允许负荷的范围内，提高加料量，对提高产量是有益的。如果超出允许负荷，只有提高操作压力，才可维持生产。但也有一定的局限性。

加料量过低，塔的平衡操作不好维持，特别是浮阀塔、筛板塔、斜孔塔等，由于负荷减低，蒸气速度减小，塔板容易漏液，精馏效率降低。在低负荷操作时，可适当的增大回流比，使塔在负荷下限之上操作，以维持塔的操作正常稳定。

（5）加料组分的改变　加料组分的改变，直接影响到产品质量。当加料中重组分增加，使精馏段负荷增加，在塔板数不变时，则分离效果不好，结果重组分被带到塔顶，造成塔顶产品质量不合格；若是从塔釜得到产品，则塔顶损失增加。如果加料组分中易挥发组分增加，使提馏段的负荷增加，可能因分离不好而造成塔釜产品质量不合格，其中夹带的易挥发组分增多。总之，由于加料组分的改变，直接影响着塔顶与塔釜产品的质量。加料中重组分增加时，加料口往下移。反之，则向上移。同时，操作温度、回流量和操作压力等都须相应地调整，才能保证精馏操作的稳定性。

（6）回流　在精馏操作中，回流是维持全塔正常操作的必要条件。回流量（即回流比）的大小，对精馏效果、产品质量、塔板数和水、电、气的消耗都有直接影响。

一般，提高回流比，可以提高产品质量。但回流比过大，塔内的内循环量增加，使水、电和气的消耗量增加，操作费用相应提高。当塔顶采出量变大，回流比减小时，塔内气液接触不好使平衡受到破坏，因而传质效率下降。同时，操作压力下降，难挥发组分易被带到塔顶，导致精馏效果下降，塔顶产品质量不合格。

三、精馏塔的操作技术

（1）精馏塔操作装置　精馏装置流程如图 4-8 所示。

图 4-8 所示的精馏装置流程图是甲醇精制工段中的加压精馏塔。甲醇合成时，受选择性的限制，并受合成条件如温度、压力、气体组成等影响，在发生甲醇合成反应的同时，会发生一系列副反应。用色谱分析测定粗甲醇的组分有四十多种，包括醇、醛、酮、醚、酸、烷烃等。粗甲醇精馏的目的就是将这些杂质组分通过多次蒸馏的方法分离出来，得到符合国家标准的精甲醇和一部分副产品。

甲醇精馏的原理是利用粗甲醇中不同组分的沸点不同进行蒸馏，当加热至某组分沸腾时，将生成的组分蒸气流出冷凝。如此不断汽化、不断冷凝的操作，最后使混合液中的组分几乎以纯组分分离出来。

该工段采用四塔（3＋1）精馏工艺，包括预塔、加压塔、常压塔及甲醇回收塔。预塔的主要目的是除去粗甲醇中溶解的气体（如 CO_2、CO、H_2 等）及低沸点组分（如二甲醚、甲酸甲酯），加压塔及常压塔的目的是除去水及高沸点杂质（如异丁基油），同时获得高纯度的优质甲醇产品。另外，为了减少废水排放，增设甲醇回收塔，进一步回收甲醇，减少废水中甲醇的含量。

甲醇加压精馏塔 D-0402 的精馏工艺流程：从甲醇合成工段来的粗甲醇，经预精馏塔脱除粗甲醇中的二甲醚和大部分轻组分，经加压塔预热器 E-0405 预热后，进入加压塔 D-0402。在加压塔再沸器 E-0406A/B 加热分离后，塔顶气相为甲醇蒸气，与常压塔冷凝再沸器 E-0408、加压塔二冷 E-0413 换热冷凝后，塔顶冷凝液进入加压塔回流罐

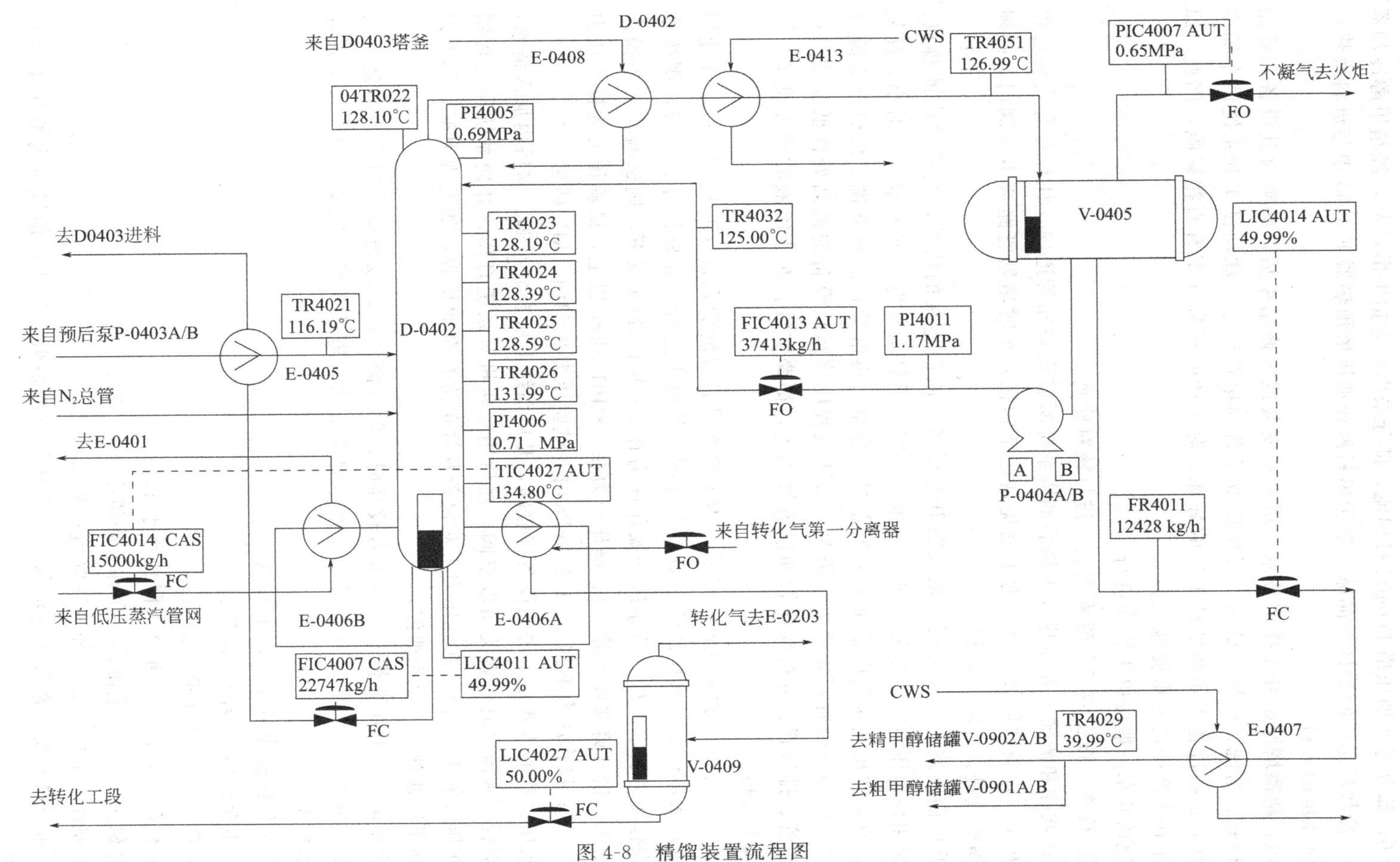

图 4-8 精馏装置流程图

E-0405—加压塔预热器；E-0406A—加压塔蒸汽再沸器；E-0406B—加压塔转化气再沸器；E-0407—精甲醇冷却器；E-0408—冷凝再沸器；E-0413—加压塔二冷；D-0402—加压塔；V-0405—加压塔回流罐；V-0409—废水罐；P-0404A/B—加压塔回流泵

V-0405，部分返回加压塔 D-0402 打回流，部分采出作为精甲醇产品，经精甲醇冷却器 E-0407 冷却后送中间罐区产品罐，塔釜出料液在加压塔预热器 E-0405 中与进料换热后作为常压塔的进料。

（2）精馏塔原始开车操作技术　塔系统安装或大修结束后，必须对其设备和管路进行检查、清洗、试压、试漏、置换以及设备的单机试车、联动试车和系统试车等准备工作，这些准备工作和处理工作的好坏，对生产的正常开车有直接影响，因此，原始开车在生产中占有重要地位。

原始开车一般按以下程序进行。

① 检查　按安装工艺流程图逐一进行核对检查。

② 吹除和清除　在新建或大修后的塔系统所属设备和管道内，往往存有安装过程中的灰尘、焊条铁屑等杂物。为了避免这些杂物在开车时堵塞管路或卡坏阀门，必须用压缩空气进行吹除或清扫。

吹除前应按气、液流程，依次拆开与设备、阀门连接的法兰，吹除物由此排放。吹洗时用高速压缩空气流分段进行吹净，并用木锤轻击外壁。气流量时大时小，反复多次，直至吹出气体在白纱布上无黑点时为合格，再继续往后部吹洗，以致全系统都吹净。每吹净一段后，立即装好法兰。吹洗流程应该是从设备的最高处往低处吹。设备放空管、排污管、分析取样管和仪表管线等，都要吹洗。对于溶液贮槽等设备，要进行人工清扫。

③ 系统水压试验和气密性试验　为了检查设备焊缝的致密性和机械强度，在使用前要进行水压试验。水压试验一般按设计图上的要求进行，如果设计无要求，则按系统的操作压力要求进行，若系统的操作压力在 5×101.3kPa 以下，则试验压力为操作压力的 1.5 倍（铸铁设备除外）；操作压力在 5×101.3kPa 以上，试验压力为操作压力的 1.25 倍；操作压力不到 2×101.3kPa 时，试验压力 2×101.3kPa 即可。

水压试验的步骤是，关闭设备排放阀，开启系统上所有放空阀。向塔内加入清水，当放空管有水溢出时，就关闭放空阀。然后用水压机对系统打压，并使系统压力控制在操作压力的 1.25 倍。在此压力下对设备及管道进行全面检查，如发现泄漏，作下记号，卸压后处理，直至无泄漏。

水压试验时升压要慢，试验压力较高时，要逐渐加压，以便能及时发现漏处或其他缺陷。恒压工作不要反复进行，以免影响设备和管道的强度。试验结束后，将系统内的水排净。

在水压试验中应注意以下几点：

a. 不允许用铁器敲打设备。

b. 在 1h 内压力下降范围为：

容积在 $1m^3$ 以下，允许下降值小于 1%；

容积在 $1\sim3m^3$ 范围内，允许下降值小于 0.2%；

容积在 $3m^3$ 以上时，允许下降值小于 0.2%。

c. 水压试验要用常温下的清水，并要从设备的最低点注入，使设备内的气体由上边放净。

为了保证开车时气体不从法兰及焊缝处泄漏出来，使塔操作连续稳定，必须进行系统气密试压。

试压方法是用压缩机向系统内送入空气，并逐渐将压力提高到操作压力的1.05倍。然后对所有设备、管线上的焊缝和法兰逐个抹肥皂水进行查漏，发现漏处，做好标记或记录，卸压后进行处理。无泄漏后，保压30min，压力不下降为合格，最后将气体放空。

气密性试验中应注意如下几点：

a. 试验所用气体须是惰性气体，对检修后的设备更应如此。

b. 压力表刻度要小。一般用0.2×101.3kPa以下刻度的压力表。

c. 试验的压力一般为操作压力的1.1倍，对操作压力在5×101.3kPa以上的设备试压压力，则为操作压力的1.05倍。

d. 系统试压，规定定压24h。单体试压，规定定压8h。

e. 在试压过程中，最后使用两个压力表和两支温度计进行对照。

f. 每小时气体平均泄漏量不大于0.25%。其计算公式为：

$$A=\left(1-\frac{p_{终}T_{初}}{p_{初}T_{终}}\right)\times 100\%\div t \tag{4-24}$$

式中 A——单位时间泄漏量，%；

$p_{初}$、$p_{终}$——试压最初和最终的绝对压力，kPa；

$T_{初}$、$T_{终}$——试压最初和最终的热力学温度，K；

t——试压总时间，h。

定压24h，中间泄漏量较大，可加起来求平均值。如果用空气代替惰性气体时，则泄漏量换算公式为：

$$A_{惰}=A_{空}\times\frac{\rho_{惰}}{\rho_{空}} \tag{4-25}$$

式中 $\rho_{惰}$、$\rho_{空}$——惰性气体与空气的密度，kg/m^3。

④ 单机试车和联动试车 单机试车是为了确认转动和待转动设备（如空气压缩机和离心泵等）是否合格好用，是否符合有关技术规范。

联动试车是用水或生产物料相类似的其他物料，代替生产物料所进行的一种模拟生产状态的试车。目的是为了检验生产装置连续通过物料的性能。联动试车时给水加热，观察仪表是否准确地指示通过的流量、温度和压力等数据，以及设备的运转是否正常等情况。

联动试车能暴露设计和安装中的一些问题，在这些问题解决后，再进行联动试车，直至流程畅通为止。联动试车后，把水放空并清洗干净。

⑤ 系统的置换 在工业生产中，被分离的物质绝大部分为有机物，它们具有易燃、易爆的性质，在设备投产前，如果不驱出设备内的空气，就很容易与有机物形成爆炸混合物。因此，在向系统送入混合物之前，应先用惰性气体（氮气）将其中的空气置换，置换气中含氧量不大于0.5%。惰性气体由压缩机供给，置换气体从系统的后部放空。

在置换时，塔系统的溶液管线用溶液充满，并使塔建立正常的液柱，以免形成死角。

⑥ 系统开车　系统置换合格后，即可进行系统开车。系统的开车方法和短期停车后的开车方法相同，这将在下一个操作技术中讲述。

(3) 精馏塔正常开、停车操作技术

① 正常开车　系统装置置换合格后，即可进行生产的正常开车。精馏操作的正常开车分为短期停车后开车和长期停车后开车。

a. 短期停车后的开车。在开车准备工作就绪后，确认可以开车时，待令开车。由于被分离的液体混合物性质不同，开车方法不尽相同。一般情况是：

检查原料库存情况，选定加料量，向塔釜加料。当塔釜看见液面后，缓慢升温，在此过程中，随着塔压的升高，塔内的惰性气体逐渐被排出，此时塔顶冷凝液将逐渐加大，并进行全回流操作。当塔釜液面控制在1/2～2/3时，即可开始加料，当塔随升温过程已转为正常后，停止加料，让其塔自身循环，待回流液分析合格后，开始采出产品，并继续投料生产。

在自身循环过程中，是全回流操作，当达到连续加料，并连续采出时，即为开车成功。

在空塔投料刚升温时，升温速度要缓慢，因为这时没有液体回流，塔板上还没进行气液接触和物质交换，因而气体上升速度比正常操作速度快。随着温度的升高，塔顶蒸出的气体被冷凝后，回流到塔顶并沿塔板下流，在塔板上逐渐形成液体层，塔内便将进行传质和传热过程。如果不按此操作，难挥发组分就会带到塔顶，生产出的产品就会不合格。

b. 长期停车后的开车。长期停车后的开车，一般是指检修后的开车。首先检查各设备、管道、阀门、各取样点、电气及仪表等是否完好正常；然后对系统进行吹净、清洗、强度和气密性试验，以及对系统置换，一切正常合格后，按短期停车后的开车操作步骤进行。

② 停车　在化工生产中停车方法与停车前的状态有关，不同的状态，停车的方法及停车后的处理方法也就不同。一般有以下三种方式：

a. 正常停车。生产进行一段时间后，设备需要进行检查或检修而有计划的停车称正常停车，这种停车是逐步减少物料的加入，直到完全停止加入。待物料蒸完后，停止供汽加热、降温并卸掉系统压力，然后停止供水，将系统中的溶液排放（排到溶液贮槽）干净。打开系统放空阀，并对设备进行清洗。若原料气中含有易燃、易爆气体，更用惰性气体对系统进行置换，当置换气中含氧量小于0.5%、易燃气总含量小于5%时为合格。最后用鼓风机向系统送入空气，置换气中氧含量大于20%即为合格。

停车后，对于某些需要进行检修的设备，必须要用盲板切断设备上的物料管线，以免可燃物漏出而造成事故。

b. 紧急停车。生产中一些想象不到的特殊情况下的停车称紧急停车。如某些设备损坏，某部分电气设备的电源发生故障，某一个或多个仪表失灵等，都会造成生产装置的紧急停车。

发生紧急停车时，首先停止加料，调节塔釜加热蒸汽和凝液采出量，使操作处于待生产的状态，此时，应积极抢修，排除故障，待停车原因消除后，应按开车的程序恢复生产。

c. 全面紧急停止。当生产过程中突然发生停电、停水、停汽或发生重大事故时，则要全面紧急停车。这种停车事前操作者是不知道的，要尽力保护好设备，防止事故的发生和事故的扩大。

对于自动程度较高的生产装置，在车间内备有急停车按钮，开和关键阀门联锁在一起，当发生紧急停车时，以最快的速度去按这个按钮。

为了防止全面紧急停车的发生，一般的化工厂均有备用电源，当第一电源断电时，第二电源应立即送电。

可知，化工生产中的开、停车是一个很复杂的操作过程，且随精馏方式不同而有所差异。

(4) 精馏塔工艺操作指标调节技术

① 塔压的调节　精馏塔的压力是工艺操作诸因素中最主要的因素之一，只有弄清楚塔压是由哪些因素引起的，才能找准控制和调节塔压的地方。

在正常操作中，如果加料量、釜温以及塔顶冷凝器的冷剂量等条件都不变化，则塔压将随采出量的多少而发生变化。采出量太少，塔压升高。反之，采出量太大，塔压下降。可见，采出量的相对稳定可使塔压稳定。可用塔顶采出量来控制塔压的操作。

操作中有时釜温、加料量以及塔顶采出量都未变化，塔压却升高。可能是冷凝器的冷剂量不足或冷剂温度升高。抑或冷剂压力下降。这时应尽快联系供冷单位予以调节。如果一时冷剂不能恢复到正常操作情况，则应在允许的条件下，塔压可维持高一点或适当加大塔顶采出，并降低釜温，以保证不超压。

一定温度有相应的压力。在加料量和回流量及冷剂量不变情况下，塔顶或塔釜温度的波动，引起塔压的相应波动，这是正常的现象。如果塔釜温度突然升高，塔内上升蒸气量增加，必然导致塔压的升高。这时除调节塔顶冷凝器的冷剂和加大采出量之外，更重要的是恢复塔正常温度，如果处理不及时，重组分带到塔顶，将使塔顶产品不合格；如果单纯考虑调节压力，加大冷剂量，不去恢复釜温，则易产生液泛；如果单从采出量方面来调节压力，则会破坏塔内各板上的物料组成，严重影响塔顶产品质量。当釜温突然降低，情况恰恰与上述相反，其处理方法也对应地变化。至于塔顶温度的变化引起塔压的变化，可能性很小。

若是设备问题引起塔压变化，则应适当地改变其他操作因素，进行适当调节，严重时停车修理。

② 塔釜温度的调节　在一定的压力下，被分离的液体混合物，气化程度决定于温度，而温度由塔釜加热器（又称蒸发釜或再沸器）的蒸气用量来控制。在釜温波动时，除了分析加热器的蒸气量和蒸气压力的变动之外，还应考虑其他因素的影响。例如，塔压的升高或降低，也能引起釜温的变化，当塔压突然升高，虽然釜温随之升高，但上升蒸气量却下降，使塔釜轻组分变多，此时，要分析压力升高的原因并予以排除。如果塔压突然下降，此时釜温随之下降，上升蒸气量却增加，塔釜液可能被蒸空，重

组分就会带到塔顶。

在正常操作中，有时釜温会随着加料量或回流量的改变而改变。因此，在调节加料量或回流量时，要相应地调节塔釜温度和塔顶采出量，使塔釜温度和操作压力平稳。

③ 回流量的调节　回流量是直接影响产品质量和塔的分离效果的重要因素，在精馏操作中，回流的形式有强制回流和位差回流。

一般，回流量是根据塔顶产品量按一定的比例来调节的。位差回流就是冷凝器按其回流比将塔顶蒸出来的气体冷凝，冷凝液借冷凝器与回流入口之位差（静压头）返回塔顶的。因此，回流量的波动与冷凝的效果有直接的关系。冷凝效果不好，蒸出来的气体不能按其回流比冷凝，则回流量将会减少。另外，采出量不均，也会引起压差的波动而影响回流量的波动。强制回流是借泵把回流液输送到塔顶，它虽然能克服塔压差的波动，保证回流量平稳，但冷凝器的冷凝好坏及塔顶采出量的情况都会影响回流，甚至使得回流不能连续。

回流量增加，塔压差明显增大，塔顶产品纯度会提高；回流量减少，塔压差变小，塔顶产品纯度变差（重组分含量增加）。在操作中，一般依据这两方面的因素来调节回流比。

④ 塔压差的调节　塔压差是判断精馏塔操作加料、取料是否均衡的重要标志之一。在加料、取料保持平衡和回流量保持稳定的情况下，塔压差基本不变。

如果塔压差增大，必然引起塔身各板温度的变化，这可能是因塔板堵塞，或是采出量太少，塔内回流量太大所致，此时应提高采出量来平衡操作，否则，塔压差逐渐增大，将引起液泛。当塔压差减小时，釜温不太好控制，这可能是塔内物料太少，精馏段处于干板操作，起不到分离作用，必然导致产品质量下降。此时应及时减少塔顶采出量，加大回流量，使塔压差保持稳定。

⑤ 塔顶温度的调节　在精馏操作中，塔顶温度由回流温度来控制，但不是以回流量来控制。塔顶温度波动受多种因素的影响。

在正常操作中，若加料量、回流量、釜温及操作压力都不变的情况下，则塔顶温度处于稳定正常状态。当操作压力提高时，塔顶温度就会下降，反之，塔顶温度就要上升。如遇到这种情况，必须恢复正常操作压力，方能使塔顶温度正常。另外，在操作压力正常的情况下，塔顶温度随塔釜温度的变化而变化。塔釜温度稍有下降，塔顶温度随之下降，塔釜温度稍有提高，塔顶温度立即上升。遇到此情况，若操作压力适当，产品质量很好时，可适当调节釜温，恢复塔顶温度。否则，会因塔顶温度的波动而影响塔顶或塔釜的产品质量。

在一般情况下，尽量不以回流温度来调节塔顶温度，如果由于塔顶冷凝器效果不好，或冷剂条件较差，使回流温度升高而导致塔顶温度上升，进而塔压提高不易控制时，则应尽快设法解决冷凝器的冷却效果，否则，会影响精馏的正常进行，使塔釜排出物中易挥发组分增多。

⑥ 塔釜液面的调节　无论哪一种精馏操作，严格控制塔釜液面都是很重要的。控制塔釜的液面至一定高度，一方面起到塔釜液封的作用，使被蒸发的轻组分蒸气，不致从塔釜排料管跑掉；另一方面，使被蒸发的液体混合物在釜内有一定的液面高度和塔釜蒸发空间以及塔釜混合液体在蒸发器内的蒸发面与塔釜液面有一个位差高度，保

证液体因静压头作用而不断循环去蒸发器内进行蒸发。

塔釜的液面一般以塔釜排出量来控制，在正常操作中，当加料、产品、取出和回流量等条件一定时，塔釜液的排出量也应该是一定的。但是，它随塔内温度、压力、回流量等条件的变化而变化。如果这些条件发生变化，将引起塔釜排出物组成的改变，塔釜液面亦随之改变，若不及时调节塔釜排出量，就会影响正常操作。例如，当加料量不变时，塔釜温度下降，于是塔釜液中易挥发组分增多，促使塔釜液增加。如不增大釜液排出量，塔釜必然被充满，为了恢复正常，就得提高釜温，或增大釜液排出量来稳定塔釜的液面。又如加料组成中重组分增加，在其他操作条件都不变的情况下，必然导致釜液排出量增加，这时如不以增大釜液排出量来控制塔釜液面，而是用提高塔釜温度来保持塔釜液面，则重组分将被蒸到塔顶，使塔顶产品质量下降。

（5）精馏塔操作中异常现象及处理方法

精馏操作中，常出现的一些异常现象及处理方法如表 4-8。

表 4-8　精馏塔操作中的异常现象及处理方法

异常现象	原　　因	处理方法
釜温及压力不稳	1)蒸气压力不稳 2)疏水器不畅通 3)加热器漏	1)调整蒸气压力至稳定 2)检查疏水器 3)停车检查漏处
釜温突然下降而提不起温度	开车升温 1)疏水器失灵 2)扬水站回水阀未开 3)蒸发器内冷凝液未排除,蒸汽加不进去 4)蒸发器内水不溶物多	 1)检查疏水器 2)打开回水阀 3)吹凝液 4)清理蒸发器
釜温突然下降而提不起温度	正常操作 1)循环管堵,蒸发釜内没有循环液 2)蒸发器列管堵 3)排水阻气阀失灵 4)塔板堵,液体回不到塔釜	 1)通循环管 2)通列管 3)检查阀 4)停车检查情况
塔顶温度不稳定	1)釜温太高 2)回流液温度不稳 3)回流管不畅通 4)操作压力波动 5)回流比小	1)调节釜温至规定值 2)检查冷剂温度或冷剂量 3)疏通回流管 4)稳定操作压力 5)调节回流比
系统压力增高	1)冷剂温度高或循环量小 2)采出量太小 3)塔釜温度突然上升 4)设备有损或堵	1)与供冷单位联系 2)增大采出量 3)调节加热蒸汽 4)检查设备进行修理
淹塔	1)釜温突然升高 2)回流比大 3)塔釜列管有漏	1)调加料量,降釜温,停采出 2)降回流,增大采出量 3)停车检修
塔釜液面不稳定	1)塔釜排出量不稳 2)塔釜温度不稳 3)加料成分有变化	1)稳定釜液排出量 2)稳定釜温 3)稳定加料成分

第四节　填料塔吸收操作技术

在工业生产中，常常需要把一些气体混合物分离或净制成纯净的原料气或气体产品，其有效方法就是吸收操作。因此，吸收操作是化工生产中很重要的单元操作。

一、吸收的基本概念

在吸收过程中，根据操作过程中有无化学反应，可将吸收分为物理吸收和化学吸收。如用水吸收CO_2（水洗），为物理吸收；在吸收过程中伴有化学反应，如用醋酸吸收乙烯酮成为醋酐，为化学吸收。被选用具有吸收能力的液体，称为吸收剂或溶剂，被吸收剂吸收的气体组分，称为溶质或吸收质，不被吸收的气体组分称为惰性气体或载体，经吸收后得到含有吸收质的溶液称为吸收液。

化工生产中，吸收操作常常应用在几个方面。

① 分离气体混合物　例如在合成橡胶工业中，用酒精吸收反应气，以分离丁二烯及烃类气体。

② 制备溶液　如用98.3%的硫酸吸收SO_3，以制备浓硫酸，用水来吸收HCl来制备盐酸等。

③ 除去混合气体中有害组分，达到净化的目的　如用碱或高压水来吸收合成氨原料气中的CO_2，而CO，则用醋酸铜氨溶液吸收除去。

④ 回收废气中的有用组分　如用汽油吸收焦炉气中的苯，既回收了有用物质，又消除了“三废”，防治了环境的污染。

气体吸收过程与溶液的蒸馏过程一样，都属于传质过程。但它们之间又有区别：蒸馏是分离液体混合物，根据混合物中各组分挥发能力的不同进行分离。而吸收则是分离气体混合物，根据混合物中各组分在吸收剂中溶解度的不同进行分离；蒸馏传质过程是双相传质，即易挥发组分向气相中转移，难挥发组分向液相中转移，而吸收传质是单相传质过程，是气相中易溶组分向液相中转移。

二、吸收原理

吸收是选用适当的液体作为吸收剂，与气体混合物逆向接触，利用混合物中各组分在吸收剂中溶解度的不同，以除去其中一种或多种组分的过程，即气体中的可吸收组分（溶质）从气相转入液相（吸收剂）的传质过程。此过程依赖于分子扩散和对流扩散。当溶质从气相溶于液相的速率等于它从液相返回气相的速率，且组成不再改变时，气液两相达到平衡。此时，实际浓度与对应的平衡浓度之差为零，即吸收的推动力为零，吸收溶解过程停止。

平衡时定量吸收剂所能溶解溶质的最大数量，即溶质在溶液中的浓度，称为平衡浓度，简称溶解度。

三、影响吸收操作的因素

影响吸收过程的因素除塔结构外，主要还有吸收质的溶解性能，吸收性能和工艺操作条件。

(1) 吸收质的溶解性能　由于气体混合物中各组分在吸收剂中的溶解度不同，因而提高吸收速率的途径就不一样。对于易溶气体，溶质就很容易被吸收剂吸收，加大气体流速，提高吸收速率；对于难溶气体，溶质很难转入液相，于是，提高液体流速，可以提高吸收速率。

(2) 吸收剂性能　吸收剂性能好坏，将直接影响吸收操作的效果。因此，在选用吸收剂时，应符合：①要有较好的选择性；②具有较好的化学稳定性；③要求吸收剂黏度小；④具有较小的比热和密度；⑤无毒、无腐蚀性等性能。

(3) 工艺操作条件

① 温度　吸收温度对吸收率的影响很大。温度越低、气体越容易溶解在液体中，吸收效率越高。

由于吸收过程是放热反应，为了降低吸收温度，通常设置中间冷却器，从吸收塔中部取出吸收过程放出的热量。

② 压力　提高操作压力，可以提高混合气体中被吸收组分的分压，增大吸收的推动力，有利于气体的吸收。但是，过高地增加压力，会加大操作难度和生产费用。因此，吸收操作一般在常压下进行，若吸收后气体需进行高压反应，则可采用高压下吸收操作，既有利于吸收，又增大吸收塔的生产能力。

③ 塔内气体流速　在吸收剂稳定的操作情况下，当气流速度不大，作滞流运动时，吸收速率低；当气流速度增大呈湍流状态时，吸收速率大大增加；当气流速度增大至某一值（液泛速度）时，液体便不能向下流动，造成夹带雾沫，气液接触不良，甚至造成液泛现象，无法进行操作。因此，稳定操作流速，以保证吸收操作高效率的平稳生产。

④ 吸收剂流量　吸收剂流量越大，塔内喷淋量越大，气液的接触面越大，吸收效率可以得到提高。但是，吸收剂用量不宜过大，否则吸收液的质量达不到要求；若用量过小，混合气体中被吸收组分不能完全被吸收，使吸收后的气体纯度降低。

四、填料吸收塔操作技能

(1) 填料吸收塔操作装置　吸收塔操作装置一般为带部分吸收剂再循环的吸收流程，如图 4-9 所示。按此操作方法，是用泵 2 从吸收塔 1 抽出吸收剂，经过冷却器 3 再回入塔内；同时，抽出部分用过的吸收剂，补充对应量的新鲜吸收剂，其可在泵前或泵后，但应先抽出而后补充。

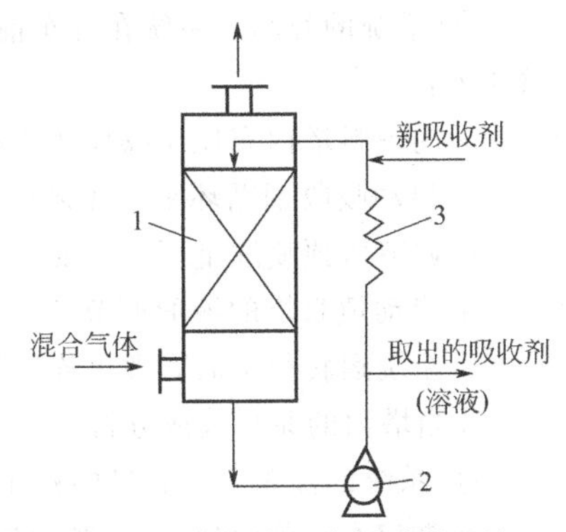

图 4-9　带部分吸收剂再循环的吸收流程

1—吸收塔；2—泵；3—冷却器

(2) 操作技能

① 装填料　吸收塔经检查吹扫后，即可向塔内装入用清水洗净的填料，对拉西环、鲍尔环等填料，均可采用不规则和规则排列法装填。若采用不规则排列法，则先在塔内注满水，然后从塔的人孔

部位或塔顶将填料轻轻地倒入，待填料装至规定高度后，把漂浮在水面上的杂物捞出，并放净塔内的水，将填料表面扒平，最后封闭人孔或顶盖。在装填瓷质填料时，要注意轻拿轻倒，以免碰碎而影响塔的操作。矩鞍形和弧鞍形填料以及阶梯环填料均可采用乱堆法装填。若采用规则法排列，则操作人员从人孔处进入塔内，按排列规则将填料排至规定高度。木格填料的装填方法，是从塔底分层地向上装填，每两层木格之间的夹角为45°，装完后，在木格上面还要用两根工字钢压牢，以免开车时气流将木格吹翻。塔内填料装完后，即可进行系统的气密性试验。

② 设备的清洗及填料的处理

a. 设备清洗。在运转设备进行联动试车的同时，还要用清水清洗设备，以除去固体杂质。清洗中不断排放污水，并不断向溶液槽补加新水，直至循环水中固体杂质含量小于50μg/g为止。

在生产中，有些设备经清水清洗后即可满足生产要求，有些设备则要求清洗后，还要用稀碱溶液洗去其中的油污和铁锈。方法是向溶液槽内加入5%的碳酸钠溶液，启动溶液泵，使碱溶液在系统内连续循环18～24h，然后，放掉碱液，再用软水清洗，直至水中含碱量小于0.01%时为止。

b. 填料的处理。瓷质填料一般与设备清洗后即可使用，但木格和塑料填料，还须特殊处理后才能使用。

木格填料中通常含有树脂，在开车前必须用碱液对木格填料进行脱脂处理。其操作为：用清水洗除木格填料表面的污垢；用约10%的碳酸钠溶液于40～50℃下循环洗涤，并不断往碱溶液中补加碳酸钠，以保证碱浓度稳定；当循环液中碱浓度不再下降时，停止补加碳酸钠，确认脱脂合格；放净系统内碱液和泡沫，并用清水洗到水中含碱量小于0.01%为止。

塑料填料在使用前也必须碱洗。其操作为：用温度为90～100℃、浓度为5%的碳酸钾溶液清洗48h，随后放掉碱液；用软水清洗8h；按设备清洗过程清洗2～3次。

塑料填料的碱洗一般在塔外进行，洗净后再装入塔内。有时也可装入塔内进行碱洗。

③ 系统的开车　系统在开车前必须进行置换，合格后，即可进行开车，其操作步骤如下：

a. 向填料塔内充压至操作压力；

b. 启动吸收剂循环泵，使循环液按生产流程运转；

c. 调节塔顶喷淋量至生产要求；

d. 启动填料塔的液面调节器，使塔底液面保持规定的高度；

e. 系统运转稳定后，即可连续导入原料混合气，并用放空阀调节系统压力；

f. 当塔内的原料气成分符合生产要求时，即可投入正常生产。

④ 系统的停车　填料塔的停车也包括短期停车、紧急停车和长期停车。

短期停车（临时停车），其操作为：

a. 通告系统前后工序或岗位；

b. 停止向系统送气，同时关闭系统的出口阀；

c. 停止向系统送循环液。关闭泵的出口阀，停泵后，关闭其进口阀；

d. 关闭其他设备的进出口阀门。

系统临时停车后仍处于正压状况。

紧急停车操作：

a. 迅速关闭原料混合气阀门；

b. 迅速关闭系统的出口阀；

c. 按短期停车方法处理。

长期停车操作：

a. 按短期停车操作停车，然后开启系统放空阀，卸掉系统压力；

b. 将系统中的溶液排放到溶液贮槽或地沟，然后用清水洗净；

c. 若原料气中含有易燃易爆物，则应用惰性气体对系统进行置换，当置换气中易燃物含量小于5%，含氧量小于0.5%时为合格；

d. 用鼓风机向系统送入空气，进行空气置换，当置换气中含氧量大于20%为合格。

⑤ 正常操作要点及维护 吸收系统主要由冷却器、泵和填料吸收塔组成，如何才能使这些设备发挥很大的效能和延长使用寿命，应做到严格按操作规程操作，及时进行检查与维护。

正常操作要点：

a. 进塔气体的压力和流速不宜过大，否则会影响气、液两相的接触效率，甚至使操作不稳定；

b. 进塔吸收剂不能含有杂物，避免杂物堵塞填料缝隙。在保证吸收率的前提下，尽量减少吸收剂的用量；

c. 控制进入温度，将吸收温度控制在规定的范围；

d. 控制塔底与塔顶压力，防止塔内压差过大，压差过大，说明塔内阻力大，气、液接触不良，致使吸收操作过程恶化；

e. 经常调节排放阀，保持吸收塔液面稳定；

f. 经常检查泵的运转情况，以保证原料气和吸收剂流量的稳定；

g. 按时巡回检查各控制点的变化情况及系统设备与管道的泄漏情况，并根据记录表要求做好记录。

正常维护要点：

a. 定期检查、清理或更换喷淋装置或溢流管，保持不堵、不斜、不坏；

b. 定期检查篦板的腐蚀程度，防止因腐蚀而塌落；

c. 定期检查塔体有无渗漏现象，发现后，应及时补修；

d. 定期排放塔底积存脏物和碎填料；

e. 经常观察塔基是否下沉，塔体是否倾斜；

f. 经常检查运输设备的润滑系统及密封，并定期检修；

g. 经常保持系统设备的油漆完整，注意清洁卫生。

⑥ 异常现象及处理方法 填料吸收塔系统在运行过程中，由于工艺条件发生变化、操作不慎或设备发生故障等原因而造成不正常现象。一经发现，就应及时处理，

以免造成事故。常见的异常现象及处理方法见表 4-9。

表 4-9 常见的异常现象及处理方法

异常现象	原因	处理方法
尾气夹带液体量大	1)原料气量过大 2)吸收剂量过大 3)吸收塔液面太高 4)吸收剂太脏、黏度大 5)填料堵塞	1)减少进塔原料气量 2)减少进塔喷淋量 3)调节排液阀，控制在规定范围 4)过滤或更换吸收剂 5)停车检查、清洗或更换填料
吸收剂用量突然下降	1)溶液槽液位低、泵抽空 2)水压低或停水 3)水泵损坏	1)补充溶液 2)使用备用水源或停车 3)启动备用水泵或停车检修
尾气中氨含量高	1)进塔原料气中氨含量高 2)进塔吸收剂用量不够 3)吸收温度过高或过低 4)喷淋效果差 5)填料堵塞	1)降低进塔入口处的氨浓度 2)加大进塔吸收剂用量 3)调节吸收剂入塔温度 4)清理、更换喷淋装置 5)停车检修或更换填料
塔内压差太大	1)进塔原料气量大 2)进塔吸收剂量大 3)吸收剂太脏、黏度大 4)填料堵塞	1)降低原料气进塔量 2)降低吸收剂进塔量 3)过滤或更换吸收剂 4)停车检修或清洗、更换填料
塔液面波动	1)原料气压力波动 2)吸收剂用量波动 3)液面调节器出故障	1)稳定原料气压力 2)稳定吸收剂用量 3)修理或更换
鼓风机有响声	1)杂物进入机内 2)水带入机内 3)轴承缺油或损坏 4)油箱油位过低、油质差 5)齿轮啮合不好、有活动 6)转子间隙不当或轴向位转	1)紧急停车处理 2)排除机内积水 3)停车加油或更换轴承 4)加油或更换油 5)停车检修或启动备用鼓风机 6)停车检修或启动备用鼓风机

第五章 化工安全生产技术

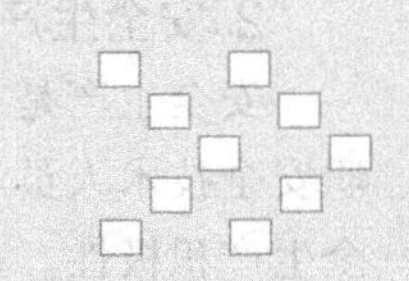

第一节 安全生产的基本原则及安全生产的措施

一、安全生产——专门的效益

安全是人们生产活动的保障，要实现安全生产，必须要有良好的专业知识，没有知识总是隐藏着危险。化工生产中制定的各项安全制度，是千百人鲜血换来的经验总结，了解和遵守各项规章制度，熟练地掌握生产操作规程和严格遵守生产控制点，事故就可以避免。

安全生产是专门的效益，它不仅会给人们带来平安幸福，减少创伤、疼痛和精神上的痛苦，而且也会给企业带来经济效益，促进生产，减少设备损坏与生产停顿等事故。

违章作业绝对禁止。不管生产任务多么紧迫，也绝不允许忽视安全。轻率不是勇敢！无知必酿大祸。只有正确运用专业知识，才能防止事故发生。

二、安全生产的基本原则

1. 生产必须安全

实现安全生产，保护职工在生产劳动过程中的安全与健康，是企业管理的一项基本原则。在执行“生产必须安全，安全促进生产”方针时，必须树立“安全第一”的思想，贯彻“管生产必须同时管安全”的原则。

“安全第一”是指考虑生产时，必须考虑安全条件，落实安全生产的各项措施，保证职工的安全与健康，保证生产长期地、安全地进行；“安全第一”是各级领导干部的神圣职责，在工作中要处理好生产与安全关系，牢固保护职工的安全和健康；“安全第一”对广大职工来说，应严格地自觉地执行安全生产的各项规章制度，从事任何工作，都应首先考虑可能存在的危险因素，注意些什么，该采取哪些预防措施，防止事故发生，避免人身伤害或影响生产的正常进行。

贯彻“管生产必须同时管安全”的原则，就是要求企业各级领导把安全生产渗透到生产管理的各个环节，做到生产和安全的“五同时”，即在计划、布置、检查、总结、评比生产时，同时要计划、布置、检查、总结、评比安全工作；在编制企业年度计划与长远规划时，同时要把安全生产作为一项重要内容，结合企业的生产挖潜、技术革新、设备改造、工业改组，消除事故隐患，改善劳动条件。

2. 安全生产，人人有责

安全生产是一项综合性的工作，必须坚持走群众路线，专群结合，在充分发挥专职安全技术人员和安全管理人员的骨干作用的同时，应充分调动和发挥全体职工的安全生产积极性。在现代化工业生产中，企业各级各类人员，若在安全生产上稍有疏忽或不慎，必须酿成重大事故。要做到安全生产，必须依靠全体职工，人人重视安全生产，个个自觉遵守安全生产规章制度，提高警惕，互相监督，发现隐患，及时消除，确保生产安全，正常地进行。

为此，企业必须制订各级安全生产责任制，安全规章制度和各工种岗位的安全技术操作规程等。在贯彻执行各项安全规章制度时，除加强政治思想工作和经常的监督检查外，还应与各岗位、各类工作人员的经济效益相挂钩，对安全生产中的好人好事好经验，给予表扬和奖励，对违章指挥、违章作业和玩忽职守而造成事故的责任者，应认真追究，严肃处理，做到奖罚严明。

3. 安全生产，重在预防

安全生产，重在预防，变被动为主动，变事后处理为事前预防，把事故消除在萌芽状态。为此，工厂企业在新建、改建、扩建企业或车间，以及计划实施革新、挖潜、改革项目时，必须认真贯彻“三同时”原则，即安全技术和“三废”治理措施与主体工程同时设计、同时施工、同时投产，决不能让不符合安全、卫生要求的设备、装置、工艺投入运行。在开展安全生产的科研工作时，对运行中的生产装置、生产工艺存在的不安全问题，组织力量攻关，及时消除隐患；在日常生产工作中，狠抓安全生产的基础工作，开展各种形式的安全教育活动，进行定期的安全技术考核，组织定期与不定期的安全检查，分析各类事故发生的原因及其规律，以不断提高职工识别、判断、预防和处理事故的本领，及时发现和消除不安全因素，使生产处在安全控制状态。

三、实现安全生产的措施

安全生产是一门学科，必须认真学习，不断提高安全生产的自觉性和责任感，人人重视安全，时时注意安全，事事想到安全，把防范事故的措施落实在前面，做到居安思危，防患于未然，杜绝事故的发生，实现安全生产、文明生产。

1. 贯彻执行安全生产责任制

根据国家颁发的有关安全规定，结合本企业的生产特点，建立安全网络和安全生产责任制，做到安全工作有制度、有措施、有布置、有检查，各有职守，责任分明。

① 认真履行安全职责，严格遵守各项安全生产规章制度，积极参加各项安全生产活动；

② 坚守岗位，精心操作，服从调度，听从指挥；

③ 严格执行岗位责任制，巡回检查制和交接班制；

④ 加强设备维修保养，经常保持生产作业现场的清洁卫生，搞好文明生产；

⑤ 严格执行操作上岗证制度；

⑥ 正确使用，妥善保管各种劳动保护用品和器具。

2. 抓好安全教育

① 入厂教育：凡入厂的新职工、新工人、实习和培训人员，必须进行三级（厂、车间、班组）安全教育和安全考核；

② 日常教育：每次安全活动，都必须进行安全思想、安全技术和组织纪律性的教育，增强法制观念，提高安全意识，履行安全职责，确保安全生产；

③ 安全技术考核：新工人进入岗位独立操作前，须经安全技术考核。凡未参加考核或考核不及格者，均不准到岗位进行操作。

3. 开展安全检查活动

每年要进行2～4次群众性、专业性和季节性的检查。车间至少每月一次。要建立“安全活动日”和班前讲安全（开好班前事故预想会），班中查安全（巡回检查），班后总结安全（总结经验教训）的制度。

查检方法以自查为主，互查、抽查为辅。查检内容主要是查思想、查纪律、查制度、查隐患，发现问题，及时报告处理。

4. 搞好安全文明检查

经常注意设备的维修和保养，杜绝跑、冒、滴、漏现象，以提高设备的完好率。定期进行设备的检修与更换，在此过程中，应认真检查《安全生产四十一条禁令》的执行情况，杜绝一切事故的发生。

5. 加强防火防爆管理

对所有易燃、易爆物品及易引起火灾与爆炸危险的过程和设备，必须采用先进的防火、灭火技术，开展安全防火教育，加强防火检查和灭火器材的管理，防止火灾爆炸事故的发生。

6. 加强防尘防毒管理

① 限制有害有毒物质（物料）的生产和使用；

② 防止粉尘、毒物的泄漏和扩散，保持作业场所符合国家规定的卫生标准；

③ 配置相应的有效劳动保护和安全卫生设施和防护措施，定期进行监测和体检。

7. 加强危险物品的管理

对易燃易爆、腐蚀、有毒害的危险物品的管理，必须严格执行国家制定的管理、贮存、运输等规定。危险品生产或使用中的废气、废水、废渣的排放，必须符合国家《工业企业设计卫生标准》和国家安全环保有关法规的规定。

8. 配置安全装置和加强防护器具的管理

现代化工业生产中，必须配置有：温度、压力、液面超压的报警装置、安全联锁装置、事故停车装置、高压设备的防爆泄压装置、低压真空的密闭装置、防止火焰传播的隔绝装置、事故照明安全疏散装置、静电和避雷的防护装置、电气设备的过载保护装置以及机械运转部分的防护装置等，安全装置要加强维护，保证灵活好用。

对于保护人体的安全器具，如安全帽、安全带、安全网、防护面罩、过滤式防毒面具、氧气呼吸器、防护眼镜、耳塞、防毒防尘口罩、特种手套、防护工作服、防护手套、绝缘手套和绝缘胶靴等，都必须妥善保管并会正确使用。

9. 严格执行《安全生产四十一条禁令》

原化学工业部颁发的《安全生产四十一条禁令》，至今仍然是化工行业搞好安全生产的重要规章制度，必须严格执行，做到令行禁止。其主要内容包括：

① 生产区内的“十四个不准”；

② 进入容器、设备的“八个必须”；

③ 防止违章动火的“六大禁令”；

④ 操作工的“六个严格”；

⑤ 机动车辆的“七大禁令”。

第二节 人身安全防护

根据有关规定和工作纪律，每一个职工或参观、实习人员，在进入车间工作场所前，有责任穿戴好所规定的个人防护用具。

一、个人防护器具

1. 头部防护

安全帽是预防下落物体（固体、液体）或其他物体碰撞头部而引起危险的人体头部保护用品。

以下情况必须使用安全帽：

(1) 在车间和它们的露天区域；

(2) 有天车、吊车作业的场所，或高空和地联合作业的场所；

(3) 在 1.5m 以上空间有重物运动的工作场所；

(4) 在建筑与安装岗位；

(5) 女工在车床等岗位上操作。

2. 眼睛和面部防护

在工作区域内，如有飞出的物体、喷出的液体或危险光的照射，操作者眼睛和面部会受到伤害。为此，必须考虑配戴眼镜和面部防护用具。如从事钻、车、铣、刨、凿、磨、机械除锈、脆性材料加工，从事焊接或火焰切割；接触或开启有腐蚀性，有爆炸危险或火灾危险的物质或残留物的系统，进行化学实验工作；进行在带压设备上手工操作；开启或松开超压法兰，隔断装置和密封塞；使用液体喷射器等。在进行对眼睛或面部有较大危险工作区域内的工作人员也必须配戴正常视力的防护眼镜，或再戴一个合适的面罩。

3. 脚部防护

为了使操作者的脚部不受损伤，以下岗位必须穿安全鞋：

(1) 在有酸、碱物质泄漏的岗位或酸碱车间，必须穿防酸、碱工作鞋；

(2) 在有碰撞、挤压、下跌物体面使脚部受伤的岗位，应穿防砸鞋；

(3) 在高温岗位操作应穿绝热安全鞋；

(4) 在实验室、实习工厂及类似车间内的操作，也要穿牢面的和封闭的鞋。

4. 手部防护

在从事对手部有损伤的工作时，应戴上合适的防护手套。如手接触酸、碱等腐蚀性物质，或接触冷、热物质以及机械负荷。对于能引起生理变态反应或皮肤病危险的岗位，还要使用由工厂医疗部门提供的皮肤防护油膏。手的保养性清洗，可使用合适的清洗剂。

在转动轴旁工作人员，如在砂轮上磨削工件，或在钻床上打孔，绝不允许戴防护手套，以防手套被卷入而损伤手部或手指。

5. 听力防护

噪音超过国家规定的标准范围时，必须使用听力防护用具。在这种噪音区内的工作人员，应由工厂医疗部门进行适应性或预防性检查，同时，根据噪音的强度和频率，选定听力防护用具的种类，如听力防护软垫、塞、罩等。

6. 呼吸防护

工作区域内的空气中，有毒气体、蒸气、悬浮物的浓度超过标准所规定的范围时，会引起操作人员中毒或呼吸供氧不足而窒息，必须使用合适的呼吸防护用具。

职工在使用呼吸防护用具时，必须接受安全部门的教育和培训，掌握其使用方法和功能。

7. 防护服 (工作服)

凡进入工作区的人员，在没有其他规定的条件下，必须穿上一般的工作服。在较高燃烧危险岗位及其区域工作，如电石车间，必须穿上不易燃烧抗高温的防护工作服，工作中接触酸、碱或其他有损皮肤的物质时，应穿上能耐酸、碱的粗绒布服、聚氯乙烯防护服、检皮围裙等。在进行焊接工作的，可以穿电气焊防护工作服，从事微波作业人员，应穿上微波屏蔽大衣。

二、运转机器旁的安全防护

在生产操作中，各种泵、离心分离机、研磨机、皮带输送机，以及各种车床等运转机器上的所有运动部件都是危险的，操作者的某个部位一旦接触被卷入机器，就会遭到程度不同的伤害。为了防止与这些运动部件接触，必须在这些部件套上外罩、如铁栅，薄铁板套或其他类似的外罩。此外，还可安装安全联锁装置，如果有东西被卷入机器时，联锁装置就会中断电源，使机器停止运转，从而避免事故的发生。安装机械开关元件或光线阻挡器，也可起到安全防护作用。当接触或靠近运转机器时，机器就会自动停止运转。

在检修运转机器时，必须切断电源，停止机器运转，然后取下外罩进行修理，绝不允许机器运转时去拆取防护外罩。机器停止后，应避免错误地合上电闸的情况，为此，可通过拆开电动机的接线，或装设安全开关。安全开关会同时切断控制和动力电路，并通过一个或几个钥匙锁住电源开关，以免错误地合上电源开关。在运转机器旁的操作人员，必须穿紧身工作服，宽松的工作服会因飘动而被旋转的轴抓住发生事故。长头发也很危险，一旦被旋转轴抓住，会遭到头皮被撕裂的危险。有长发的操作人员，必须戴工作帽或头发网套。

对高速旋转的砂轮及切割盘，在高速旋转情况下使用必须十分小心，要遵守规定的转速。对于刀具（车刀、铣刀）、钻头、锤把等工具，也要特别当心维护，损坏的器具应及时更换或修理。

第三节 防火防爆

对所有化工原料、化工产品或中间体，大都是可燃或易燃的物质，不可避免地存在燃烧和爆炸的危险，一旦事故发生，将会造成人身伤亡，机械设备、建筑物毁坏，甚至迫使生产停顿。可见，做好防火防爆工作是非常重要的。

一、燃烧

1. 燃烧及其条件

燃烧是可燃物质（气体、液体或固体）与氧或氧化剂相互作用而发生光和热的反应。其特征是放热、发光、生成新物质。只有同时具备放热、发光和生成新物质的反应，才能称为燃烧。

燃烧必须同时具备三个条件：①可燃物质，如木材、液化石油气等；②助燃物质，如空气、氧和氧化剂；③能源，如明火、电火花、摩擦等。这三个条件缺一不能构成燃烧反应。在某些情况下，每一条件还必须具有一定的数量，并彼此相互作用，否则也不会发生燃烧。如空气中氧的浓度下降到14%，燃着的木材就会熄灭。对于已经进行的燃烧，若消除其中任何一个条件，燃烧就会终止，因此，一切防火和灭火的措施，都是根据物质的性质和生产条件，阻止燃烧的三个条件同时存在、相互结合和相互作用。

2. 燃烧的形式

根据燃烧的起因和剧烈程度的不同，可分为闪燃、着火和自燃。

(1) 闪燃和闪点　各种液体表面都有一定量的蒸气，蒸气的浓度决定于该液体的温度。在一定温度下，可燃液体表面或容器内的蒸气和空气的混合面形成的混合物可燃气体，遇火源即发生燃烧。在形成混合可燃气体的最低温度时，所发生的燃烧只出现瞬间火苗或闪光。这种现象，称为闪燃。引起闪燃时的最低温度称为闪点。如乙醇的闪点为13℃，丙酮的闪点为−18℃等。

(2) 着火与着火点　当温度超过闪点并继续升高时，若与火源接触，不仅会引起易燃物体与空气混合物的闪燃，而且会使可燃物燃烧。这种当外来火源或灼热物质与可燃物接近时，而开始持续燃烧的现象叫着火。使可燃物质开始持续燃烧所需的最低温度，称为该物质的着火点或燃点。物质燃点的高低，反映出该物质火灾危险性的大小，物质的燃点愈低，愈易着火，火灾的危险性就愈大。

(3) 自燃与自燃点　可燃物质不需火源接近便能自行着火的现象称为自燃。可燃物发生自燃的最低温度称自燃点。自燃现象可分为受热自燃与本身自燃两种。

受热自燃是可燃物质虽不与明火接触，但在外部热源作用下，使温度达到自燃点而发生着火燃烧的现象称为受热自燃。例如，可燃物接近蒸汽管道加热或烘烤过程，均可导致可燃物自燃。

二、爆炸

1. 爆炸及其分类

爆炸是指物质从一种状态迅速转变成另一种状态，并在瞬间放出大量的能量，同时产生巨大声响的现象。爆炸也可视为气体或蒸汽在瞬间剧烈膨胀的现象。

在爆炸过程中，由于物系具有高压或爆炸瞬间形成高温高压气体，或蒸气的骤然膨胀，体系内能转变为机械功、光和热辐射，使爆炸点周围介质中的压力发生急剧的突变，从而产生破坏作用。其破坏的主要形式有：

(1) 震荡作用　在遍及破坏作用的区域内，有一个能使物体震荡，使之松散的力量。

(2) 冲击波　随着爆炸的出现，冲击波最初出现正压力，而后又出现负压力。负压力是气压下降后空气振动产生局部真空而形成所谓吸收作用。由于正、负压力交替的波状气压向四周扩散，从而造成附近建筑物的破坏。建筑物破坏程度与冲击波的能量大小、建筑物的形状、大小及坚固性和建筑物与产生冲击波的中心距离等因素有关。

(3) 碎片冲击　机械设备、装置、容器等爆炸以后，变成碎片飞散出去会在相当广的范围内造成危害，在爆炸事故中，爆炸碎片造成的伤亡占有相当大的比例。碎片飞散一般可达100～500m。

(4) 造成火灾　通常爆炸气体扩散只发生在极其短促的瞬间，对一般可燃物质不足以造成起火燃烧，而且有时冲击波还能起灭火作用。但是，建筑物内遗留大量的热或残余火苗，还会把从破坏的设备内部不断流出的可燃气体或易燃、可燃液体的蒸气点燃，使厂房可燃物起火，加重爆炸的破坏力。

爆炸可按其不同形式进行分类，若按爆炸的传播速度，可分为轻爆、爆炸和爆轰。

轻爆，通常指传播速度为每秒数十厘米至数米的过程。

爆炸，是指传播速度为每秒十米至数百米的过程。爆轰，指传播速度为每秒一千米至七千米的过程。

若按引起爆炸过程性质，爆炸可分为物理爆炸和化学爆炸。

物理爆炸是由物理变化而引起的，物质状态或压力发生突变而形成爆炸的现象。如蒸气锅炉和受压容器、高压气瓶超压引起的爆炸等。这种爆炸前后物质和成分均不改变，只是由于设备内部物质的压力超过了设备所可能承受的机械强度，内部物质急速冲击而引起的。

化学性爆炸是由于物质迅速发生化学反应，产生高温、高压而引起的爆炸。这种爆炸前后物质的性质和成分均发生根本性的变化。按其变化性质，则又可分为简单分解爆炸，复杂分解爆炸和爆炸性混合物的爆炸。

简单分解爆炸是爆炸物在爆炸时不发生燃烧的反应，爆炸所需的热量由爆炸物本身分解时产生。如乙炔银、碘化氮、氯化氮等物质的爆炸。这类物质非常危险，受轻微震动即可引起爆炸。

复杂分解爆炸伴有燃烧现象，燃烧所需的氧由本身分解时供给。所有炸药、各类氮及氯的氧化物、苦味酸等物质的爆炸均属于此类。

所有可燃气体、蒸气及粉尘与空气或氧的混合所形成的混合物的爆炸，称为爆炸性混合物的爆炸。这类物质的爆炸需要一定条件，如爆炸物的含量、氧气含量及激发能源等。这类物质的爆炸危险性虽较前二类为低，但工厂存在更为普遍，造成的危害性也较大。如物质从工艺装置、设备、管道内泄漏到厂房或空气进入可燃性气体的设备内，都可形成爆炸性混合物，如遇到火种，便造成爆炸事故。这类爆炸一般都伴有燃烧现象发生。

2. 爆炸极限

爆炸极限是指某种可燃气体、蒸气或粉尘和空气的混合物能发生爆炸的浓度范围。发生爆炸的基本条件，是爆炸混合物的浓度范围。发生爆炸的最低浓度和最高浓度分别称作爆炸下限和上限。当混合物浓度低于爆炸下限时，由于含有过量的空气，起到冷却作用，阻止了火焰的蔓延；同样，浓度高于爆炸上限时，由于空气不足，而使火焰不能传播。所以，当浓度在爆炸范围以外时，混合物不会爆炸。但是，对于浓度在爆炸上限的混合物，切勿误认为是安全的，一旦有空气补充，就又具有爆炸的危险性。

爆炸极限一般用可燃气体或蒸气在混合物中的体积百分比来表示，有时也用单位体积（m^3 或 L）混合物中所含可燃物质的质量来表示，即 g/m^3、g/L。

若以爆炸极限的上限与下限之差，再除以下限值，其结果即为危险度。表达式为

$$H=(x_2-x_1)/x_1$$

式中 x_1——爆炸下限值；

x_2——爆炸上限值；

H——危险程度。

H 值越大，表示爆炸的危险性越大。爆炸下限越低，爆炸极限的范围就越宽，则爆炸的危险性就越大。所以，知道爆炸极限，就能正确地确定工艺过程的爆炸燃烧的危险程度，就能对使用和制备可燃气体或易燃液体的工序制订出各项防爆的措施。

一些常见气体、蒸气在常温常压下的爆炸极限如表 5-1 所示。

表 5-1 一些常见气体、蒸气在常温常压下的爆炸极限

物质名称	爆炸极限/%		物质名称	爆炸极限/%		物质名称	爆炸极限/%	
	上限	下限		上限	下限		上限	下限
氢气	4.1	74.2	甲烷	5.3	15	水煤气	6.2	70.0
一氧化碳	12.5	74.2	硫化氢	4.3	45.5	焦炉气	4.4	34.0
氯气	15.7	27.4	发生炉煤气	20.7	73.7	天然气	4.0	16.0
甲醇	6.7	36	甲苯	1.27	7	乙醚	1.85	36.5
甲醛	7.0	73	乙炔	1.5	82	二硫化碳	1.3	50
苯	1.3	7.1	乙烯	2.7	36	汽油	0.4	7.6

注：表中数值均为体积分数。

三、防止火灾爆炸的安全措施

如何能制止引起的燃烧和爆炸呢？最重要的原则是阻止可燃性气体或蒸气从设备、

容器中漏出，限制火灾爆炸危险物、助燃物与火源三者之间的相互直接作用。

1. 控制与消除火源

化工企业生产中遇到的着火源，除生产过程具有的燃烧炉火、反应热、电源外。还有维修用火、机械摩擦热、撞击火星以及吸烟用火等。这些火源是引起易燃易爆物质着火爆炸的原因，因此，严格控制火源，加强明火管理；不准穿带有钉子的鞋进入车间；对机器轴承要及时添油；在搬运盛有可燃气体或易燃液体的金属容器时，不要抛掷；厂房内严禁吸烟；不准在高温管道和设备上烘烤衣服及其他可燃物件等。

2. 化学危险物品的安全处理

在化工企业内，具有燃爆危险的物质主要是化学物品。因此，在生产过程中，必须了解各种化学物品的物理化学性质，根据不同性质，采取相应的防火防爆和防止火灾扩大蔓延的措施。

对于物质本身具有自燃能力的油脂，以及遇空气能自燃、遇水燃爆的物质等，应采取隔绝空气、防火、防潮或采取通风、散热、降温等措施，以防止物质的自燃和发生爆炸。

两种互相接触会引起燃爆的物质不能混放；遇酸碱有分解爆炸燃烧的物质，应防止与酸碱接触；对机械作用比较敏感的物质，应轻拿轻放。

易燃、可燃气体和液体蒸气，要根据它们的相对密度，采取相应的排污方法和防火防爆措施。根据物质的沸点、饱和蒸气压考虑容器的耐压强度，贮存、降温措施等。根据物质闪点、爆炸极限等，采取相应的防火防爆措施。

对于不稳定的物质，在贮存中应添加稳定剂或以惰性气体保护。对某些液体，如乙醚受到阳光作用时，会生成过氧化物，故必须存在金属桶内或暗色的玻璃瓶中。

物质的带电性能，直接关系到物质在生产、贮存、运输等过程中，有无产生静电的可能。对于易产生静电的物质，应采取接地等防静电措施。

为了防止易燃气体、蒸气和可燃性粉尘与空气构成爆炸性混合物，应该使设备密闭或负压操作。对于在负压下生产的设备，应防止空气吸入。为了保证设备的密闭性，对危险物系统应尽量少用法兰连接，但要保证安装检修的方便。输送危险气体、液体的管道应采用无缝管。

3. 厂房的通风置换

对生产车间空气中可燃物的完全消除，仅靠设备的密闭是不可能的，往往还借助于通风置换。对含有易燃易爆气体的厂房，所设置的排、送风设备应有独立分开的通风室，如通风机室设在厂房内，则应有隔绝措施。同时，应采用不产生火花的通风机和调节设备，排除有燃烧爆炸危险粉尘的排风系统，应先将粉尘空气净化后进入风机，同时应采用不产生火花的除尘器。如果粉尘与水接触能生成爆炸混合物时，则不能采用湿式除尘器。

通风管道不宜穿过防火墙或非燃烧体的楼板等防火隔绝物。对有爆炸危险的厂房，应设置轻质板制成的屋顶，外墙或泄压窗。

4. 可燃物大量泄漏的处理

工厂可燃物的大量泄漏，对生产必将造成重大的威胁。为了避免因大量泄漏而引起的燃烧爆炸，故必须进行恰当的处理。

当车间出现物料大量泄漏时，区域内的可燃气体检测仪会立即报警，此刻，操作人员除向有关部门报告外，应立即停车，打开灭火喷雾器，将气体冷凝或采用蒸气幕进行处理。同时要控制一切工艺参数的变化，若工艺参数达到临界温度、临界压力等危险值时，要按规程正确进行处理。

5. 工艺参数的安全控制

在生产中正确控制各种工艺参数，不仅可以防止操作中的超温、超压和物料跑损，而且是防止火灾爆炸的根本措施。

在生产中为了预防燃爆事故发生，对原料的纯度、投料量、投料速度、原料配比以及投料顺序等，必须按规定严格控制，同时要正确控制反应温度并在规定的范围内变化。

生产中的跑、冒、滴、漏现象，是导致火灾爆炸事故的原因之一，因此，要提高设备完好率，降低设备泄漏率；要对比较重要的各种管线，涂以不同颜色加以区别；对重要阀门采取挂牌加锁；对管道的震动或管道与管道间的摩擦等应尽力防止或设法消除。

在发生停电、停气或汽、停水、停油等紧急情况时，要准确、果断、及时地作出相应的停车处理。若处理不当，也可能造成事故或事故的扩大。

6. 实现自动控制与安全保险装置

化工生产实现自动控制，并安装必要的安全保险装置，可以将各种工艺参数自动准确地控制在规定的范围内，保证生产正常地进行。生产过程中，一旦发生不正常或危险情况，保险装置就能自动进行动作，消除隐患。

联锁保护系统是化工生产中某些关键变量超限幅度较大，如不采取措施将会发生更为严重的事故，为避免事故的发生或限制事故的发展，保护人身和设备的安全，联锁系统将自动启动备用设备或自动停车，切断与事故有关的各种联系。在仪表检修后和装置开车前，必须对仪表系统和联锁保护系统检查确认后，才能开车。生产操作中，必须严格执行仪表联锁保护系统的管理制度。

7. 限制火灾爆炸的扩散蔓延

在化工生产设计时，对某些危险性较大的设备和装置，应采取分区隔离、露天安装和远距离操纵；在有燃爆危险的设备、管道上应安装阻火器及安全装置；在生产现场配有消防灭火器材；在生产中，一旦发生火灾爆炸，应立即关闭燃烧部位与生产系统的阀门，切断可燃物料的来源，同时选用合适的消防灭火器材进行灭火。

四、灭火器材的种类及使用方法

1. 水或水蒸气灭火

水是最常用的灭火剂，具有很好的灭火效能。直流水和开花水可以扑救一般固体物质的火灾，还可扑救闪点在120℃以上，常温下显半凝固状态的重油火灾。雾状水可用于扑救粉尘、纤维状物质及谷物堆囤等固体可燃的火灾和扑救带电设备的火灾。但以下着火不能用水扑救。

① 电石着火时千万不能用水扑救，要用干砂土扑救；

② 苯、甲苯、醚、汽油等非水溶性的相对密度小于水的可燃、易燃液体着火，原则上不能用水扑救。可用泡沫、干粉、1211 等灭火剂扑救；

③ 重质油料、如原油、重油着火，原则不能用水扑救，而用雾状水扑救；

④ 贮存大量浓硫酸、浓硝酸的场所发生火灾，不能用直流水扑救，必要时宜用雾状水扑救；

⑤ 直流水不能扑救带电设备的火灾，也不能扑救可燃粉尘（面粉、铝粉、煤粉、锌粉等）聚集处的火灾。

2. 化学泡沫灭火器

化学泡沫灭火器主要由碳酸氢钠、硫酸铝和少量发泡剂（甘草粉）与稳定剂（三氯化铁）组成。使用时可通过颠倒灭火器或其他方法，使两种化学溶剂混合而发生如下反应：

$$Al_2(SO_4)_3 + 6NaHCO_3 = 3Na_2SO_4 + 2Al(OH)_3 + 6CO_2\uparrow$$

反应式中生成的 CO_2 气体，一方面在发泡剂的作用下，形成以 CO_2 为核心的外包 $Al(OH)_3$ 的大量微细泡沫，同时，使灭火器内压力很快上升，将生成的泡沫从喷嘴中压出。由于泡沫中含有胶状 $Al(OH)_3$，易于黏附在燃烧物表面、并可增强泡沫的热稳定性。灭火器中稳定剂不参加化学反应，但它可分布于泡膜中可使泡沫稳定、持久、提高泡沫的封闭性能，起到隔绝氧气的作用。达到灭火的目的。

工厂常用的化学泡沫灭火器为手提式，如图 5-1 所示。它是用薄钢板卷焊而成的圆筒，筒内壁镀锡并涂有防腐漆，筒中央吊挂着盛有 $Al_2(SO_4)_3$ 溶液的玻璃瓶，瓶子与筒壁之间充装 $NaHCO_3$ 溶液，在 $NaHCO_3$ 溶液中加有少量甘草精（发泡剂）和泡沫稳定剂，筒盖旋紧于筒口上，盖上有喷嘴。

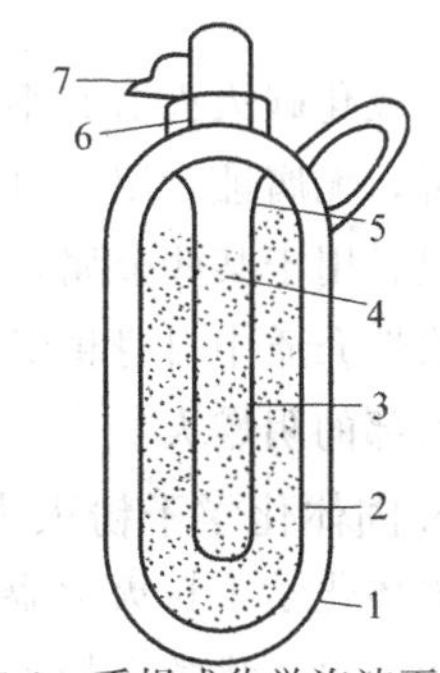

图 5-1　手提式化学泡沫灭火器
1—筒体；2—$NaHCO_3$ 药剂；3—玻璃瓶；4—$Al_2(SO_4)_3$ 药剂；5—金属支架；6—筒盖；7—喷嘴

标准手提式化学泡沫灭火器约 8.3kg，容积为 $0.01m^3$，能产生 45kg 泡沫，射程为 8～10m，全部喷射时间在 1min 左右。

化学泡沫灭火器主要用于扑救闪点在 45℃以下的易燃液体的着火，如汽油、松香水等非水溶液体的火灾，也能扑救固体物料的火灾。但对水溶性可燃、易燃液体，如醇、醚、酮、有机酸等，带电设备、轻金属、碱金属及遇水可发生燃烧爆炸的物质的火灾，切忌使用。

3. 酸碱灭火器

手提式酸碱灭火器的构造与手提式化学泡沫灭火器相同。内装 $NaHCO_3$ 溶液和另一小瓶 H_2SO_4。使用时将筒身颠倒，硫酸与 $NaHCO_3$ 发生如下反应：

$$2NaHCO_3 + H_2SO_4 = Na_2SO_4 + 2H_2O + 2CO_2\uparrow$$

筒内生成的 CO_2 气体产生压力，使 CO_2 和溶液从喷嘴喷出，笼罩在燃烧物上，将燃烧物与空气隔离而起到灭火作用。

手提式酸碱灭火器适用于扑救竹、木、棉、毛、草等一般可燃固体物质的初起火灾，但不宜用于油类、忌水、忌酸物质及电气设备的火灾。

4. 二氧化碳灭火器

手提式二氧化碳灭火器是由无缝钢管制成的圆筒形钢瓶，如图 5-2 所示。钢瓶内充有压力为 8.83MPa 的液体 CO_2（灭火剂），容量为 5kg。钢瓶上有喷嘴、喷管、启闭阀等部件。使用时先取下铅封和闩棍，一手拿着喇叭筒对准火源，一手按下压把，CO_2 即从喷嘴喷出。射程 2～3m，喷射时间为 45s。

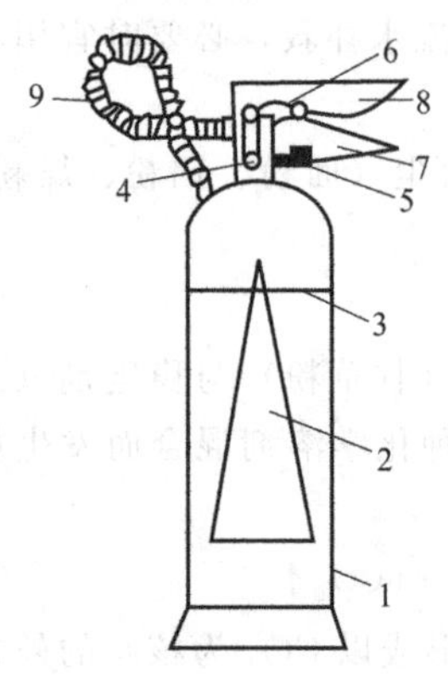

图 5-2　手提式 CO_2 灭火器

1—钢瓶；2—喷筒；3—卡带；4—启闭阀组；5—安全堵；6—闩棍；7—提把；8—压把；9—喷管

二氧化碳灭火剂是无色无嗅的气体，相对密度为 1.509，不助燃，不导电，可呈液体装入钢瓶内贮存和运输，是一种较好的灭火剂。它的灭火作用，主要是冷却与稀释空气的作用。当 CO_2 从灭火器喷嘴喷出时，在燃烧物表面会覆盖一层雪花状白色固体——干冰。由于干冰温度为－78.5℃，当气化时便发生骤然膨胀而吸收空气热量，使燃烧区的温度急剧降低，同时，空气中增加了既不燃烧又不助燃的 CO_2 成分，燃烧物将被 CO_2 笼罩，相应地也稀释了空气中氧的含量。实践表明，当燃烧区域空气中氧含量低于 12％或者 CO_2 浓度达到 30％～35％时，绝大多数燃烧物都会熄灭。

二氧化碳灭火器有很多优点，灭火后不留有任何痕迹，不损坏被救物品，不导电，无毒害，无腐蚀，用它可以扑救电器设备、精密仪器、电子设备、图书资料档案等火灾。但忌用于某些金属，如钾、钠、镁、铝、铁及其氢化物的火灾，也不适用于某些能在惰性介质中自身供氧燃烧的物质，如硝化纤维火药的火灾，它难于扑灭一些纤维物资内部的阴燃火。

5. 固体化学干粉灭火器

固体化学干粉灭火器是比较新型的灭火器，贮存和使用都很方便，灭火效果好。常用的手提式化学干粉灭火器有 2kg、4kg 和 8kg 装三种。粉筒是用优质钢板冷拉成型和气体保护焊接组合而成，耐压性能强。粉筒内装有以碳酸氢钠为基料的小苏打粉、改性钠盐粉、硅化小苏打干粉、氨基干粉以及少量的防潮剂硬脂酸及滑石粉等。并备有盛装压缩 CO_2 或 N_2 的小钢瓶作为喷射的动力。

使用时，站在距火场 5～6m 处，一手紧握喷嘴胶管并将喷嘴对准火焰根部，另一手提拉圈环，容器内干粉便可喷出粉雾。在燃烧区干粉碳酸氢钠受高温作用，其反应：

$$2NaHCO_3 \xrightarrow{高温} Na_2CO_3 + H_2O + CO_2\uparrow - Q$$

在反应过程中，由于放出大量水蒸气和 CO_2，并吸收大量的热，因此，起到一定冷却和稀释可燃气体的作用；同时，干粉灭火剂与燃烧区碳氢化合物作用，夺取燃烧连锁反应的自由基，从而抑制燃烧过程，致使火焰熄灭。

干粉灭火剂无毒、无腐蚀作用，主要用于扑救石油及其产品，可燃气体及电器设备的初起火灾以及一般固体的火灾。扑救较大面积的火灾时，需与喷雾水流配合，以改善灭火效果，并可防止复燃。

在化工企业中，常用的灭火器类型及其性能见表5-2。

表5-2　常用灭火器类型及其性能

类型	泡沫灭火器	酸碱灭火器	CO_2 灭火器	干粉灭火器
规格	0.01m^3 0.065～0.13m^3	0.01m^3	2kg 2～3kg 3～7kg	8kg 50kg
药剂	碳酸氢钠、发泡剂和硫酸铝溶液	碳酸氢钠水溶液、硫酸	压缩成液体的二氧化碳	钾盐和钠盐干粉、备有盛装压缩气体的小钢瓶
用途	扑救固体物质和其他易燃液体火灾，不能扑救忌水和带电设备火灾	扑救木材、纸张等一般火灾，不能扑救电气、油类火灾	扑救贵重仪器、电气、油类和酸类火灾，不能扑救钾、钠、镁等物质火灾	扑救石油、石油产品、油漆、有机溶剂、天然气设备火灾
效能	0.01m^3 喷射时间60s，射程8m；0.065m^3 喷射170s，射程13.5m	喷射50s，射程10m	接近着火地点，保持3m远	8kg 喷射时间14～18s，射程4.5m；50kg喷射时间50～55s 射程6～8m
使用方法	倒过来稍加摇动或打开开关，药剂即可喷出	筒身倒过来即可喷出	手拿着喇叭筒对准火源；另一手打开开关即可喷出	提起圈环，干粉即可喷出
保养和检查	①放在方便处； ②注意使用期限； ③防止喷嘴堵塞； ④冬季防冻，夏季防晒； ⑤一年检查一次，泡沫低于4倍时应换药	①放在方便处； ②注意使用期限； ③防止喷嘴堵塞； ④定期或不定期的检查测量和分析	每月测量一次，当小于原量1/10时应充气	置于干燥通风处，防潮防晒。一年检查一次气压，若重量减少1/10时应充气

第四节　防尘防毒

一、尘毒物质的来源及分类

1. 尘毒物质的来源

由于化工生产的原料路线广，产品种类多，故产生尘毒物的原因和造成尘毒物质的途径也不一样。总的来说，尘毒物质主要来源有下列几方面：

(1) 生产原料、中间产品和产品　化工生产所用的原料和某些中间产品或产品，都具有毒性，有些甚至是剧毒性物质。如苯、甲苯、二硫化碳、金属铅、汞、锰等。

(2) 由化学反应不完全和副反应产生的物质　有机化学反应的转化率和选择性一

般都不很高，生产中往往会产生一些不希望生成的副产物（杂质），即使是反应转化率较高，但获得的产品（按原料量计）一般在80%～95%。因此，在生产过程中一定要排放一些化学物质（循环气或废液），这些排放物如不处理，势必给环境造成污染。如生产丙烯腈时，要排放毒物乙腈和氢氰酸。

(3) 生产过程中排放的污水和冷却水　化学工业用水量和排出的废水量都很大，尤其是用水直接冷却和吸收的过程。由于反应物与水直接接触，使排出的废水中势必含有较多的毒害物质。

(4) 工厂废气　工厂所用燃料，大多是煤和石油产品。在燃烧过程中将会产生大量的二氧化硫、氮氧化合物、碳氢化合物、铅化物和一氧化碳等有害物质。另外，从放空管也能排放出大量的有毒气体。这些有害物质易导致局部地区的空气缺氧，甚至产生光化学烟雾。

(5) 其他生产过程中排出的废物　有的化学反应常加入水蒸气、惰性气体作稀释剂，最后以冷凝水或不凝气体的形式排入下水或大气中。催化剂的粉尘、废渣、滤饼等都属于生产过程中排出的尘毒物质。

(6) 设备和管道的泄漏　生产中若管理不善，设备、管路和阀门等未能及时检修，久之，就会出现带漏运转，这既损失了原料或产品，又会造成环境污染，直接毒害工人的身体健康。

2. 尘毒物质的分类

在化工生产过程中，散发出来的有危害的尘毒物质，按其物理状态，可分为五大类。

(1) 有毒气体　是指在常温常压下是气态的有毒物质，如光气、氯气、硫化氢气、氯乙烯等气体。这些有毒气体能扩散，在加压和降温的条件下，它们都能变成液体。

(2) 有毒蒸气　如苯、二氯乙烷、汞等有毒物质，在常温常压下，由于蒸气压大，容易挥发成蒸气，特别在加热或搅拌的过程中，这些有毒物质就更容易形成蒸气。

(3) 雾　悬浮在空气中的微小液滴，是液体蒸发后，在空气中凝结而成的液雾细滴；也有的是由液体喷散而成的。如盐酸雾、硫酸雾、电镀铬时产生的铬酸雾等。

(4) 烟尘　又称烟雾或烟气，是在空气中飘浮的一种固体微粒（0.1μm以下）。如有机物在不完全燃烧时产生的烟气，橡胶密炼时冒出的烟状微粒等。

(5) 粉尘　用机械或其他方法，将固体物质粉碎形成的固体微粒。一般在10μm以上的粉尘，在空气中很容易沉降下来。但在10μm以下的粉尘，在空气中就不容易沉降下来，或沉降速度非常慢。

前两类为气态物质，后三类除了粗粉尘容易沉降下来的以外，其他都能在空气中飘浮，故称气溶胶。

二、毒物对人体的危害

1. 毒物对全身的危害

毒物侵入人体被吸收后，通过血液循环分布到全身各组织或器官。由于毒物本身理化特性及各组织的生化、生理特点，进而破坏了人的正常生理机能，导致中毒的危害。

（1）急性中毒对人体的危害 急性中毒是指在短时间内大量毒物迅速作用于人体后发生的病变。由于毒物的性能不同，对人体各系统的危害亦不同。

① 对呼吸系统的危害 刺激性气体、有害蒸气和粉尘等毒物，对呼吸系统将会引起窒息状态、呼吸道炎和肺水肿等病症；

② 对神经系统的危害 四乙基铅、有机汞、苯、环氧乙烷、三氯乙烯、甲醇等毒物，会引起中毒性脑病，表现在头晕、头痛、恶心、呕吐、嗜睡，视力模糊以及不同程度的意识障碍等；

③ 对血液系统的危害 急性职业病中毒可导致白细胞增加或减少，高铁血红蛋白的形成及溶血性贫血等；

④ 对泌尿系统的危害 在急性中毒时，有许多毒物可引起肾脏损害，如升汞和四氯化碳中毒，会引起急性肾小管坏死性肾病；

⑤ 对循环系统的危害 毒物砷、锑、有机汞农药等，可引起急性心肌损害；在三氯乙烯、汽油等有机溶剂的急性中毒，毒物刺激β-肾上腺素受体而致心室颤动；刺激性气体会引起肺水肿，由于渗入大量血浆及肺循环阻力的增加，可能出现肺源性心脏病；

⑥ 对消化系统的危害 进口的汞、砷、铅等中毒，可发生严重的恶心、呕吐、腹痛、腹泻等酷似急性肠胃炎的症状；一些毒物，如硝基苯、氯仿、三硝基甲苯及一些肼类化合物，会引起中毒性肝炎。

（2）慢性中毒对人体的危害 由于长期受少量毒物的作用，而引起的不同程度的中毒现象。引起慢性中毒的毒物，绝大部分具有积蓄作用。人体接触毒物后，数月或数年后才逐渐出现临床症状，其危害也根据毒物的性能表现于人体的各系统。大致有中毒性脑及脊髓损害、中毒性周围神经炎、神经衰弱症候群、神经官能症、溶血性贫血、慢性中毒性肝炎、慢性中毒性肾脏损坏、支气管炎以及心肌和血管的病变等。

（3）工业粉尘对人体的危害 粉尘主要来源于固体原料、产品的粉碎、研磨、筛分、混合以及粉状物料的干燥、运输、包装等过程。

工业粉尘对人体危害最大的是直径在0.5～5μm的粒子，而工业中大部分粉尘颗粒直径就在此范围，因此对人体危害最大。

粉尘的物理状态、化学性质、溶解度以及作用的部位不同，对人体的危害也不同。一般刺激性粉尘落在皮肤上可引起皮炎；夏季多汗，粉尘易填塞毛孔而引起毛囊炎、脓皮肤病等；碱性粉尘，在冬季可引起皮肤干燥、皲裂；粉尘作用于眼内，刺激结膜引起结膜炎或睑腺类；毛皮加工厂的粉尘和黄麻的粉尘对某些人有致敏作用，吸入后可引起支气管哮喘。

长期吸入一定量粉尘，就会引起各种尘肺，如吸入煤尘、引起煤尘肺、吸入植物性粉尘，引起植物性尘肺。游离的二氧化硅、硅酸盐等粉尘，可引起肺脏弥漫性、纤维性病变的产生。

2. 毒物对皮肤的危害

皮肤是机体抵触外界刺激的第一道防线，在从事化工生产中，皮肤接触外在刺激物的机会最多，在许多毒物刺激下，会造成皮炎和湿疹、痤疮和毛囊炎、溃疡、脓疱疹、皮肤干燥、皲裂、色素变化、药物性皮炎、皮肤瘙痒、皮肤附属器官及口腔黏膜的病变等症。

3. 毒物对眼部的危害

化学物质对眼的危害，可发生于某化学物质与组织的接触，造成眼部损伤；也可发生于化学物质进入体内，引起视觉病变或其他眼部病变。

化学物质的气体、烟尘或粉尘接触眼部或化学物质的碎屑、液体飞溅到眼部，可能发生色素沉着、过敏反应、刺激炎症或腐蚀灼伤。如醌、对苯二酚等，可使角膜、结膜染色；硫酸、盐酸、硝酸、石灰、烧碱和氨水等同眼睛接触，可使接触处角膜，结膜立即坏死糜烂，与碱接触的部位，碱会由接触处迅速向深部渗入，可损坏眼球内部。由化学物质中毒所造成的眼部损伤，有视野缩小、瞳孔缩小、眼睑病变、白内障、视网膜及络膜病变等。

4. 毒物与致癌

人们在长期从事化工生产中，由于某些化学物质的致癌作用，可使人体内产生肿瘤。这种对机体能诱发癌变的物质称为致癌原。

职业性肿瘤多见于皮肤、呼吸道和膀胱，少见于肝、血液系统。由于致癌病因与发病学尚有许多基本问题未弄清楚，加之在生产环境以外的自然环境，也可接触到各种致癌因素，因此要确定某种癌是否是仅由职业因素而引起的，必须要有充分的根据。

三、防止和减少尘毒物质的主要措施

各种有毒物如果逸散在空气中或与人体直接接触，若其浓度超过容许值，就会对人体产生危害作用。防止和减少尘毒物质的措施，主要是加强管理，设法减少有毒物质的来源，降低有毒物质在空气中的含量，减少尘毒物质与人体的接触机会等。

1. 防尘防毒的技术措施

通过技术革新，消除或减少生产现场尘毒物质，是防止尘毒的根本措施。

（1）采用新的生产技术，改造设备和改变产品剂型，使生产过程中不产生尘毒或将尘毒消灭在生产过程中。

（2）以无毒或低毒原料代替有毒或高毒原料，是解决尘毒危害的好办法之一。例如生产氯丁橡胶时，过去采用苯作溶剂来制作聚合中止用的终止剂，现在用水代苯，彻底消除了苯的危害。

（3）以机械化、自动化操作代替繁重的手工操作，这不仅可以减轻操作者的劳动强度，而且可以避免操作者与尘毒物质的直接接触，减少尘毒物质对人体的危害。

（4）采用隔离操作或远距离自动控制，减少操作者与尘毒物质的接触机会，避免尘毒的危害。

（5）加强设备的维护保养，改进设备的密封方法和密封材料，以提高设备的完好和密封度；杜绝跑、冒、滴、漏，消除“二次尘毒”源。

（6）综合治理工业“三废”，防止环境污染。

（7）设置通风、排风装置，增加室内换气次数，尽快稀释和排出有毒物质，使操作者能在空气比较新鲜的环境中工作。

(8) 湿法降尘是治理粉尘危害的重要手段之一。其道理是大多数粉尘很容易被水湿润，致使一些飘尘（小于10μm的粉尘）被水或雾聚合在一起，并逐渐增加其重量和粒度，直到被沉降下来，从而将空气净化。矿山湿式凿岩、水幕隔尘、喷雾除尘等措施，也都属于湿法降尘。

2. 防尘防毒的生产管理措施

(1) 加强卫生安全教育，制定防尘防毒措施，建立健全各项规章制度，严格执行安全生产责任制。

(2) 严格执行《工业企业设计卫生标准》中有关车间空气有害物质的最高容许浓度的标准规定。加强对车间现场有毒物质的定时分析监测工作，控制空气中尘毒物质的浓度。

(3) 严格执行设备维护检修制度，及时维修保养好设备，杜绝跑、冒、滴、漏，防止有毒物质的扩散。

(4) 做好个人防护，在生产现场配备必要的防尘防毒器材，供操作人员使用。

四、尘毒防护器具及使用方法

为了避免或减少各种化学、物理、生物等因素对人体的侵害，所有人员在进入作业场所时，都必须进行个人防护，佩戴好防护器具。防护器具按其防护部位的不同，可分为头部防护、面部防护、呼呼器官防护、耳部防护及手脚的防护器具，此外，尚有防护服、安全带、救生器等防护用品及器材。这里仅介绍呼吸器官的防护器具。

呼吸器官防护器具包括防尘口罩、防毒口罩、防尘面罩、防毒面具、氧气呼吸器和空气呼吸器等。由于这些护具的构造和性能的不同，因此，它们的适用范围和使用方法也就不一样。

1. 自吸过滤式防尘口罩

自吸过滤式防尘口罩按结构特点，可分为复式型（换气阀型）和简易型，如图5-3所示的型防尘口罩，它主要由夹具、过滤器、系带三部分组成。夹具为聚乙烯、聚氯

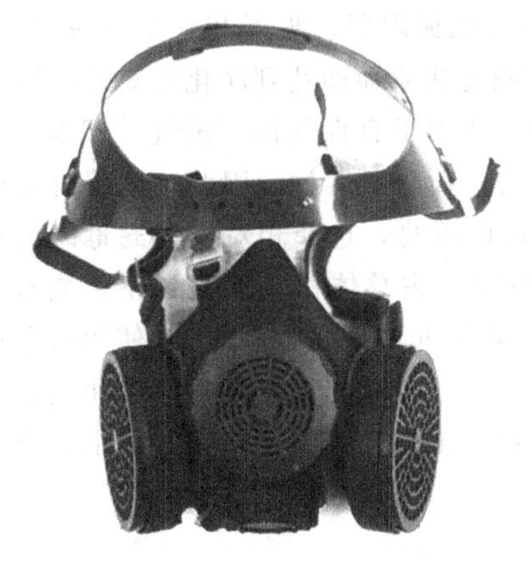
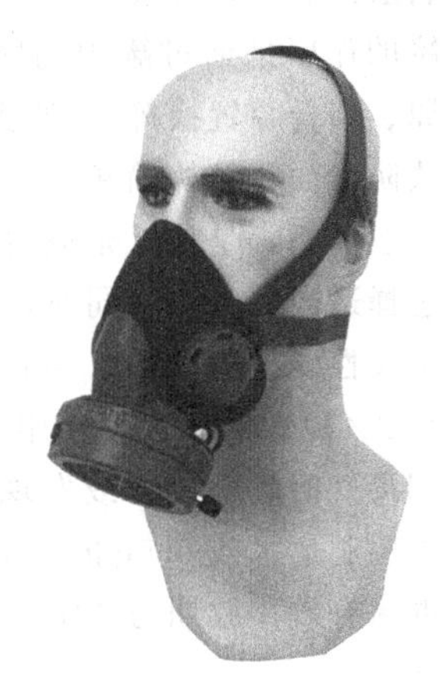

图5-3 防尘口罩

乙烯塑料制成的内外支架；过滤器由周边包有泡沫塑料密封圈的尼龙超细纤维制成的滤尘袋；滤袋夹在内外支架之间。它可以使用在 $100mg/m^3$ 以下的矽尘、$500mg/m^3$ 以下的煤尘和 $300mg/m^3$ 以下水泥尘及其他无毒粉尘的场所，但不适用于含有毒气体或含氧量不足18%的场所。

使用时，应根据粉尘浓度、颗粒大小、劳动强度、面部形状等因素，选用适宜的口罩；戴口罩时必须保持端正，包住口鼻，口罩周边应与面部密闭，特别注意鼻梁两侧不要有缝隙，头带要系紧，不要挂在耳朵上；要经常检查滤料、口罩周围边及各连接处性能，定期更接滤料，保持口罩的清洁卫生和良好的使用性能；使用后应立即清洗晾干，检查整理后放入专用袋或盒内备用，当发现口罩防护性能下降或各接口部不严密时，应予以更新。

2. 过滤式防毒面具

过滤式防毒面具是由橡胶面罩、导气管、滤毒罐和面具袋四部分组成。如图5-4所示。

图5-4 过滤式防毒面具

橡胶面罩是为了保护呼吸器官、眼睛和脸部皮肤，以防遭到各种刺激性毒气伤害。面罩上眼窗采用复合镜片或不碎有机玻璃镜片，面具内有阻水罩，以保护镜片的透明效果。另有通话设施，以保持与外界联系。

波纹导管亦称吸气软管，长50cm，波管两端有金属螺纹接头，分别与面罩、滤毒罐相连接。

滤毒罐多数是圆柱形，上端有上盖与出气口，下端有下盖与进气孔，罐内装有化学药剂、活性炭、指示剂、干燥剂、催化剂和絮状滤料等，彼此间有穿孔铁皮间隔，为了防止填料层的震动，并装有双股平卷弹簧。

滤毒罐的作用是通过罐内药物对毒物的机械阻留、吸附和化学反应（包括中和、氧化、还原、络合、置换等），滤去空气中有毒害物质而达到净化空气的目的。

过滤式防毒面具结构简单，使用方便，适用于有毒气体、蒸气、烟雾、放射性灰尘和细菌作业场所，是化工企业普遍使用的一种防毒器材。因此，使用时要根据头型的大小，选择适当的面罩、同时，应根据所防毒物，选择相对应的滤毒罐的型号（滤毒罐的种类及性能见表5-3）；当有毒场所的氧气占总体积的18%以下，或有毒气体浓度占总体积2%以上时，严禁使用（各型滤毒罐起不到防护作用）；使用过程中，如在面罩内闻到毒气的微弱气味或发现呼吸不畅时，应立即离开毒区；使用后，面罩、导气软管必须用肥皂水或0.5g的 $KMnO_4$ 溶液消毒并清洗，滤毒罐必须上盖下塞，妥善保存。滤毒罐有效存放期为2年。

表 5-3 滤毒罐的种类及性能

型号	标志	主要吸收剂	试验标准			防护范围
			气体名称	浓度/(mg/L)	有效时间/min	
1	黄绿色白带	活性炭及多种碱性和酸性物质	氢氰酸	3.0±0.3	≥45	除CO外的各种气体、蒸气、氢氰酸、氰化物、砷与锑的化合物、光气、双光气、氯甲烷、重金属蒸气、毒烟雾、放射性粉尘等
2	草绿色	活性炭、金属氧化物、碱性物	氢氰酸	3.0±1.0	≥70	各种有机蒸气、氢氰酸、砷化物、各种酸性气体
3	棕褐色	活性炭、碱性物	苯 氯	18±1.0 9.5±0.5	≥80 ≥35	丙酮、醇类、烃类、苯胺类、苯、氯及卤素有机物
4	灰色	金属盐、碱性物	氨 硫化氢	2.3±0.1 4.6±0.3	≥70 ≥30	氨、硫化氢
5	白色	活性炭、二氧化锰与氧化铜混合物	一氧化碳	6.2±0.3	100	一氧化碳
6	黄色	活性炭、碱性物	二氧化碳	0.6±0.3	≥35	酸性气体、硫的氧化物

使用失效的滤毒罐，戴好后可以闻到毒物的臭味，或药罐的阻力太大（超过235.4Pa）与太小（小于78.5Pa），则不能使用，但可以再生处理，其方法是用130～140℃的热空气，以每分钟0.03m^3的流速通过滤毒罐，通气时间一般为3～4h。凡再生后的滤毒罐，必须进行全面的防毒性能鉴定，符合要求的才可重新使用。

3. 防毒口罩

防毒口罩的防毒原理与所采用的吸收剂，基本上与过滤式防毒面具一样，只是结构形式，滤毒罐大小及使用范围有差异。防毒口罩结构如图5-5所示。

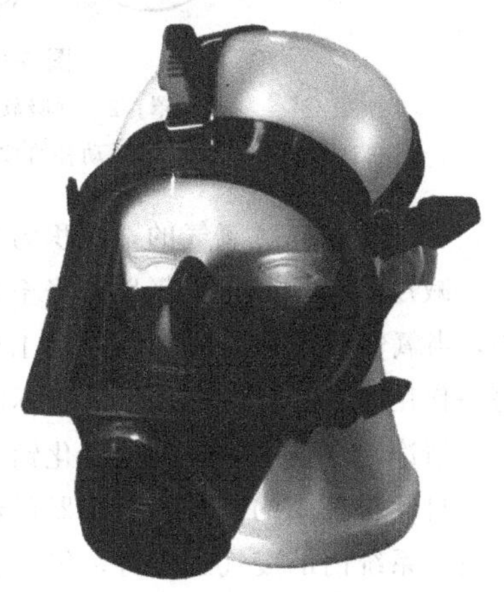

图 5-5 防毒口罩

到目前为止，防毒防酸口罩按吸收剂的不同，可分为1、2、3、4、5等型号。其防护范围如表5-4所示。使用时一定要注意所防毒物与防毒口罩型号一致。另外，还要注意毒物与氧的浓度以及使用时间，若嗅到轻微的毒气味，就应立即离开毒区，更换药剂或新的防毒口罩。

表 5-4 防毒口罩种类及性能

型号	代表性毒物	试验浓度/(mg/L)	有效时间/min	防护范围
1	氯	0.31	156	多种酸性气体、氯化氢
2	苯	1.0	155	多种有机蒸气、卤化物、苯、胺
3	氨	0.76	29	氨、硫化氢
4	汞	0.013	3160	汞蒸气
5	氢氰酸	0.25	240	氢氰酸、光气、乙烷

4. AHG-2型氧气呼吸器

AHG-2型氧气呼吸器是一种在同外界环境安全隔绝的条件下，独立供应呼吸所需氧气的防毒面具。它兼有其他面具的功能，可在各种恶劣场所中使用，是化工厂有毒车间事故备用的理想护具。

AHG型氧气呼吸器的型号是根据供氧系统——氧气瓶供氧时间而确定，氧气瓶容量有供氧2h、3h和4h之分，故相应型号为AHG-2型、AHG-3型和AHG-4型。

AHG-2型氧气呼吸器主要由呼吸软管、压力表、吸气阀、减压阀、呼气阀、清净罐、哨子、气囊、氧气瓶、面具、排气阀和外壳等组成。如图5-6所示。

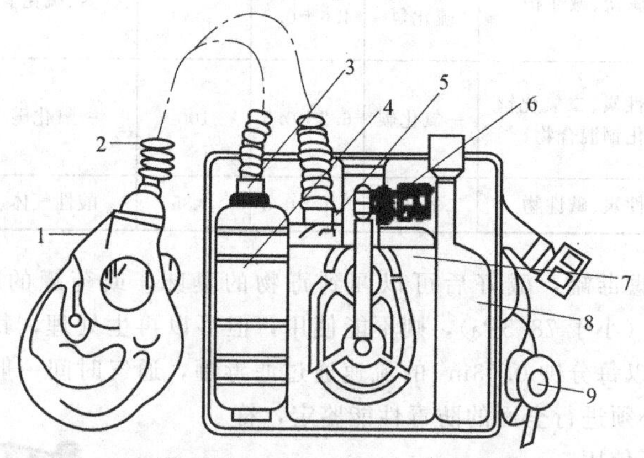

图 5-6 AHG-2型氧气呼吸器

1—面罩；2—呼吸软管；3—呼吸阀；4—清净罐；5—吸气阀；
6—手动补给按钮；7—气囊；8—氧气瓶；9—哨子

氧气瓶是储藏氧气的，容积为$1\times10^{-3}m^3$，工作压力约为19.6MPa，工作时间2h。

减压器是把高压氧气压力降至0.3～0.25MPa，使氧气通过定量孔不断地送到气囊中，当氧气压力由19.6MPa降至1.96MPa时，供给量保持在$(1.1\sim1.3)\times10^{-3}m^3/min$。另一作用是，当定量孔的供氧量不能满足使用时，减压器腔室可自动向气囊送气。

清净罐内装有吸收剂氢氧化钙1.1kg，是吸收人体呼出气体中的二氧化碳。

自动排气阀的作用是减压器供给气囊的氧气量超过工作人员的需要时，或者积聚在整个系统内的废气过多时，气囊壁上升，带动阀杆，阀门被自动打开，过量的气体，从气孔排入大气使废气排除。

气囊的容积为$2.7\times10^{-3}m^3$，中部装有自动排气阀，上部装有吸气阀与吸气管，下部与清净罐相连，新鲜氧气与再生氧在气囊中混合。

AHG-2 型氧气呼吸器的工作原理，是工作人员从肺部呼出的气体经面具、呼吸软管、呼气阀而进入清净罐，呼出气体中的二氧化碳被吸收剂吸收，其他气体进入气囊。另外，氧气瓶贮存的高压氧气（新鲜氧气），经高压管、减压器进入气囊，与从清净罐出来的气体相互混合，重新组成适合于呼吸的含氧空气。当工作人员吸气时，适量的含氧空气由气囊经吸气阀、吸气软管、面具面被吸入肺部，完成了整个呼吸循环。由于呼气阀和吸气阀都是单向阀，因此整个气流方向是一致的。

AHG-2 型呼吸器的供氧方式有三种：

① 定量供氧　高压氧气通过减压器，然后经定量孔，以（1.1～1.3）$\times 10^{-3}\,m^3/min$ 的流量进入气囊，这是以供给工作人员在普通劳动强度下呼吸用；

② 自动补给　当劳动强度增加时，从定量孔进入气囊的氧气将不够使用，这时减压的自动补给装置开始动作，使氧气以不低于 $60\times 10^{-3}\,m^3/min$ 的流量进入气囊，气囊充满后就自动关闭；

③ 手动补给　在使用过程中，当气囊内废气积聚过多，需要清除或减压器定量供氧发生故障时，只要压下按钮，自动补给阀门就开放，氧气进入气囊，松开按钮就会停止进氧。

AHG-2 型氧气呼吸器的优点，主要是重量较轻，相对使用时间长，使用安全等。使用时应将检查合格的氧气呼吸器放在右肩左侧的腰际上，调整紧身皮带并固定在左侧腰际上。打开氧气阀，检查氧气压力，并按手动补给按钮，以驱出气囊内原积聚的污气。

把已选好合适的面罩以四指在内，拇指在外，将面罩由下颚往上戴在头上并校正眼镜框的位置，使之适合于视线。面罩的大小应以既能保持气密，又不宜太紧为原则。然后检查氧气压力，以便对工作时间作预先的估计。面罩佩戴稳妥后，进行几次深呼吸，观察呼吸器内部机件是否良好，确认各部分正常后，即可进入毒区工作。

使用及保管时，应注意如下事项：

① 使用氧气呼吸器人员，必须事先经过训练，并能正确使用；

② 使用前氧气压力必须在 7.8MPa 以上，戴面罩前要牢记先打开氧气瓶，使用中应注意检查氧气压力，当压力降到 2.9MPa 时，应离开毒区，停止使用；

③ 使用时避免与油类、火相接触，防止撞击，以免引起呼吸器的燃烧、爆炸。使用时如感到有酸味时，说明清净罐内吸收剂失效，应立即退出毒区予以更换；

④ 在危险区进行工作，必须有两人以上进行配合，以免发生危险；有事应以手势或信号进行联系，严禁在毒区摘下面罩讲话；

⑤ 使用后的呼吸器，必须尽快恢复到备用状态。若压力不足，应补充氧气。吸收剂失效，应更换吸收剂，其他部件，应慎重检查，以消除隐患；

⑥ 氧气呼吸器与人体呼吸器官直接接触，因此，必须注意保持清洁，放置在不受灰尘污染的地方，严禁油污沾染，避免日光直接照射。

5. 正压式空气呼吸器

(1) 正压式空气呼吸器的结构（见图 5-7）及其工作原理

① 结构　正压式空气呼吸器主要由气瓶、供气阀、背架、报警哨、压力表、中压

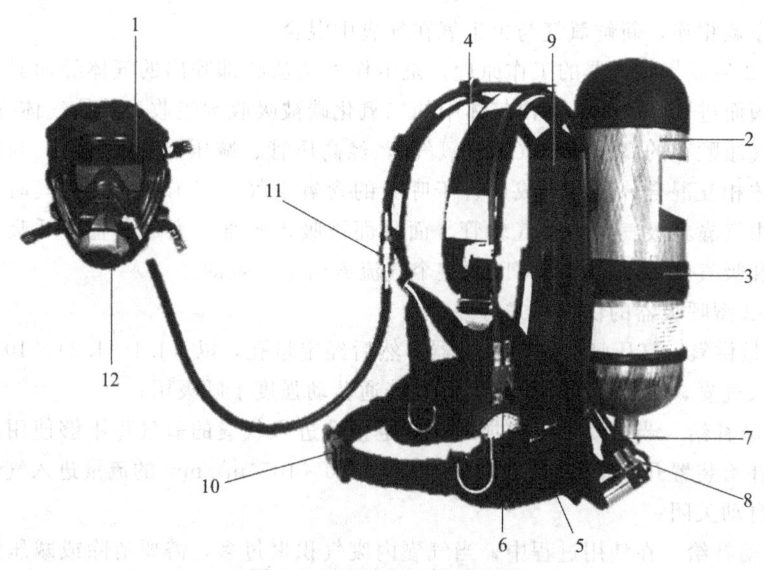

图 5-7 正压式空气呼吸器

1—面罩；2—气瓶；3—瓶带组；4—肩带；5—报警哨；6—压力表；7—气瓶阀；8—减压器；9—背托；10—腰带组；11—快速接头；12—供给阀

导管、快速接头和面罩组成。

a. 气瓶 气瓶材料为碳纤维复合材料，额定储气压力为 30MPa，容积为 6.8L。气瓶阀上装有过压保护膜片，当空气瓶内压力超过额定储气压力的 1.5 倍时，保护膜片自动卸压；气瓶阀上还设有开启后的止退装置，使气瓶开启后不会被无意地关闭。

b. 供气阀 供气阀的主要作用是将中压空气减压为一定流量的低压空气，为使用者提供呼吸所需的空气。供气阀可以根据佩带者呼吸量大小自动调节阀门开启量，保证面罩内压力长期处于正压状态。供气阀设有节省气源的装置：可防止在系统接通（气瓶阀开启）戴上面罩之前气源的过量损失。

c. 背架 背具由背托、左腰带、右腰带、左右肩带、气瓶固定架组五部分组成。

d. 报警哨 报警哨的作用是为了防止佩戴者遗忘观察压力表指示压力而出现的气瓶压力过低不能保证安全退出灾区的危险。报警哨的起始报警压力为 4～6MPa。当气瓶的压力为报警压力时，报警哨发出哨声报警。（但在刚佩戴时打开气瓶瓶阀后，由于输入给报警哨的压力由低逐渐升高，经过报警压力区间时，也要发出短暂的报警声，证明气瓶中有高压空气的存在，而不是报警）。报警哨在 4～6MPa 报警后，按一般人行走速度为 4.5km/h 做功计算，到空气消耗到 2MPa 为止，可佩戴 9～10min，行走距离为 350m 左右，但是由于佩戴者呼吸量不同，做功量不同，退出灾区的距离不同，佩戴者应根据不同的情况确定退出灾区所需的必要气瓶压力（由压力表显示），绝不能机械地理解为报警后，才开始撤离灾区。而且在佩戴过程中必须经常观察压力表，以防止报警哨万一失灵，出现由于压力过低而无法安全地退出灾区的可能性。

e. 压力表 压力表用来显示瓶内的压力。

f. 快速接头和中压导管 快速接头的两端分别与中压导管 A、中压导管 B 连接。

快速接头设有锁紧装置，插接时锁紧套逆时针旋转退回原位，插接后锁紧套顺时针旋转到原位。这样就大大加强了佩带过程中的安全性。

g. 面罩　面罩为全面结构，面罩的橡胶材料是由天然橡胶和硅橡胶混合材料制成。面罩中的内罩能防止镜片出现冷凝气，保证视野清晰。面罩上安装有传声器及呼吸阀。面罩通过快速接头与供气阀相连接。

② 工作原理　空气呼吸器是以压缩空气为供气源的隔绝开路式呼吸器。当打开气瓶阀时，储存在气瓶内的高压空气通过气瓶阀进入减压器组件，同时，气源压力表显示气瓶空气压力。高压空气被减压为中压，中压空气经中压管进入安装在面罩上的供气阀，供气阀根据使用者的呼吸要求，能提供大于200L/min的空气。同时，面罩内保持高于环境大气的压力。当人吸气时，供气阀膜片根据使用者的吸气而移动，使阀门开启，提供气流；当人呼气时，供气阀膜片向上移动，使阀门关闭，呼出的气体经面罩上的呼气阀排出，当停止呼气时，呼气阀关闭，准备下一次吸气。这样就完成了一个呼吸循环过程。

(2) 空气呼吸器使用前的检查

① 检查全面罩的镜片、系带、环状密封、呼气阀、吸气阀是否完好，和供给阀的连接是否牢固。全面罩的各部位要清洁，不能有灰尘或被酸、碱、油及有害物质污染，镜片要擦拭干净。

② 供给阀的动作是否灵活，与中压导管的连接是否牢固。

③ 气源压力表能否正常指示压力。

④ 检查背具是否完好无损，左右肩带、左右腰带缝合线是否断裂。

⑤ 气瓶组件的固定是否牢固，气瓶与减压器的连接是否牢固、气密。

⑥ 打开瓶头阀，随着管路、减压系统中压力的上升，会听到气源余压报警器发出的短促声音；瓶头阀完全打开后，检查气瓶内的压力应在28～30MPa范围内。

⑦ 检查整机的气密性，打开瓶头阀2min后关闭瓶头阀，观察压力表的示值，5min内的压力下降不得超过4MPa。

⑧ 检查全面罩和供给阀的匹配情况，关闭供给阀的进气阀门，佩戴好全面罩吸气，供给阀的进气阀门应自动开启。

⑨ 根据使用情况定期进行上述项目的检查。空气呼吸器在不使用时，每月应对上述项目检查一次。

(3) 空气呼吸器的佩戴方法

① 背戴气瓶　佩戴空气呼吸器时，先将快速接头拔开（以防在佩戴空气呼吸器时损伤全面罩），然后将气瓶阀向下背上气瓶，通过拉肩带上的自由端调节气瓶的上下位置和松紧，直到感觉舒适为止。

② 扣紧腰带　将腰带公扣插入母扣内，然后将左右两侧的伸缩带向后拉紧，确保扣牢。

③ 佩戴面罩　将面罩的上五根带子放松，把面罩置于使用者脸上，然后将头带从头部的上前方向后下方拉下，由上向下将面罩戴在头上。调整面罩位置，使下巴进入面罩下面凹形内，先收紧下端的两根颈带，然后收紧上端的两根头带及顶带，如果感

觉不适，可调节头带松紧。

④ 面罩密封　用手按住面罩接口处，通过吸气检查面罩密封是否良好。做深呼吸，此时面罩两侧应向人体面部移动，人体感觉呼吸困难，说明面罩气密良好，否则再收紧头带或重新佩戴面罩。

⑤ 装供气阀　将供气阀上的接口对准面罩插口，用力往上推，当听到咔嚓声时，安装完毕。

⑥ 检查仪器性能　完全打开气瓶阀，此时，应能听到报警哨短促的报警声，否则，报警哨失灵或者气瓶内无气。同时观察压力表读数。气瓶压力应不小于28MPa，通过几次深呼吸检查供气阀性能，呼气和吸气都应舒畅、无不适感觉。

⑦ 使用　佩戴好全面罩（可不用系带）进行2～3次的深呼吸，感觉舒畅，屏气或呼气时供给阀应停止供气，无“丝丝”的响声。一切正常后，将全面罩系带收紧，使全面罩和人的额头、面部贴合良好并气密。在佩戴全面罩时，系带不要收得过紧，面部感觉舒适，无明显的压痛。全面罩和人的额头、面部贴合良好并气密后，此时深吸一口气，供给阀的进气阀门应自动开启。

第五节　化工生产安全操作技术

一、化工生产安全操作管理

1. 化工生产安全操作要求

（1）必须严格执行工艺技术规程，遵守工艺纪律。严格控制工艺指标在规定范围内，不得擅自违反，更不得擅自修改工艺指标。

（2）必须严格执行安全操作规程。安全操作规程是生产经验的总结，往往是通过血的教训，甚至付出生命代价换来的。安全操作规程是保证安全生产，保护职工免受伤害的护身法宝，必须严格执行，不允许任何人以任何借口违反。

（3）精心操作和维护，防止事故的发生。生产操作中要避免发生溢料和漏料，防止可燃物料的泄漏导致火灾爆炸事故；严禁超量、超温、超压和误操作；加强设备的维护保养，严格执行巡回检查制度，及时发现“跑、冒、滴、漏”，及时处理。

（4）严禁违章拆除安全附件、联锁保护装置，不得随意切断声光报警信号。安全附件是机械设备的安全保护设施，如安全阀，当设备超压时，安全阀起跳、泄压，防止发生人身设备事故；联锁保护装置是当生产中出现危险时，联锁保护系统将自动执行安全操作，强制打开或关闭一些阀门，使装置处于安全状态；声光报警是为了警示某些工况异常，需立即确认和处理。这些保护设施不允许任何人以任何借口拆除。

（5）严格按照规定要求正确穿戴和使用个人防护用品。

（6）严格执行持证上岗，不是本岗位管辖的设备、设施和工具不能动用。

（7）及时发现和正确判断处理异常情况，紧急情况下，应先处理后报告。

2. 化工生产紧急情况的处理原则

（1）发现或发生紧急情况时，必须先尽最大努力妥善处理，防止事态扩大，避免人员伤亡，并及时向有关部门报告。必要时，可先处理后报告。

（2）工艺及设备等发生异常情况时，应迅速采取措施，并通知有关岗位处理。必要时，按紧急停车程序处理。

（3）发生停电、停水、停气（汽）时，必须采取措施，防止系统超温、超压、跑料及机电设备损坏。

（4）发生爆炸、着火、大量泄漏等故障时，应首先切断物料源，同时迅速通知相关岗位采取措施，并立即向上级报告。

（5）应根据本单位生产特点，编制重大事故应急救援预案，并定期组织演练，提高处置突发事件的能力。

二、化工生产安全操作

1. 化工装置开车安全操作

（1）装置正常开车，按开车程序操作。

（2）联合装置的开车，必须编制系统开车进程表和开车方案。

（3）装置开车前应严格按下列各项检查确认：

① 若装置进行了检修，应确认所有检修项目完工，并完成了相应的单机试车、清洗、吹扫和强度试验等工作。

② 确认水、电、气（汽）符合开车要求，各原料、材料、辅助原料供应齐备。

③ 确认装置阀门位置，检查盲板抽堵情况，保证装置流程处于开车准备状态。

④ 装置的运转设备送电并进行了试运行，管道设备按要求进行了试漏、气密性试验和置换操作。

⑤ 仪表检测系统、调节系统、联锁报警系统完成了校检。

⑥ 保温、保压及清洗的设备要符合开车要求，必要时应重新置换、清洗和分析，使之合格。

⑦ 确保安全、消防设施完好，通讯联络畅通。

以上各项检查确认合格，按规定办理开车操作票。投料前进行分析验证。

（4）开车过程中应严格按开车方案中的步骤进行，严格遵守升温、升压和加减负荷的幅度（速率）要求。

（5）开车过程中要严密注意工艺的变化和设备的运行情况，发现异常现象应及时处理，情况紧急时应终止开车，待故障排除后再进行开车，严禁强行开车。

（6）开车过程中应保持与有关岗位和部门之间的联系。

2. 化工装置停车安全操作

（1）装置正常停车，按停车程序操作。

（2）联合装置停车，必须编制系统开车进程表和开车方案，并严格按进程时间和停车方案步骤进行。

（3）系统降压、降温必须按要求的幅度（速率）并按先高压后低压的顺序进行。凡须保温、保压的设备（容器），停车后要按时记录压力、温度的变化。

（4）大型机组的停车，必须先停主机，后停辅机。

(5) 设备（容器）卸压、排放及清洗置换时，应按停车方案要求和方法定点处理易燃、易爆、有毒等物料，防止发生安全和环保事故。

(6) 冬季停车后，要采取防冻保温措施，注意低位、死角及水、蒸汽管线、阀门、疏水器和保温伴管的情况，防止冻坏设备。

3. 设备置换、吹扫和清洗安全操作

为保证化工设备检修动火以及罐内作业的安全，检修前需对设备内的易燃、易爆、有毒气体进行置换；对易燃、有毒液体要在倒空后，用惰性气体吹扫；对积附在器壁上的易燃、有毒介质的残渣、油垢或沉淀物要进行认真清理，必要时进行人工刮铲或热水煮洗等；对酸碱等腐蚀性液体及经过酸洗或碱洗的设备，应进行中和处理。

(1) 置换　易燃、易爆、有毒的气体置换，常采用氮气进行置换。用氮气置换可燃气体合格后，若需要进罐作业，还必须用空气将氮气置换掉，以防止窒息。根据置换和被置换介质密度的不同，选择确定进出口和取样部位。若置换介质的密度大于被置换介质的密度，应由设备或管道的最低点进入，由最高点排出，取样点设置在顶部或易产生死角的部位。反之，则改变其方向，以免置换不彻底。置换出的易燃、有毒气体，应排至火炬或安全场所。置换后，对设备内进行气体分析，检测易燃易爆气体浓度和氧浓度，氧含量18%，可燃气体浓度0.2%为合格。

(2) 吹扫　对设备和管道内未排尽的易燃有毒液体，用氮气进行吹扫清除。吹扫应执行停车方案要求的吹扫流程图，按管段号和设备位号逐一进行吹扫，并在记录表上填写管段号、设备位号、吹扫压力、进气点、排放点、负责人等。吹扫结束，先关物料阀，再停气，避免物料倒回。设备和管道吹扫完毕并分析合格后，应及时加盲板与运行系统隔离。

(3) 清洗　设备内的油垢或沉积物，经置换和吹扫可能无法彻底清除。若要进行动火检修，油垢、残渣会受热分解出易燃气体，可能导致着火爆炸。清洗方法主要有水洗、水煮、蒸汽冲洗和化学清洗。

① 水洗　适用于水溶性物质的清洗。将设备灌满水，浸渍一段时间。如有搅拌或循环泵则使水在设备中流动，这样既省时，又能清洗彻底。

② 水煮　冷水难溶的物质，可将设备加满水后用蒸汽煮。水煮中可加少量碱或洗涤剂，并进行搅拌或循环，可多次进行水煮排放操作。注意搪瓷设备不可用碱洗，金属设备也应注意减少腐蚀。

③ 蒸汽冲洗　对于黏稠物料，可用蒸汽冲洗的方法清洗。注意压力不宜过高，喷射速度不宜太快，防止高速摩擦产生静电。设备冲洗后还应进行水煮。

④ 化学清洗　对不溶于水的油垢、水垢、铁锈及盐类沉积物，可用化学清洗方法除去。常用的有碱洗法，除了用氢氧化钠液外，还可以用磷酸钠、碳酸钠并加适量的表面活性剂，在适当的温度下进行清洗。酸洗法是用盐酸加缓蚀剂清洗，对不锈钢及其他合金钢则用柠檬酸等有机酸清洗。

4. 入塔进罐安全操作

(1) 要进入检修的设备必须与其他设备管道进行可靠的隔离，决不允许其他系统的介质进入检修设备。

（2）设备内气体分析，应包括可燃气体的爆炸极限分析、氧含量分析和有毒气体分析。

（3）设备内作业时，设备外必须指派两人以上的监护人。监护人应了解设备的生产情况和介质的性质，发现异常情况，应立即令其停止作业，并立即组织抢救。

（4）设备内使用的照明及电动工具必须符合安全电压标准：在干燥设备内作业使用的电压36V；在潮湿环境或密封性好的金属容器内作业使用的电压12V；若有可燃物存在，使用的机具、照明器械应符合防爆要求。在设备内进行电焊作业时，人要在绝缘板上作业。

（5）进入设备人员，在进入设备前应清理随身携带的物品，禁止将与作业无关的物品带入设备内。

5. 抽堵盲板的安全操作

现代大型石油化工联合装置，由于厂际之间、装置之间、设备之间都有管道连接，在检修设备前，必须将待检修的设备与运行系统或有物料系统隔离。隔离的方法不能采用阀门隔离，阀门可能因冲刷、腐蚀、结垢等原因密封不严，一旦易燃易爆、有毒、有腐蚀性、窒息性等介质串入检修设备中，易导致安全事故。最安全的方法是采用盲板隔离，即将与检修设备相连接的管道用盲板进行隔离。

抽堵盲板是一项责任重大、有危险性、技术要求高的工作，必须有专人负责。在装置检修方案中，应制定抽堵盲板流程图、统一编号、注明盲板位置及规格，由专人负责现场作业和监护。作业前要检查确认设备及管道内压力已降、残液已排尽，加盲板的位置，应加在有物料来源的阀门后部法兰处，盲板两侧均应有垫片，并用螺栓把紧，以保持其严密性。做好抽堵盲板的检查登记工作，在检修前和开车前，分别对照抽堵盲板流程图检查，防止漏堵或漏抽。

参 考 文 献

[1] 韩文光. 化工装置实用操作技术指南. 北京：化学工业出版社，2001.

[2] HG/T 20559—1993. 化工装置工艺系统工程设计规定.

[3] 国家安全生产监督管理总局宣传教育中心，中华全国总工会劳动保护部. 职工安全生产知识读本. 北京：中国工人出版社，2006.

[4] 王奇. 化工生产基础. 北京：化学工业出版社，2006.

[5] 化学工业职业技能鉴定指导中心. 化工生产基础. 北京，化学工业出版社，2006.